LES
ENGRAIS CHIMIQUES

ENTRETIENS AGRICOLES

DONNÉS AU CHAMP D'EXPÉRIENCES DE VINCENNES

Dans la saison de 1867

PAR

M. GEORGES VILLE

TROISIÈME ÉDITION

GRAVURES ET PLANCHE

PARIS

LIBRAIRIE AGRICOLE DE LA MAISON RUSTIQUE

26, RUE JACOB, 26

LES

ENGRAIS CHIMIQUES

Orléans, imp. de G. Jacob, cloître Saint-Étienne, 4.

LES
ENGRAIS CHIMIQUES

ENTRETIENS AGRICOLES

DONNÉS AU CHAMP D'EXPÉRIENCES DE VINCENNES

Dans la saison de 1867

PAR

M. GEORGES VILLE

TROISIÈME ÉDITION

GRAVURES ET PLANCHE

PARIS

LIBRAIRIE AGRICOLE DE LA MAISON RUSTIQUE

26, RUE JACOB, 26

AVIS AUX LECTEURS

Cette troisième édition ne diffère des deux précédentes que par le soin extrême que l'on a apporté à la révision des épreuves.

Riche d'un plus grand nombre de résultats, l'auteur a modifié la composition de quelques engrais. Il s'est efforcé, autant que les faits l'ont permis, de les ramener tous à un petit nombre de formules générales, plus faciles à retenir et à appliquer.

G. V.

Ce 28 février 1869.

PRÉFACE.

La science de nos jours poursuit un double but :
non contente de reculer les bornes de nos connaissances dans toutes les directions, elle s'efforce d'a-
jouter par ses découvertes au bien-être des populations.

Parmi les résultats qu'elle a obtenus sous ce rapport, on doit placer en première ligne la découverte
des lois qui règlent l'essor de la vie au sein des sociétés et déterminent leur condition d'existence. C'est
ainsi qu'elle a mis en lumière l'étroite solidarité qui
existe entre l'état de la population d'un pays et son
régime agricole, ce qui s'explique tout naturellement, puisque les végétaux viennent du sol, que
les animaux vivent des végétaux et que les hommes
se nourrissent des uns et des autres.

Autrefois, toute l'économie de l'agriculture se ré-
duisait à une seule règle, érigée en axiome et entrée comme telle dans la pratique : faire de la terre
deux parts à peu près égales, affecter l'une à la
prairie et aux cultures fourragères, et réserver
l'autre pour les céréales. De là cette formule devenue en quelque sorte sacramentelle : prairie, bétail,
fumier, pour avoir des céréales.

Or, la science, en nous découvrant la nature des
éléments dont les végétaux sont formés, nous a
prouvé jusqu'à la dernière évidence que ce précepte
allait à l'encontre du but qu'on se propose, qu'il
menait droit à l'épuisement du sol, à ce point que
si l'on persistait à l'appliquer dans toute sa rigueur,
l'agriculture ne pourrait répondre aux besoins nouveaux qui naissent de l'accroissement de la population.

Je dis que l'agriculture qui n'emploie que du fumier épuise fatalement la terre, parce que le fumier
a la terre pour origine, et que s'il atténue les pertes
que le sol a subies, en fin de compte il ne les répare pas. Lorsqu'on exporte de la viande, la perte
est moins grande que lorsqu'on exporte des grains,
mais il y a toujours perte. Je le répète donc, cet
axiome, dont on a fait jusqu'ici la base et comme la
loi suprême de l'agriculture, n'est en réalité qu'un
expédient.

Remarquez, de plus, qu'avec le fumier seul il est
impossible d'atteindre les rendements maximum, qui

sont pourtant les seuls rémunérateurs. Il n'y a donc pas à se le dissimuler, les traditions du passé ne suffisent plus aux nécessités du présent. Il nous faut des procédés plus expéditifs, plus économiques et plus puissants. Or, ces procédés sont trouvés ; une règle, une seule, les résume : rendre au sol, par une importation permanente d'engrais, une quantité d'agents fertilisants supérieure à celle que les récoltes lui ont fait perdre. Grâce à ces nouveaux agents, au lieu de rester condamnés à faire de la viande pour avoir du blé, nous ferons du blé pour avoir un bénéfice d'abord, puis de la paille, de la viande, et enfin du fumier.

Lorsqu'on veut n'employer que du fumier, la mise en valeur des mauvaises terres demande beaucoup de temps et une avance de capital véritablement énorme. Avec les nouveaux engrais, le résultat est soudain. On peut obtenir sans délai une récolte de grand rendement sur les terres les plus déshéritées et réaliser un bénéfice dès cette première opération.

C'est le renversement de l'ordre suivi et préconisé jusqu'à présent. Mais, me dira-t-on peut-être, est-il bien certain que les agents nouveaux que la science nous a découverts possèdent l'efficacité souveraine qu'on leur attribue? Sans anticiper sur les preuves qu'on trouvera plus loin, je rapporterai un exemple, un seul, qui suffira certainement à vos yeux, tant il est significatif.

Sur une lande en friche choisie dans l'un des

cantons les plus déshérités de la Champagne pouilleuse, valant à peine 170 fr. l'hectare, M. Ponsard, président du comice agricole d'Omey, a fait deux expériences, l'une avec 80,000 kilogrammes de fumier de ferme par hectare, et l'autre avec 1,200 kilogrammes d'engrais chimique. Avec le fumier de ferme, on a obtenu 13 hectolitres de froment, et avec l'engrais chimique, 33; ce qui a eu pour résultat une perte de 480 fr. dans le premier cas, et un bénéfice de 430 fr. dans le second.

On m'objectera que le fumier n'a pas épuisé son action en une seule année, alors que l'engrais chimique a dû épuiser la sienne. Je pourrais répondre que cette supposition est contraire au témoignage de tous les faits connus. Admettons-la cependant; le résultat en sera-t-il moins significatif? Le pire qui pût arriver, serait d'être forcé de recourir à une nouvelle fumure pour avoir une nouvelle récolte; or, le premier résultat nous en donne les moyens.

Vous le voyez donc, avec les nouveaux procédés, l'agriculture acquiert une liberté d'action qui lui était inconnue. Il ne peut plus être question de lenteur, d'atermoiement; plus de ces énormes dépenses qu'entraîne la culture fondée sur l'élève du bétail; plus de constructions dispendieuses; plus de capitaux engagés à longs termes. Comme l'a dit avec juste raison M. Lecouteux, l'agriculture engage et dégage son capital, pour ainsi dire, année par année.

Mais ici se présentent naturellement ces questions, de la solution desquelles dépend le triomphe du nouveau système : Où prendre ces agents, appelés, dans notre pensée, à devenir le principal levier de l'agriculture? de quelle source les tirer? comment les employer? quels résultats la pratique peut-elle en attendre? Ce sera le sujet même de nos Entretiens.

Ces agents existent à l'état de dépôts inépuisables dans les entrailles de la terre, où ils gisent depuis des milliers d'années, et où une Providence tutélaire semble les avoir tenus en réserve pour réparer l'imprévoyance du passé et nous préserver de ses inexorables conséquences.

Mais si ces produits, dont l'efficacité ne peut plus être mise en doute, sont à notre portée en quantités inépuisables, qui ne voit que leur emploi, de plus en plus généralisé, doit, en élevant la fertilité du sol, améliorer nos conditions d'existence, et imprimer un essor tout-puissant à l'accroissement de la population?

Le but vers lequel nous devons tendre s'impose donc en quelque sorte à nous. L'initiative privée, d'accord sur ce point avec l'intérêt bien compris de l'État, doit s'efforcer de changer l'économie de notre régime agricole.

A cette condition, et à cette condition seulement, on peut voir la prospérité renaître dans nos campagnes, et s'étendre bientôt à toutes les classes de notre population indistinctement.

La nature a tout fait pour nous. Assis entre deux mers qui nous mettent en rapport presque immédiat avec les deux extrémités de l'Europe, nous jouissons d'un climat plus favorisé que celui d'aucun autre pays, et cependant, quelle est notre situation agricole? Il faut bien avoir le courage de l'avouer, elle nous place dans une infériorité notoire à l'égard des autres nations.

Le rendement moyen du froment n'est en France que de 14 hectolitres par hectare. Or, dans ces conditions, le prix de revient du blé est de 17 à 18 fr. l'hectolitre, prix qu'il est aisé de faire descendre à 10 ou 12 fr.

Remarquons même que si le rendement moyen s'élève à 14 hectolitres, c'est grâce à huit ou dix de nos départements du Nord, où il dépasse 30 hectolitres, et que, si on en faisait abstraction, la moyenne tomberait à 10 hectolitres tout au plus. Or, demandez-vous quelle peut être la situation d'un pays dont l'agriculture est en réalité si précaire! Quelle est au vrai notre situation? Le ralentissement qui se manifeste dans l'accroissement de notre population est là pour nous l'apprendre.

La population de la France (1), y compris les provinces annexées de Nice et de la Savoie, est de 38,067,000 habitants. Elle en a gagné 680,333 dans la dernière période quinquennale. D'après ces don-

____

(1) *Moniteur* du 19 janvier 1867.

nées, la période de doublement serait en France de 131 ans; elle est de 69 ans pour la Prusse, de 50 ans pour la Russie, de 47 ans pour l'Angleterre, et de 25 ans pour l'Amérique. En 1820, nous étions une des premières puissances de l'Europe par le nombre de notre population; dans vingt ou trente ans, nous serons une des dernières.

Une chose m'a toujours surpris : c'est que les historiens et les hommes d'État s'enquièrent si peu des conditions qui règlent l'essor de la vie au sein des sociétés, et qui font pourtant qu'elle est ici exubérante, pleine de séve, et là languissante et énervée.

Tout est solidaire dans un état : le commerce, l'agriculture et l'accroissement de la population.

De ces trois formes que revêt l'activité sociale, l'agriculture est de beaucoup la plus importante, par le capital qu'elle représente, par le revenu qu'elle crée, et par l'influence prépondérante qu'elle exerce sur le bien-être du pays. Or, si on met en parallèle les progrès faits par l'industrie manufacturière et l'agriculture, on est confondu en constatant à quel point celle-ci est restée en retard. Si nous voulions citer des exemples, il nous serait facile de montrer qu'à beaucoup d'égards l'industrie a décuplé au moins ses forces productives depuis le commencement de ce siècle, alors que l'agriculture a doublé à peine les siennes.

Pourquoi un progrès si rapide d'un côté et tant

de lenteur de l'autre? La réponse est facile. Lorsque l'homme substitue à son travail manuel celui des machines, la progression qui s'ouvre devant lui n'a pas de limite; lorsqu'il exploite le sol, il n'en est plus de même : l'accroissement des produits dépend moins de lui et de la perfection des outils qu'il emploie que de la quantité d'agents de fertilité dont il dispose. Or, quand on veut tout tirer du fonds qu'on exploite, et le fumier, et les denrées d'exportation, on a bien vite atteint la limite qu'il est impossible de dépasser. On ne peut sortir des rendements précaires. Mais, je le répète, prolonger cette situation serait aujourd'hui sans excuse, parce que nous connaissons les moyens de la faire cesser.

La nécessité imposée à l'agriculteur n'est pas de faire du fumier, mais de fumer plus abondamment que par le passé, à quelque agent que l'on ait recours, au fumier, aux engrais chimiques, employés séparément ou de concert.

A une époque où les voies de communication n'avaient pas le développement qu'elles ont acquis, les marchés intérieurs offraient aux produits agricoles des débouchés assurés et faciles. Mais aujourd'hui, avec la liberté du commerce et la facilité des moyens de transport, les agriculteurs sont appelés à lutter sur nos propres marchés avec le monde entier. Pour que la lutte soit possible et fructueuse, il faut absolument que les rendements de toutes les cultures soient poussés à leur limite la plus élevée. Par les procédés anciens ce résultat est impossible, à moins de changer complètement l'économie de notre régime agricole, ce qui ne peut s'improviser; avec les engrais chimiques, la question est tout autre : elle se réduit à une faible avance de capital.

Ici, j'entends une nouvelle objection. On me dira : Sous le rapport économique, législatif et financier, la situation faite à l'agriculture oppose un obstacle insurmontable à l'application des nouvelles méthodes. Hélas! nous devons l'avouer, si d'un côté tout est à peu près fait, de l'autre, au contraire, tout ou à peu près tout reste à faire. Mais le mal est-il sans remède? Bien loin de là, et il dépend des agriculteurs de le faire cesser quand ils le voudront. L'enquête, qui a tant laissé à désirer sous beaucoup de rapports, aura eu du moins cet excellent résultat de mettre en lumière les changements qui sont impérieusement réclamés dans notre législation, comme aussi de nous indiquer les institutions dont la fondation ne peut plus être ajournée.

En première ligne, tout le monde, comices et simples particuliers, est unanime pour demander qu'on étende à l'agriculture les bienfaits du crédit, qu'on la fasse entrer dans le droit commun, et pour cela qu'on abroge ou tout au moins qu'on amende dans un esprit libéral l'art. 2102 du Code Napoléon.

Aux termes de cet article, tout ce qui garnit la ferme, ainsi que les produits des récoltes, est sous la main du propriétaire à titre de privilége spécial pour les fermages échus ou à échoir; le fermier n'en peut disposer sous aucune forme.

Il suit de cette disposition qu'un fermier possédant un cheptel de 100,000 fr. ne trouve pas de crédit, n'ayant aucun gage à offrir, et ne peut par conséquent se livrer à aucune amélioration.

Le dernier paragraphe de l'art. 2102 a admis une exception; il dit : « Les sommes dues pour les frais des récoltes de l'année sont payées sur le prix de la récolte ; celles dues pour les ustensiles, sur le prix de ces ustensiles, par préférence aux propriétaires dans l'un et l'autre cas. »

Cette exception est insuffisante : tout ce qui tend à améliorer le régime du sol, tout ce qui doit élever le rendement, ajoute en réalité à la valeur du fonds, et a droit, par conséquent, au même privilége que le propriétaire. Dans cette catégorie de créances privilégiées, il faut donc comprendre les achats de bétail et surtout les achats d'amendements et d'engrais. Qu'il me soit permis d'insister de préférence sur les dépenses de cette dernière nature, parce que les avantages qui s'y rattachent sont plus immédiats et me sont mieux connus. Qui ne sait, d'ailleurs, que ces dispositions législatives existent en Angleterre et en Écosse, et que tout le monde s'en applaudit, le fermier comme le propriétaire?

Tout agriculteur exploitant une terre qui rend sur le pied de 15 hectolitres par hectare peut, moyennant une dépense d'engrais de 100 à 150 fr., en élever le

rendement à 30 hectolitres, et déterminer par conséquent un excédant de produit dont la valeur est de
300 fr. au moins.

Est-il juste que celui qui aura fait l'avance de l'engrais n'ait aucun recours, aucun droit sur la récolte
qu'il aura doublée, et soit primé par le propriétaire ?

Quand on pense aux résultats que produirait pour
la fortune publique l'emploi un peu généralisé d'un
surcroît d'engrais, on ne peut s'expliquer qu'aucune
mesure législative n'ait encore été prise pour favoriser l'emploi d'engrais d'un titre sûr, dont le remboursement ne serait exigible qu'après la récolte (1).

Une autre réforme non moins urgente et récla-
mée non moins vivement est celle des droits de mutation.

La taxe qu'il faut payer pour la transmission par
voie d'achat et de vente de la propriété foncière est
excessive chez nous. Le droit est en principal de 5 1/2
pour 100, avec un décime en sus ; c'est un peu plus
de 6, et avec les deux décimes perçus en ce moment,
c'est un peu plus de 6 1/2. Un droit aussi lourd gêne
extrêmement les transactions; avec un droit assez
médiocre pour ne faire reculer ni vendeurs ni ache-
teurs, la propriété territoriale changerait de main
avec beaucoup de facilité, et finirait par arriver en
la possession des personnes qui ont le plus d'apti-

____

(1) Voyez ce que j'ai dit sur cette question dans la Conférence
faite à la Sorbonne en 1865, sur la crise agricole, page 24.

tude à la faire valoir. En Angleterre les droits de mutation ne sont que de 1 1/2 pour 100.

A cet égard, nous avons du moins la satisfaction de constater que le Corps législatif est saisi d'un projet de loi destiné à atténuer les inconvénients si grands de cette situation.

S'il est aujourd'hui une vérité élémentaire par rapport à la richesse privée et à la prospérité des États, c'est que toute industrie, pour remplir sa destination et être bien productive, réclame le concours du capital. Le manque de capital a été l'une des principales causes du retard qu'a éprouvé parmi nous le progrès agricole. Ce n'est pas que depuis 1789 le législateur n'ait cherché, par différentes voies, les moyens de mettre les capitaux à la portée de l'agriculture, mais il faut bien convenir qu'il n'y a guère réussi. En 1856, et plus tard, en 1860, on a cherché à combler cette regrettable lacune. Mais le Crédit foncier ne peut fournir à l'agriculture le capital roulant qui est le nerf de la production, et le Crédit agricole, paralysé par l'art. 2102, n'a guère servi jusqu'ici qu'à escompter le papier des intermédiaires auxquels il prête sur nantissement (1).

A ces causes déjà si graves d'infériorité, il faut en ajouter une autre contre laquelle l'honorable M. Michel Chevalier a protesté avec autant d'autorité que

---

(1) Voyez, sur ce sujet, les deux excellentes brochures publiées par M. Rivet.

d'éloquence, comme président de la commission pour l'Exposition universelle de 1862 : c'est l'état d'ignorance où on laisse les populations rurales.

« J'ose affirmer, dit l'éminent économiste, que dans nos campagnes, parmi la population mâle, entre trente et cinquante ans, il n'y a pas une personne sur dix qui sache lire et écrire ; parmi les femmes, il faudrait dire une sur vingt.

« Une population qui vit dans des conditions semblables est en dehors de la vie civilisée, et, à moins de rêves chimériques, on n'est pas autorisé à faire grand fond sur elle pour un progrès général des arts agricoles, ou pour un accroissement rapide de la richesse publique et des ressources de l'État. »

Ajoutons, comme dernier trait à ce triste tableau, que notre vicinalité ne répond pas à nos besoins ; les chemins de fer sont insuffisants, leurs tarifs trop élevés, les canaux n'ont pas assez de tirant d'eau pour produire l'économie qu'on doit en attendre, sans compter que l'achèvement des grandes artères, toujours promis, se trouve toujours ajourné.

En rappelant ces faits, je suis plus préoccupé de définir une situation que de me faire l'organe d'une plainte, car l'Empereur a pris à cet égard une initiative qui ne peut manquer de donner avant peu satisfaction aux justes réclamations du pays.

Au-dessus de ces réformes, il y aurait encore grandement lieu de s'enquérir des moyens d'arrêter le morcellement de la propriété qu'amène fatalement la loi des héritages, dont nos mœurs nous imposent cependant la conservation.

Il y a là un problème dont les pouvoirs publics se sont déjà émus, et dont la solution, consacrée par plusieurs législations étrangères, ne saurait être considérée comme impossible.

Mais aborder une telle question serait soulever une controverse qui touche à toute notre organisation sociale, et que, pour ce motif, je crois devoir écarter, voulant me renfermer dans le cadre que le caractère pratique de ce livre m'a d'avance tracé.

Résumons-nous. — Les agents auxquels les végétaux doivent leur formation, et la terre sa fertilité, nous étant connus, l'on peut composer, à leur aide, des engrais supérieurs au fumier de ferme.

Le progrès nous conseille et notre intérêt bien compris nous impose l'obligation de faire de ces agents un emploi régulier et plus étendu. Par là, nous accroîtrons la fertilité du sol, et nous améliorerons les conditions d'existence faites jusqu'ici à nos populations.

Pour que l'emploi de ces agents soit possible d'une manière générale, quatre réformes législatives sont indispensables : il faut amender l'art. 2102 du Code Napoléon, afin que l'agriculteur puisse user de ce qu'il possède en faveur du crédit que son industrie réclame ; il faut que les droits de mutation soient abaissés, le Crédit agricole réellement fondé, et l'instruction primaire plus largement distribuée et mieux appropriée aux vrais besoins des campagnes. En nous dévoilant les sources de la production végétale, la science a fait son œuvre; c'est maintenant à l'État et aux agriculteurs à faire la leur.

La dernière Enquête a appris aux agriculteurs à se réunir et à se concerter. Il dépend d'eux de faire triompher leur cause. Il n'est douteux pour personne que l'Empereur ne soit fort désireux d'améliorer la situation de nos campagnes. Si le Crédit agricole n'a pas réussi, nous savons tous que l'Empereur n'a ménagé ni son initiative ni sa cassette. Pour changer la situation si éprouvée de notre agriculture, le moyen est aussi simple qu'infaillible : il faut que les agriculteurs s'habituent à ne compter que sur eux.

Dans un an, l'époque du renouvellement du Corps législatif sera venue ; qu'ils se réservent pour ce moment, et qu'aux élections générales ils imposent à leurs mandataires l'engagement de réformer l'art. 2102 dans un sens libéral, d'abaisser les droits de mutation, de faire créer l'escompte à quinze mois en faveur des engrais, du bétail et des machines ; enfin, d'établir une large constitution de l'enseignement agricole à tous les degrés.

Si, en traçant les règles qu'il convient de suivre lorsqu'on veut appliquer les données nouvelles que la science vient d'ouvrir devant nous, ces études produisent quelque bien pour la prospérité du pays, n'oublions pas à qui nous en sommes redevables. Souvenons-nous que le champ d'expériences de Vincennes est une fondation de l'Empereur, qui en fait seul les frais depuis huit ans, et à qui l'agriculture doit reporter l'honneur de l'impulsion incontestée que le progrès agricole en a reçue.

GEORGES VILLE.

Ce 2 février 1868.

LES

ENGRAIS CHIMIQUES

PREMIER ENTRETIEN

Messieurs,

Depuis 1861, j'ai coutume de résumer chaque année, dans une série de conférences publiques, les résultats de mes études sur les moyens d'entretenir et d'accroître la fertilité du sol, en dehors des traditions consacrées par l'expérience du passé.

Cet enseignement appartient essentiellement à la science par son caractère et par son origine; dès le principe, cependant, il a été conçu dans l'espoir de fournir à la pratique un guide auquel elle pût se confier en toute assurance; aussi, tous mes efforts tendent-ils à le dégager le plus possible, sans rien lui faire perdre toutefois de sa rigueur et de sa précision, des formules théoriques qui ne me sont pas imposées par la nature même du sujet.

Depuis que la liberté du commerce est devenue le régime économique vers lequel tendent toutes les nations, on sent mieux chaque jour l'importance des questions agricoles. En effet, sous l'empire de ce régime nouveau, un pays ne peut avoir de prospérité durable qu'à la condition de faire mieux que les autres pays auxquels ses marchés intérieurs sont ouverts; il faut absolument qu'il produise plus et avec plus d'économie.

Par quel procédé ce but peut-il être atteint?

Voilà ce que nous devons rechercher ensemble, en nous fondant de préférence sur les faits dont je puis ici même vous rendre témoins.

Au moment d'aborder mon sujet sous ce nouvel aspect, ma pensée se reporte, non sans émotion, à une époque où une auguste bienveillance jugea mes premiers travaux dignes d'être encouragés. Beaucoup de bons esprits doutaient alors de leurs résultats, parce qu'ils ne s'appuyaient que sur des études de laboratoire.

On ne pouvait se résoudre à croire qu'il fût possible, comme je l'avais avancé, de régler les effets de la végétation au moyen des éléments que la chimie découvre dans les plantes, et de fonder sur leur emploi une agriculture nouvelle.

L'Empereur en jugea autrement, et la fondation du champ d'expériences de Vincennes vint attester une fois de plus la sollicitude éclairée du souverain pour nos intérêts agricoles.

Je viens de dire que notre agriculture avait besoin d'élever sa production, afin de réduire ses prix de revient. Les moyens qui doivent le lui permettre exigent, pour revêtir à vos yeux leur véritable caractère, que je prenne mon point de départ dans les termes les plus reculés du problème agricole, et que je commence par vous dévoiler les éléments mêmes dont les végétaux sont formés, puisque c'est à eux que l'agriculture devra recourir désormais pour élever ses rendements.

C'est donc à une étude essentiellement théorique que je dois vous convier aujourd'hui. Pour atteindre le but que je me suis marqué, il faut, en effet, que je décompose en quelque sorte sous vos yeux la substance même des végétaux, et que je vous démontre que malgré les formes si variées qu'elle affecte, puisqu'il existe plus de deux cent mille végétaux différents, nous pouvons cependant la définir avec autant de rigueur que les composés les plus simples de la nature inorganique, dont la reproduction est devenue un véritable jeu pour les chimistes de nos jours.

Ceci m'amènera à vous entretenir de faits d'un ordre différent : c'est que dans les végétaux rien n'est stable, et que leurs éléments éprouvent, au sein des divers organes, certains déplacements, véritables migrations, dont une loi permanente règle l'ordre et la succession.

Mais ces notions, si éloignées qu'elles vous paraissent en ce moment, peut-être, du but de l'agriculture, ne suffisent point encore à nos desseins. Les végétaux sont sous la dépendance des agents impondérables : lumière, chaleur, électricité; or, il faut absolument que nous apprenions à connaître la nature des effets de chacun, pour nous en faire au besoin des auxiliaires.

Les résultats utiles, les applications d'un avantage certain, sont le but auquel nous devons nous attacher de préférence; mais soyez persuadés que nous l'atteindrons d'autant plus sûrement que nos déductions et nos préceptes, exempts de tout empirisme, puiseront leurs justifications dans les données théoriques qui les auront précédés.

J'aborde donc cette première question : de quoi est formée la substance des végétaux? D'où vient-elle? comment s'opère la combinaison des éléments que l'analyse nous y fait découvrir?

Sur ce point, la chimie est aussi nette qu'affirmative.

Elle nous répond : de quatorze éléments, toujours les mêmes, qu'il convient de ranger dans ces deux séries parallèles.

ÉLÉMENTS ORGANIQUES.	ÉLÉMENTS MINÉRAUX.
Carbone.	Phosphore.
Hydrogène.	Soufre.
Oxygène.	Chlore.
Azote.	Silicium.
	Fer.
	Manganèse?
	Calcium.
	Magnésium.
	Sodium.
	Potassium.

Pourquoi appelle-t-on les premiers éléments organiques et les seconds éléments minéraux? Parce que les premiers ne se rencontrent à l'état de combinaisons qu'au sein des êtres vivants, et que les autres appartiennent, par leur origine, à l'écorce solide du globe.

Mais, dira-t-on, comment se peut-il qu'un nombre si borné d'éléments suffise à tant de productions dissemblables? La réponse est bien simple : parce qu'ils possèdent une faculté de combinaison infinie; ils sont comme les lettres d'un alphabet suffisant, quoiqu'en petit nombre, à former tous les mots d'une langue.

Il se présente enfin une dernière question. La composition des végétaux est-elle la même dans toutes leurs parties? les divers organes ne diffèrent-ils que par la forme? La tige, l'écorce, les feuilles et les fruits, ne sont-ils que les empreintes différentes d'une même substance toujours identique à elle-même?

Bien loin de là. Chaque organe a, dans une certaine mesure, sa composition propre. Mais ces dissemblances, qui sont une conséquence des conditions que réclame impérieusement la reproduction des espèces, peuvent être ramenées à quelques propositions très-simples.

Commençons par constater les faits; la théorie viendra ensuite, et occupons-nous d'abord des éléments minéraux.

Règle générale : les parties foliacées ou charnues des végétaux contiennent plus de minéraux que le bois et les parties coriaces. Ces variations tiennent uniquement à ce que la partie aqueuse de la séve s'évapore plus vite dans les premiers organes.

L'évaporation est en effet d'autant plus active que les tissus sont moins compacts et en rapport plus direct avec l'atmosphère; aussi trouve-t-on plus de minéraux dans les herbes que dans les arbres, et pour ceux-ci plus dans les feuilles que dans l'écorce, et plus enfin dans l'écorce que dans l'aubier et le cœur du bois.

Dans le fruit d'une légumineuse, il y a deux parties distinctes, la gousse et la graine. La gousse, qui est en rapport immédiat avec l'atmosphère, se prête mieux que la graine à l'évaporation de la séve; aussi contient-elle plus de minéraux. Dans le même ordre d'idées, je puis citer encore les arbres verts, dont les feuilles persistent et se renouvellent pendant l'hiver, saison moins favorable à l'évaporation que les chaleurs de l'été, et qui contiennent moins de minéraux que celles des autres arbres.

Pour résumer ce que je viens de dire, voici quelques chiffres destinés à en fixer, sous une forme plus rigoureuse, la véritable expression.

	MINÉRAUX DANS 100 PARTIES DE SUBSTANCE VÉGÉTALE A L'ÉTAT SEC.
Herbes.	7,84
Arbres.	0,99
Bois	0,55
Aubier.	2,65
Écorce.	7,17
Feuilles	14,20
Feuilles caduques.	6,60
Feuilles persistantes	2,00
Gousses de pois.	5,50
Grains de pois.	3,10

Si on fait, pour chaque élément minéral en particulier, l'étude que nous venons de faire pour l'ensemble, on arrive à une conclusion analogue, et on trouve que par une sorte d'élection, chacun de ces éléments se concentre de préférence dans une certaine catégorie d'organes. Ainsi, l'on rencontre plus de silice, de chaux, d'oxyde de fer, de sulfates et de chlorures dans la tige et les feuilles que dans le fruit et les graines, où l'acide phosphorique, la potasse et la magnésie deviennent, au contraire, les éléments prédominants.

Je prends le froment pour exemple. Dans la cendre du grain il y a 46 p. 100 d'acide phosphorique, dans celle de sa balle 2,54, dans celle de la paille 2,26, et seulement 1,70 dans celle de la racine.

Ce que je viens de dire pour l'acide phosphorique, je puis le répéter pour la magnésie et pour la potasse, dont les proportions changent d'un organe à un autre, comme vous le verrez dans le tableau suivant.

	DANS 100 DE CENDRES DE		
	RACINES.	PAILLE.	GRAINES.
Acide phosphorique . . .	1,70	2,26	46,00
Magnésie	1,97	3,92	13,77
Potasse	2,87	15,18	32,50
Chaux.	0,88	3,00	1,19

Ces différences, que nous constatons ici dans le froment, on les retrouve dans tous les végétaux sans exception.

Ainsi, vous le voyez, la répartition des minéraux n'est pas laissée au hasard; elle est, au contraire, soumise à un ordre déterminé. Tous participent indistinctement à la formation des végétaux ; mais chacun se concentre de préférence dans un organe ou dans un système d'organe déterminé. Il nous reste à trouver la raison de cette inégale répartition.

Dans l'économie des êtres vivants, toutes les fonctions, si variées qu'on les suppose, tendent vers le même but : assurer la reproduction de l'espèce, c'est-à-dire sa permanence à travers le temps. Elles sont ordonnées en vue de cet important résultat. Mais pour que cette condition soit remplie, il faut que l'embryon contenu dans la graine trouve, réunis dans sa sphère d'activité, les minéraux indispensables à l'exercice des premiers actes de la vie végétale.

Voilà pourquoi la graine est si abondamment pourvue d'acide phosphorique, de potasse et de magnésie. C'est une sorte de réserve destinée à la première évolution de l'embryon.

Si vous étudiez avec un peu d'attention le tableau qui précède, vous ne pouvez manquer d'être frappé du constraste qui existe entre la potasse et l'acide phosphorique.

L'acide phosphorique est en proportion à peu près uniforme dans tous les organes, la graine exceptée. Il n'en est pas de même pour la potasse. La concentration de l'acide phosphorique dans les graines se fait brusquement ; la proportion de la potasse augmente, au contraire, par degrés, et vous remarquerez que plus les organes se rapprochent de la graine, et plus cette proportion devient considérable.

Pourquoi ce passage soudain d'un côté et cette progression de l'autre ?

Une observation fort ancienne, de Théodore de Saussure, va nous l'apprendre.

Les phosphates de chaux et de magnésie sont insolubles dans l'eau ; mais il existe un phosphate double de potasse et de chaux, et un phosphate double de potasse et de magnésie, qui sont l'un et l'autre solubles.

La potasse, ou pour parler plus exactement, les phosphates alcalins, favorisent, s'ils ne déterminent, le transport des phosphates terreux au sein des tissus. Or, comme à l'époque où la graine se forme, la végétation se ralentit et les organes commencent à se dessécher, il est manifeste que la surabondance des sels alcalins doit favoriser le déplacement des phosphates terreux ; il importe donc que plus on se rapproche de la graine, plus la proportion des sels de potasse soit élevée, afin de rendre la dernière étape des phosphates terreux plus facile à franchir.

Parlons maintenant de la distribution des éléments organiques.

Ici un premier fait nous frappe. Ces éléments, au nombre de quatre seulement, représentent les 95 centièmes au moins de la substance des végétaux. Toutefois, et pour le dire en passant, de ce que les minéraux n'y figurent que pour un faible appoint, il faudrait bien se garder de conclure que leur rôle est moins important que celui des éléments organiques. En leur absence la végétation est impossible ; elle reste languissante et précaire dès que le sol n'en est pas suffisamment pourvu.

Sous le rapport de leur distribution dans l'économie végétale, les éléments organiques offrent encore un contraste avec les éléments minéraux. Trois d'entre eux, le carbone, l'hydrogène et l'oxygène, y figurent en proportions à peu près invariables. Tous les végétaux et tous les organes sans distinction en contiennent les mêmes quantités. Arbres, arbustes, simples plantes, racines, tiges, écorces, branches, feuilles, fruits et graines, accusent un rapport invariable entre le carbone, l'hydrogène et l'oxygène.

Pour l'azote, il n'en est plus de même ; il se produit à son égard ce que nous avons déjà constaté pour l'acide phosphorique et pour la potasse : les fruits et les graines en contiennent plus que les autres organes, et cela parce que, pendant toute la durée de la germination, l'embryon vit aux dépens de la graine et qu'il a besoin de trouver dans la sphère circonscrite de son activité, non seulement des minéraux, mais aussi de l'azote.

Pour nous résumer, je dirai donc que, dans la substance des végétaux, le carbone et l'oxygène figurent chacun pour 40 à 45 p. 100, l'hydrogène pour 5 à 6 p. 100, et l'azote pour 1 à 2.

Je vous avais promis de définir la composition des végétaux avec rigueur et netteté. Il me semble que les données qui précèdent offrent ce double caractère.

Pénétrons plus avant dans notre sujet.

Il ne suffit pas de pouvoir dire de quoi les végétaux se composent, il faut savoir encore comment ils se forment et comment leurs éléments se combinent au sein des organes dont ils déterminent l'évolution et l'accroissement.

Ici, le procédé suivi diffère de tout point de celui qui est propre aux minéraux. Lorsqu'on abandonne au soleil une dissolution de sel marin, à mesure que le liquide s'évapore, il se dépose des cristaux que l'on ne peut d'abord distinguer qu'à la loupe, tant leurs dimensions sont exiguës ; bientôt, cependant, leur forme isolée devient accessible à la vue, et nous pouvons suivre jour par jour leur accroissement, dont la régularité géométrique accuse un ordre primordial qui leur commande et dont ils ne peuvent s'écarter.

Ici l'accroissement se fait par le dépôt successif et continu de nouvelles couches de sel, qui s'ajoutent en tous sens à la surface du premier cristal, sorte de centre attractif à l'égard des molécules de sucre et de sel diffusées dans le liquide.

Le travail de la végétation n'est pas aussi simple : les phases par lesquelles un végétal passe avant son plein développement ont néanmoins un caractère de permanence et de fixité qui accuse aussi un plan dont l'économie et la constance excluent toute idée de hasard et d'arbitraire ; quoique très-différent de celui auquel la formation des minéraux est soumise, il dépend de lois non moins inflexibles et ne nous est pas moins bien connu dans son principe et dans ses détails.

Je vous ai dit que les végétaux doivent leur formation à 14 éléments différents ; j'ajoute que les uns avaient à l'origine la forme gazeuse et faisaient partie de l'air, tandis que les autres, liquides ou solides, proviennent du sol. Les premiers sont absorbés par les feuilles, les seconds par les racines; ainsi les végétaux se forment et se développent au moyen de principes multiples et très-divers venus de milieux différents ; mais ces principes ne revêtent pas tout d'abord la forme de tissus et d'organes, ils passent par des états plus simples qui, déjà, n'appartiennent plus à la nature inorganique, sans avoir revêtu les caractères propres aux corps organisés.

La formation des végétaux est donc, en réalité, une opération à deux degrés.

Ces composés aux formes instables, par lesquels elle prélude en quelque sorte, se divisent en deux groupes : l'un comprenant les composés où il n'entre que du carbone, de l'hydrogène et de l'oxygène ; l'autre ceux dans lesquels on trouve en plus de l'azote, du soufre et du phosphore.

Voici, au surplus, la liste de ces produits, auxquels je donnerai le nom de *produits transitoires* de l'activité végétale, pour rappeler à la fois leur origine, leur caractère principal et leur véritable destination.

PRODUITS TRANSITOIRES

	HYDROCARBONÉS.	AZOTÉS.
Insolubles dans l'eau.	Cellulose. Amidon	 Fibrine.
Semi-solubles . . .	Gomme adragante. Pectine. Inuline.	 Caséine.
Solubles	Gomme arabique. Mucilage. Sucre de raisin. Sucre de canne	 Albumine.

Occupons-nous d'abord des produits du premier groupe.

Tous ces produits auxquels nous donnerons le

nom générique d'*hydrates de carbone,* ou produits hydro-aériens, ont un caractère commun, leur composition est la même, à ce point qu'on peut l'exprimer, pour tous indistinctement, par la formule symbolique $C^{12} (HO)^n$.

Dans tous il y a douze équivalents (1) de carbone, toujours en combinaison avec l'hydrogène et l'oxygène dans le rapport voulu pour former de l'eau.

Quoique dissemblables en apparence, tous ces corps ne sont en réalité que la reproduction du même type, et ce qui le prouve, c'est l'impossibilité d'établir entre eux une ligne de démarcation un peu précise, si au lieu de les prendre isolément dans un seul végétal, on tient compte des variations qu'ils présentent dans l'universalité des plantes. Une étude plus approfondie de ces produits remarquables va nous montrer en effet à quel point toute distinction précise et absolue est vraiment impossible.

Nous avons placé en tête du premier groupe la cellulose, ainsi nommée parce qu'elle forme la trame des tissus végétaux ; immédiatement après vient l'amidon, puis les gommes, et enfin le sucre.

Entre la cellulose et le sucre les différences sont nombreuses et profondes, et si l'on ne connaissait pas les autres termes de la série, la pectine, l'inuline,

---

(1) On appelle, en chimie, équivalents ou quantités équivalentes, les rapports pondéraux qui règlent la combinaison des corps :

<pre>
        L'équivalent de l'hydrogène étant égal à . . .   1
        L'équivalent de l'oxygène égale   8
        Celui du carbone   6
        Et celui de l'azote   14
</pre>

les gommes, etc., il ne pourrait venir à la pensée de personne de voir dans ces deux corps les formes dissemblables d'un type unique.

En effet, la cellulose est insoluble dans l'eau ; le sucre, au contraire, se dissout. La cellulose n'est attaquée ni par les acides ni par les alcalis un peu dilués ; le sucre est facilement altéré par les uns et les autres. Le sucre a une saveur douce ; la cellulose n'a pas de saveur.

Comment pourrait-on avoir l'idée d'assimiler ces deux produits au point d'en faire un seul et même corps ?

L'identité devient manifeste cependant et s'impose en quelque sorte à nous, si au lieu de borner la comparaison à la cellulose choisie de préférence dans le tissu ligneux du bois, on a égard aux propriétés des autres termes de la série et aux dégradations dont la cellulose est elle-même susceptible.

La cellulose à l'état de tissu ligneux est insoluble dans l'eau froide et même dans l'eau bouillante. Mais dans le lichen d'Islande, sorte de mousse propre aux régions du Nord, la cellulose beaucoup moins compacte se change en gelée lorsqu'on la fait bouillir dans l'eau. Dure comme l'ivoire dans les noyaux de certains fruits, elle devient comestible dans les champignons.

Entre la chair comestible des champignons et un morceau de bois de chêne, il n'y a pas plus de différence qu'entre le sucre et la cellulose du lichen.

L'amidon, dans les tubercules de pommes de terre, est à l'état de grains isolés, formés de couches concentriques emboîtées les unes dans les autres.

Entre l'amidon et la cellulose il y a donc peu d'analogie apparente ; mais si nous ajoutons que l'amidon se gonfle dans l'eau bouillante, que ses grains perdent leur structure au point de former aussi une véritable gelée, comme celle du lichen d'Islande, l'analogie entre ces deux produits devient incontestable.

L'amidon se gonfle dans l'eau bouillante sans se dissoudre ; mais l'inuline que l'on trouve dans le tubercule du topinambour, et qui est aussi une sorte d'amidon, se dissout dans l'eau bouillante, dont elle se sépare à l'état de grains indépendants, à mesure que l'eau refroidit.

Si nous ajoutons que la gomme adragante forme gelée dans l'eau froide sans se dissoudre, et que la gomme arabique s'y gonfle et s'y dissout, qu'elle est douée d'un commencement de saveur sucrée, le passage de la gomme au sucre devient manifeste, et finalement les analogies qui rattachent le sucre à la cellulose elle-même, cachées à l'origine, ne sauraient plus être douteuses pour personne.

Pour légitimer à vos yeux cette conclusion, j'ajouterai enfin que la cellulose, même lorsqu'elle est le plus compacte, peut se changer en gomme et en sucre, et que pour cela il suffit de la traiter par l'acide sulfurique ; qu'il en est de même de tous les autres termes de la série, qui tous peuvent passer à l'état de sucre par le même moyen. Enfin, s'il était besoin d'insister, j'ajouterais que dans les végétaux ces transformations sont incessantes, et que l'économie de la nutrition végétale repose sur elle, comme je le démontrerai lorsque j'aurai fait l'histoire des matières albuminoïdes.

Ces matières, qui forment le second groupe des produits transitoires de l'activité végétale, sont au nombre de trois; elles se distinguent des hydrates de carbone, par l'azote, le soufre et le phosphore qu'elles contiennent et qui font défaut aux premières.

Leur composition accuse donc un degré plus élevé de complication.

Il se produit toutefois à leur égard ce que nous avons observé pour les hydrates de carbone; malgré leur dissemblance, elles sont en réalité le même corps sous trois états différents. Leur composition est la même et s'exprime par la même formule $C^{144}H^{112}Az^{18}S^2O^{44}$.

M'objectera-t-on que la fibrine est insoluble dans l'eau, tandis que la caséine et l'albumine s'y dissolvent? Mais alors je ferai remarquer qu'il suffit de porter l'eau à l'ébullition pour rendre ces deux derniers corps également insolubles.

Me dira-t-on que la chaleur n'agit pas sur les dissolutions de l'albumine comme sur les dissolutions de caséine, que l'albumine se coagule en masse, tandis que la caséine ne se coagule qu'en partie, à l'état de pellicules à la surface du liquide? Pour réfuter cette objection, il suffit d'ajouter qu'il dépend de nous de communiquer à l'une quelconque de ces trois matières les propriétés des deux autres.

La fibrine est insoluble. Pour la rendre soluble, il suffit de la battre dans un mortier de marbre avec du nitrate de potasse, et d'y ajouter un cinquantième de son poids de soude caustique. La dissolution qui se produit possède toutes les propriétés de l'albumine, et notamment la plus caractéristique, qui est celle de se coaguler en masse par l'action de la chaleur.

Verse-t-on dans une dissolution d'albumine quelques gouttes de soude caustique, elle acquiert aussitôt la propriété de se coaguler par parties et de former des pellicules comme la caséine.

Si j'ajoute enfin que ces corps, comme les hydrates de carbone, se transforment incessamment les uns dans les autres à toutes les périodes de la vie végétale, vous reconnaîtrez avec moi qu'ils ne sont, comme je vous l'ai dit, que les formes variables du même type.

Arrêtons-nous un instant sur ces transformations qui font l'essence même de la vie végétale.

Avant de germer, le froment contient de 10 à 15 p. 100 de fibrine, et 1 ou 2 p. 100 d'albumine tout au plus. Dès que la germination commence, la proportion de fibrine diminue, et celle de l'albumine augmente. Les haricots et les lentilles ne contiennent pas de fibrine, mais de la caséine, et comme le froment, très-peu d'albumine ; or, pendant la germination, la caséine disparaît, et l'albumine la remplace. Il en est de même pour l'amidon, que les graines contiennent en abondance ; il se change en gomme et en sucre, qui, à leur tour, par une nouvelle transformation, passent à l'état de cellulose dans les feuilles, la tige et la racine.

Le végétal, à sa première période, n'est que la graine transformée. Après la germination, lorsque la végétation proprement dite commence, il se forme de plus en plus d'albumine jusqu'au moment de la floraison, où l'albumine se change en fibrine dans le froment, et en caséine dans les haricots et les lentilles.

Revenant aux hydrates de carbone, je vous citerai l'exemple de la betterave, qui contient de 8 à 10 p. 100 de sucre avant la floraison, et où l'on n'en trouve plus lorsque la graine s'est formée, le sucre ayant repris la forme de l'amidon.

Je le répète donc, la nutrition végétale est un phénomène à deux degrés : au premier correspond la formation des produits transitoires; au second, leur transformation en tissus et en organes végétaux.

J'ajoute, enfin, que le mécanisme de la nutrition végétale réside tout entier dans ces deux ordres de phénomènes, qui sont tout à la fois indépendants et solidaires.

De ce qui précède, il résulte que les végétaux nous sont connus maintenant sous le double rapport de leur composition et de leur mode de formation.

Pour compléter cet aperçu général sur la production végétale, il me reste à vous entretenir des conditions qui en règlent l'activité, et qui, dans l'ordre des choses pratiques, rendent la culture prospère ou précaire, dispendieuse ou rémunératrice.

Ces conditions sont au nombre de trois :

1° Le climat;

2° La nature du sol, à laquelle se rattachent le choix et la dose des engrais;

3° Le choix des graines.

L'influence du climat. — Elle est incontestable.

Qui de vous n'a remarqué le changement que la

végétation accuse, lorsque du pied d'une montagne on s'élève au sommet ? Placé à la distance de un ou deux kilomètres, on aperçoit distinctement, sur le versant des Alpes, des bandes de verdure superposées, qui contrastent par leur épaisseur et par leur nuance, et auxquelles correspondent des flores tout à fait différentes.

Le même fait se reproduit plus en grand, à mesure que de l'équateur on se rapproche du pôle. Vous savez qu'à l'équateur, la végétation se distingue par un aspect de vigueur et de majesté qui frappe d'admiration les voyageurs européens. Le nombre des arbres, comparé à celui des herbes, y est plus considérable qu'en Europe. Les arbres s'y font remarquer, en outre, par l'élévation et la grosseur de leur tronc, par la richesse et la variété de leur feuillage.

Au-delà du 70ᵉ degré de latitude, au contraire, on ne rencontre plus que des arbrisseaux, des arbustes, des herbes, et dans le voisinage du pôle, le règne végétal n'est plus représenté que par quelques *byssus* pulvérulents et quelques *lichens crustacés*, qui rampent à la surface du sol.

Le climat exerce donc une influence considérable sur la production végétale, et bien mal inspiré serait celui qui, dans la pratique, n'en voudrait pas tenir compte.

N'y aurait-il pas de la folie, en effet, à vouloir cultiver la vigne à Dunkerque, le maïs à Valenciennes et l'olivier dans les plaines de la Beauce ? Ce sont là, je le sais bien, des exagérations, sous lesquelles il y a cependant une vérité qu'il est sage de ne pas méconnaître : c'est que l'agriculteur doit tendre de nos jours à se spécialiser de plus en plus, et mettre toujours de son côté les chances favorables du climat. Avec la liberté du commerce et la facilité des échanges, chaque région doit se créer le monopole des produits où elle défie la concurrence. Pourquoi le Midi s'obstinerait-il à faire du blé, lorsque le Nord lui en offre à meilleur marché, en échange de ses vins et de son huile d'olive?

Les Anglais, qui sont gens avisés, l'ont compris depuis longtemps : partout où l'humidité trop grande du climat rend la culture du blé d'un produit incertain, ils lui ont substitué la prairie et l'élève du bétail.

Parmi les conditions qui agissent sur la végétation, nous avons placé au second rang la composition du sol, et dans le même ordre d'idées, le choix des engrais. Vous savez tous que deux terres qui se touchent sont souvent fort inégalement fertiles. La cause de ces différences réside essentiellement dans la présence ou l'absence de certains agents, qui abondent là ou manquent ici. Ajoutez au sol le moins favorisé les éléments qui lui font défaut, et il devient aussitôt fertile. Au moyen des engrais, nous acquérons, sous ce rapport, un pouvoir à peu près sans limite; ici, l'homme commande à la nature.

C'est à l'étude de cette deuxième condition, le choix et l'emploi des engrais, que l'enseignement de Vincennes est plus spécialement consacré.

Quant à la troisième condition régulatrice de la

production végétale, bien différente des deux précédentes, qui appartiennent au monde extérieur, elle tire son origine du végétal lui-même.

Toutes les espèces sont susceptibles de certaines déviations capables de devenir héréditaires : les races, les variétés n'ont pas d'autre origine ; peu importantes sous le rapport des caractères botaniques, ces déviations le sont souvent beaucoup au point de vue agricole. Dans les mêmes conditions de sol et d'engrais, telle variété produit souvent deux fois plus que telle autre. Je puis ici même vous en montrer un exemple remarquable.

Depuis trois ans, j'ai institué deux cultures parallèles de froment, l'une avec le blé bleu et l'autre avec le blé anglais à paille rouge. Tout est semblable dans les deux cas, le sol et les engrais. Eh bien ! malgré les soins les plus attentifs, le blé bleu ne réussit pas, et le blé anglais vient à merveille. Pendant l'automne, le blé bleu a constamment un avantage marqué sur le blé anglais ; mais au printemps, pour peu qu'il se produise des gelées tardives, il est envahi par la rouille, alors que le blé anglais, moins avancé, échappe à cette cause d'altération et d'insuccès. Vous pouvez en juger vous-mêmes par la comparaison des deux cultures.

Il y a donc encore là un moyen d'action qui dépend de nous, et auquel on n'a peut-être pas accordé toute l'attention qu'il mérite. Pour moi, je crois nos espèces végétales susceptibles d'améliorations non moins importantes que celles que l'on a réalisées sur nos animaux domestiques.

Mais je vous le répète, Messieurs, de ces trois conditions qui règlent l'activité et les produits de la végétation, la seconde, qui se fonde sur le choix et la dose des engrais, doit seule nous occuper. Je n'ai rappelé les deux autres qu'à titre d'indications théoriques nécessaires pour définir notre sujet sous toutes ses faces et ne rien laisser dans l'ombre.

Je vous avais annoncé l'analyse de la végétation dans ses agents et dans sa cause; je crois vous l'avoir présentée complète.

Seriez-vous tenté de me reprocher le caractère trop scientifique de cette étude? A la lumière de ces notions, notre voie se trouve tracée. Il ne peut être question désormais de résultats empiriques. D'ailleurs, pénétrons-nous bien de cette pensée, que si la pratique est notre but, la science doit rester notre guide, ses méthodes nos auxiliaires, et ses principes la première assise de nos déductions.

Jusqu'à ces vingt dernières années, on a prétendu que le fumier était l'agent par excellence de la fertilité. Nous soutenons qu'en cela on a eu tort, et qu'il est possible de composer artificiellement des engrais supérieurs au fumier et plus économiques.

On a dit encore : La prairie est le point de départ obligé de toute bonne agriculture, parce qu'avec la prairie on a du bétail et avec celui-ci du fumier. Pour nous, ces prétendus axiomes sont de véritables hérésies, et j'espère vous démontrer que, dans la situation présente, toute amélioration agricole, pour être rémunératrice, doit prendre son point de départ dans une importation d'engrais artificiels; la produc-

tion du fumier a perdu sans retour le caractère de
nécessité imposée à la culture; il n'y a plus là qu'une
question de convenance et de prix de revient.

Pour résoudre avec sûreté ces questions importantes, il nous faut avant tout rester fidèle au plan
que nous nous sommes tracé, et en premier lieu, définir le degré d'utilité des divers éléments dont les
végétaux se composent, rechercher les formes sous
lesquelles leur assimilation est le plus facile, et leur
effet utile le plus sûr; formuler enfin les règles d'a-
près lesquelles on doit les associer pour en faire
des engrais d'une grande puissance.

Dans notre prochain entretien, nous aborderons
notre sujet sous ce nouvel aspect, ce qui nous fera
entrer dans le domaine des applications et de la pratique.

DEUXIÈME ENTRETIEN.

Messieurs,

Je me suis appliqué, dans notre premier Entretien, à vous faire connaître la nature des éléments dont les végétaux se composent. Il vous souvient que ces éléments sont très-inégalement répartis dans les divers organes où plusieurs d'entre eux forment des combinaisons éphémères, avant de passer à l'état de tissus et d'organes.

Pour compléter cette étude, en quelque sorte préliminaire, il faut nous demander aujourd'hui à quel état on trouve dans la nature les éléments, source et condition de la fertilité du sol, sous quelle forme les plantes les absorbent, et dans quelle mesure on peut, à leur aide, agir sur les produits de la végétation.

Je commence par le carbone.

La quantité de carbone qui entre dans la composition des végétaux est, en chiffres ronds, de 40 à 45 p. 100. Le carbone joue donc dans la végétation un rôle de premier ordre. Si j'ajoute qu'en agriculture, cependant, on n'a point à s'en enquérir, qu'on peut l'exclure des engrais sans porter atteinte à la fécondité de la terre, j'aurai l'air de me mettre en contradiction avec moi-même.

La contradiction n'est qu'apparente, et pour le prouver, il me suffira de rappeler que le carbone des végétaux a pour origine l'acide carbonique de l'air, et que l'atmosphère en est une source inépuisable.

Je pourrais donc m'abstenir de vous parler de l'assimilation du carbone : à beaucoup d'égards, cette omission serait sans inconvénient; j'ai résolu néanmoins de m'y arrêter et d'en faire l'objet d'une étude approfondie. Pourquoi? Pour deux raisons : parce que l'explication de ce phénomène fait époque dans l'histoire de la science, mais surtout parce que son étude doit nous aider à mettre dans tout son jour ce qui fait essentiellement le caractère distinctif de la production végétale.

L'acte qui détermine l'assimilation du carbone est un phénomène extrêmement simple. L'acide carbonique, formé de carbone et d'oxygène, est absorbé par les feuilles où il se décompose. Le carbone reste acquis à la plante, tandis que l'oxygène, devenu libre, retourne à l'atmosphère.

Il se produit donc là un phénomène de réduction véritablement extraordinaire, et que nous ne pouvons obtenir dans nos laboratoires sans appeler à notre aide les moyens d'analyse les plus puissants dont la chimie dispose ; ce phénomène, le tissu délicat d'une feuille l'opère cependant, sans que sa fragile organisation en soit altérée. Vous remarquerez de plus que la respiration végétale se traduit par des effets inverses de ceux de la respiration animale. — Les végétaux empruntent à l'air de l'acide carbonique et lui rendent de l'oxygène, tandis que les animaux lui empruntent de l'oxygène et lui rendent de l'acide carbonique. Ceci explique, pour le dire en passant, pourquoi la composition de l'atmosphère ne change pas, malgré les emprunts incessants que lui font les animaux et les plantes.

Sous ce conflit continu, quoique inapparent, il y a un ordre de *phénomènes* encore plus profonds, sinon plus mystérieux, que je voudrais vous faire connaître parce que, à mes yeux, rien n'est plus propre à nous dévoiler le véritable caractère de la production agricole et à vous montrer combien ce grand acte de la vie végétale, auquel se rattachent étroitement les conditions les plus essentielles de notre existence, diffère de tous les autres faits de production que l'activité humaine accomplit ou auxquels elle participe.

Règle générale. — Tout travail de production présuppose deux choses également indispensables : une matière première et une source de force.

En dehors de ces deux conditions, il n'y a pas de production possible.

Quoi qu'on fasse, la matière mise en œuvre éprouve un déchet qu'on doit tendre à atténuer, mais qu'on ne peut éviter entièrement. Même observation à l'égard de la force dépensée. On ne l'utilise qu'en partie. Il y a là encore une déperdition inévitable. Je le répète donc, le produit qui est la représentation matérielle du travail est en déficit à la fois sur la matière première et sur la force employée.

Prenez pour exemple tel travail industriel que vous voudrez, la métallurgie, le tissage, les arts mécaniques. Toujours le travail est accompagné d'une double perte de matière première et de force vive, distraite de sa véritable destination par le frottement des organes intermédiaires et l'imperfection des appareils.

En agriculture, le caractère de la production est tout autre. La terre rend matériellement par les récoltes dix fois plus qu'on ne lui livre en agents de fertilité, et toute récolte suppose une dépense de force 500 fois au moins supérieure à la somme des efforts qu'elle a coûtés.

Comment ces deux faits qui, *a priori*, semblent de nature à confondre la pensée, peuvent-ils s'expliquer? L'économie de l'assimilation du carbone va nous l'apprendre.

Tous les végétaux contiennent, avons-nous dit, de 40 à 45 p. 100 de leur poids de carbone. Or, si le carbone vient de l'air, et s'il s'ajoute aux agents que nous sommes tenus de fournir à la terre pour la rendre fertile, on comprend tout de suite pourquoi le sol rend plus qu'il n'a reçu. Même remarque à l'égard de l'oxygène et de l'hydrogène, qui représentent plus de 50 p. 100 du poids des végétaux et qui ont tous deux l'eau pour origine.

Il résulte de là que les 95 centièmes de la substance des végétaux proviennent de sources étrangères au sol, et que la part que l'industrie humaine est tenue de fournir à la terre n'est qu'une fraction de ce qu'on en retire par les récoltes. Mais il ne faut pas perdre de vue, toutefois, que cet appoint est indispensable, car sans lui le carbone de l'atmosphère, l'oxygène et l'hydrogène de l'eau auraient persisté à leur état primitif dans le domaine du règne inorganique, et n'auraient pu entrer dans le courant de la vie végétale.

Voilà donc le premier caractère de la vie végétale expliqué. Vous savez maintenant pourquoi la terre rend plus qu'on ne lui livre. L'excédant vient de l'air et de la pluie.

Le tableau suivant est une démonstration sans réplique de ce fait. Il est entendu que ce que je dis du froment s'applique également aux autres végétaux.

COMPOSITION DU FROMENT (PAILLE ET GRAIN).

DANS 100 PARTIES.

Carbone.	47,69	
Hydrogène	5,54	ci 93,55 qui viennent de l'air et de la pluie.
Oxigène.	40,32	
Soude.	0,09	
Magnésie.	0,20	
Acide sulfurique	0,31	ci 3,386 dont le sol est surabondamment pourvu et qu'on n'a pas besoin de lui rendre.
Chlore.	0,03	
Oxide de fer	0,006	
Silice	2,75	
Manganèse	(?)	
AZOTE.	1,60	
ACIDE PHOSPHORIQUE.	0,45	ci 3,00 dont le sol n'est pourvu qu'en proportion limitée et qu'il faut lui rendre par les engrais.
POTASSE.	0,66	
CHAUX.	0,29	
TOTAL	99,93	

Passons au second caractère de la production agricole, plus difficile à faire comprendre, quoique du même ordre que le précédent.

Jusqu'à ces vingt dernières années, on a cru que les phénomènes de la nature étaient dus à des causes diverses, parce qu'ils affectent en nous des organes différents.

Sous cette diversité d'impressions, une analyse mieux inspirée a fini par découvrir que cette multiplicité de causes n'était qu'apparente, et qu'en réalité tous les phénomènes physiques ne sont que les manifestations d'une cause unique, le mouvement.

Suivons les conséquences de cette donnée fondamentale.

Vous savez tous que la combustion d'un corps est suivie d'une élévation de température. La combustion de 1 kilogramme de carbone, par exemple, produit une quantité de chaleur telle qu'on pourrait, à son aide, élever de un degré centigrade 8,000 kilogrammes d'eau. Si j'ajoute qu'on appelle *calorie* la quantité de chaleur nécessaire pour élever de un degré centigrade 1 kilogramme d'eau, nous pouvons dire que la combustion de 1 kilogramme de carbone produit 8,000 calories.

Vous savez qu'avec de la chaleur on engendre de la force mécanique. Entre le poids du corps brûlé, la température produite et la force qui peut en naître, il y a une corrélation immuable.

Nous savons, en effet, de science certaine qu'une calorie équivaut à un effort capable d'élever un poids de 1 kilogramme à 424 mètres de hauteur, et on appelle kilogrammètre ou unité dynamique l'effort nécessaire pour élever 1 kilogramme à 1 mètre de hauteur.

Il suit de là qu'une calorie, ou la quantité de chaleur qui fait monter de un degré un kilogramme d'eau, suffit pour élever ce même kilogramme à 424 mètres de hauteur, ou, en d'autres termes, qu'une calorie est équivalente à 424 kilogrammètres.

Poussons plus loin les conséquences de ces premières données. Le travail d'un cheval attelé est exprimé par 270,000 kilogrammètres à l'heure, c'est-à-dire que les efforts qu'il dépense élèveraient en une heure 270,000 kilogrammes à 1 mètre de hauteur. On estime la journée d'un cheval à huit heures de travail effectif, ce qui porte à 2,160,000 kilogrammètres l'expression du travail utile d'une journée. Ainsi, si on concentrait en un point la somme des efforts que la journée d'un cheval représente, elle se résumerait dans ce fait : élever à 1 mètre de hauteur 2,160,000 kilogrammes.

Mais si une calorie équivaut à 424 kilogrammètres ou unités dynamiques, et si la combustion de 1 kilogramme de carbone produit 8,000 calories, il en résulte que la combustion de 1 kilogramme de carbone correspond à 3,472,000 kilogrammètres, ou, en nombre rond, à une journée et demie de cheval, la journée étant fixée, je l'ai déjà dit, à huit heures de travail effectif.

A la lumière de ces indications, un peu abstraites peut-être, mais qui étaient nécessaires, le caractère le plus caché de la production végétale va nous être enfin dévoilé.

La combustion du carbone engendre de l'acide carbonique et produit de la chaleur, qui peut être exprimée en unités dynamiques.

Si vous tentiez de remonter ce courant et de défaire ce que la combustion a fait, de séparer le carbone de l'oxygène dans l'acide carbonique, vous n'y réussiriez qu'à la condition de restituer au carbone et à l'oxygène une quantité de chaleur égale à celle qui est née de leur combinaison.

Ce fait certain nous conduit à cette conséquence : que chaque kilogramme de carbone qui se fixe dans les végétaux exige 8,000 calories équivalant à 3,472,000 kilogrammètres, qui équivalent eux-mêmes à une journée et demie de cheval. Or, comme la récolte de 1 hectare peut être fixée à 10,000 kilogrammes de substance végétale, contenant en moyenne, et en chiffre rond, 5,000 kilogrammes de carbone, dont la fixation a exigé 40,000,000 de calories, on trouve que cette quantité de chaleur correspond à 17 milliards de kilogrammètres, c'est-à-dire à 6,660 journées de cheval. La récolte de 1 hectare ne s'obtient qu'à ce prix.

Si donc la préparation de 1 hectare par les labours, le hersage, etc., etc., n'exige, tant de l'homme que des animaux, que 15 journées de cheval, il en résulte finalement que lorsque l'homme dépense 1 en efforts mécaniques, la nature y ajoute 444 à l'état inostensible de chaleur et de lumière.

Mais cette consommation énorme de forces, toujours en action et qui ne s'épuise jamais, quelle en est la source ? Vous l'avez pressenti : les rayons du soleil, en l'absence desquels les plantes n'assimilent pas le carbone. Si le bois et les produits végétaux dégagent de la chaleur quand on les brûle, ils le doivent à celle qu'ils ont tirée du soleil et qui passe, par la combustion, de l'état latent à l'état de liberté. Il n'y a là, en réalité, qu'un acte de restitution.

Ces explications me semblent suffire pour démontrer ce qui forme essentiellement le caractère de la production végétale.

Je répète que la production végétale possède seule le privilége d'ajouter un excédant à la matière première, qui partout ailleurs subit un déchet, et de nous livrer un produit relativement énorme dont la formation accuse la participation d'une force inapparente et étrangère à notre intervention.

Ici se révèle l'instinct merveilleux des peuples, qui, devançant les découvertes de la science, n'ont jamais reconnu de prospérité durable pour les États que celle qui se fonde sur une agriculture florissante. On y voit aussi pourquoi certains économistes du dernier siècle, Quesnay entre autres, ont pu concevoir la pensée de faire peser exclusivement les impôts sur les produits du sol, parce que seuls ils accusent un excédant dans le produit net.

Messieurs, peut-être trouverez-vous que je me suis laissé entraîner trop loin dans cet ordre d'idées ; je ne voudrais cependant rien retrancher de mes paroles, car, pour appliquer avec intelligence les procédés agricoles les meilleurs, je crois qu'il faut d'abord avoir une idée nette des principes dont ils relèvent. Mais je me hâte de revenir à la pratique par l'assimilation du carbone.

L'assimilation du carbone se résume, avons-nous dit, dans ces deux faits. Les végétaux absorbent l'acide carbonique de l'air et le décomposent.

Pour prouver que les feuilles absorbent l'acide carbonique, il suffit d'introduire une branche feuillée de vigne dans un ballon de verre où l'on fait passer un courant d'air.

Avant d'entrer dans le ballon, l'air contenait de trois à quatre dix-millièmes de son volume d'acide carbonique ; lorsqu'il en sort, il n'en contient que deux dix-millièmes tout au plus. Les feuilles ont donc fonctionné là comme un véritable crible.

L'effet que ce rameau de vigne vient d'opérer sous vos yeux, toutes les plantes, tous les arbres le produisent par leur feuillage.

Mais, pour cela, trois conditions sont nécessaires :

1° Il faut que les végétaux reçoivent l'action directe du soleil ; 2° que la température ambiante ne descende pas au-dessous de 10 à 12° au-dessus de zéro ; 3° que les végétaux soient munis de leurs feuilles.

La suppression de l'une de ces trois conditions suffit pour arrêter le phénomène et frapper, en quelque sorte, les végétaux d'inertie.

Dans l'obscurité, les feuilles perdent la faculté d'absorber l'acide carbonique. Dès que la lumière leur fait défaut, les feuilles, à l'opposition de ce qui arrivait tout à l'heure, absorbent de l'oxygène et dégagent de l'acide carbonique.

Au-dessous de 10 à 12°, dans nos climats, l'assimilation du carbone cesse à peu près complétement. Il serait cependant imprudent de formuler une indication par trop absolue, attendu que toutes les plantes ne sont pas affectées au même degré par l'abaissement de la température.

Enfin, ajoutons que les feuilles sont essentiellement le siége de l'assimilation du carbone; ni les racines, ni le tronc, ni les branches, ne participent à cette importante fonction.

Passons à des notions d'un ordre plus pratique et plus spécial à l'agriculture.

La quantité de carbone que les végétaux fixent dans le cours d'une saison peut atteindre jusqu'à 10,000 kilogrammes par hectare.

Ici se présente une nouvelle question. Tous les végétaux ne sont pas également favorisés sous ce rapport.

D'où vient la différence? De ce que les feuilles sont loin de présenter la même surface.

Si on compare, en effet, à ce point de vue, quelques végétaux choisis parmi ceux qui nous intéressent le plus, tels que le topinambour, la betterave, la pomme de terre et le froment, on trouve : pour le topinambour, qui fixe 8,000 kilogrammes de carbone par hectare, que la surface des feuilles représente 15 fois celle du sol cultivé; pour la betterave, qui ne fixe que 2,000 kilogrammes de carbone (1), que la surface des feuilles n'est plus que 5 fois celle

---

(1) Les chiffres que j'indique là sont déduits tous des rendements obtenus à la ferme de Bechelbronn; vu la faiblesse de ces rendements, il faut considérer comme des *minima* les données dont il s'agit.

du sol. Mêmes observations à l'égard de la pomme
de terre et du froment, qui n'absorbent que 1,700
et 1,400 kilogrammes de carbone par hectare, et
dont les feuilles occupent une surface encore plus
réduite.

Enfin, pour compléter l'étude de l'assimilation du
carbone, il me suffira d'ajouter que si l'atmosphère
est la source principale où les végétaux le puisent,
ils en tirent cependant une certaine quantité des
couches profondes du sol, que les racines absorbent
et que les feuilles décomposent et s'assimilent. L'a-
cide carbonique du sol provient de la décomposition
des détritus végétaux, qui n'y font presque jamais
défaut.

Ainsi, trois faits résument l'économie de l'origine
du carbone dans les végétaux :

Il est toujours absorbé à l'état d'acide carbonique ;

Les feuilles en opèrent la réduction ;

Les radiations solaires sont la condition qui la déterminent.

Passons à l'origine de l'oxygène et de l'hydrogène.

Je pourrais vous dire de ces deux corps ce que je
vous ai dit du carbone. Leurs fonctions dans l'économie végétale n'ont pour nous qu'un intérêt théorique.

L'un et l'autre viennent, en effet, de l'eau ; et les
végétaux, en tant que source d'hydrogène et d'oxygène, en reçoivent par la pluie plus qu'ils ne peuvent en utiliser.

Est-il bien sûr, me demanderez-vous peut-être, que l'oxygène et l'hydrogène aient l'eau pour origine?

Aucune question n'est plus facile à résoudre que celle-là. Instituez une culture dans le sable calciné, les plantes ne trouvant, dans leur sphère d'activité, l'hydrogène et l'oxygène qu'à l'état d'eau distillée, et vous verrez en quelque sorte l'eau changer d'état sous vos yeux et entrer dans la composition des plantes.

Arrivons à l'azote.

Avec l'azote, la question change de caractère; l'origine de ce corps dans les végétaux a pour nous la portée d'un problème de premier ordre.

Or, ce problème, on peut le résoudre de deux manières différentes, par la science et par la pratique.

Je choisirai de préférence la démonstration par la pratique.

Je pose comme un axiome que l'azote peut être assimilé par les végétaux sous trois formes différentes :

A l'état d'ammoniaque ;

A l'état de nitrate ;

A l'état d'azote gazeux.

Et j'ajoute que chacune de ces trois formes convient de préférence à certaines catégories de plantes : l'ammoniaque au froment, les nitrates aux betteraves, tandis que les légumineuses absorbent surtout l'azote à l'état de gaz élémentaire.

Ce premier point admis, je me demande si, d'une manière générale, les récoltes contiennent plus d'azote que les engrais qui ont servi à les produire.

A cet égard, les faits sont unanimes; il y a toujours excédant d'azote dans la récolte.

Nous trouvons par exemple (et ce sont là des valeurs minima) que l'excédant s'élève à 43 kilogrammes par hectare pour le topinambour, et à 170 kilogrammes pour la luzerne (1).

Ici se présente une nouvelle question. D'où vient cet excédant d'azote? Du sol? Évidemment non; car c'est là un phénomène permanent, continu; ce qui exclut l'idée de l'intervention du sol, dont les ressources sont bornées, et qui, cependant, livre chaque année par les récoltes plus d'azote qu'il n'en reçoit par les engrais.

L'azote en excès vient donc de l'air, on n'en saurait douter. Mais, ici, nouvelle difficulté. A quel état l'azote a-t-il été absorbé? Est-ce à l'état d'ammoniaque, de nitrate ou d'azote élémentaire?

Pour prononcer avec certitude à cet égard, nous avons d'abord une question préjudicielle à résoudre. Il faut savoir si l'air contient de l'ammoniaque et des nitrates, et s'il en contient, dans quelle proportion.

Sur ces deux points, pas de doute. L'air contient à la fois de l'ammoniaque et des nitrates, mais en quantités si faibles, si exiguës, qu'elles appartiennent au domaine des *infiniment petits*.

---

(1) Boussingault.

Pour l'ammoniaque, en effet, la proportion est comprise :

Entre 0,000 000 017

0,000 000 032.

Ce qui correspond à 17 grammes d'ammoniaque pour un million de kilogrammes d'air. Un dé à coudre à côté du Panthéon! L'air contient, avons-nous dit, de l'acide nitrique en proportion infiniment réduite, égale à peine à celle de l'ammoniaque.

En face de quantités si minimes, vous comprenez qu'il n'est pas possible de leur attribuer la masse énorme d'azote que les plantes tirent de l'air. Aussi, pour échapper à cette difficulté, les nitrates et les sels ammoniacaux étant très-solubles dans l'eau, a-t-on admis que la pluie avait pour fonction de les condenser et de les apporter aux végétaux sous un faible volume. Mais cette supposition ne peut se soutenir elle-même dès qu'on examine les choses un peu de près.

En effet, l'eau de la pluie contient en moyenne par litre 0^{gr},0005 d'ammoniaque et autant de nitre. Or, ces quantités correspondent à un apport de 6 kilogrammes d'azote par hectare et par an, ce qui est évidemment insuffisant pour expliquer l'excédant de 43 kilogrammes accusé par le topinambour, et à plus forte raison celui de la luzerne, qui atteint 175 kilogrammes. Ni l'ammoniaque, ni les nitrates de l'atmosphère ne peuvent donc rendre compte de l'excédant d'azote que les récoltes contiennent.

Nous voilà conduits par voie d'exclusion à attribuer à l'azote élémentaire de l'air l'excédant qui, sans cela, resterait inexpliqué.

Cette opinion est-elle admise sans contestation? Non, et voici quelles sont les objections qu'on lui oppose.

On est unanime à reconnaître qu'une partie de l'azote des récoltes a l'atmosphère pour origine, mais on nie l'assimilation de l'azote élémentaire; on suppose qu'avant d'être absorbé par les végétaux, l'azote passe à l'état de nitrate dans le sol. Le sol deviendrait ainsi le siége d'une nitrification universelle et permanente.

Ainsi formulée, cette opinion ne résiste pas un instant à l'examen. En effet, si l'azote ne pénètre dans la luzerne qu'à l'état de nitrate, n'est-il pas évident qu'on doit trouver dans la récolte une quantité de bases correspondante à l'acide nitrique, source supposée de l'azote? Or, il n'en est rien. Dans une récolte de luzerne, obtenue ici même au champ de Vincennes, l'azote a dépassé de 135 kilogrammes par hectare celui qui correspondait aux bases. — 135 kilogrammes n'avaient donc pu pénétrer dans la plante à l'état de nitrate. Cette quantité de 135 kilogrammes n'est elle-même que le tiers de la quantité réelle d'azote qu'un hectare de luzerne tire de l'air, attendu que, dans l'exemple que j'ai cité, on avait introduit à dessein dans l'engrais de l'azote à l'état de nitrate de potasse et de nitrate de soude, et qu'il m'a été démontré depuis qu'on peut obtenir des rendements aussi élevés en remplaçant les nitrates par du carbonate de potasse, c'est-à-dire des produits alcalins et azotés par un produit correspondant sans azote.

J'ai hâte d'arriver aux arguments tirés plus directement de la pratique.

Je suppose qu'on donne pour engrais à des pois, à du trèfle ou à de la luzerne, du nitrate de soude. L'effet est radicalement nul, s'il n'est même décidément nuisible. Or, comment invoquer à l'égard de ces plantes les bons effets d'une nitrification spontanée dans le sol?

On peut donner à cet argument plus de généralité.

Instituez deux expériences parallèles : dans l'une, le sol recevra un engrais composé de phosphate de chaux, de potasse et de chaux sans azote ; dans l'autre, on ajoutera à ces trois agents de la matière azotée.

Dans ces deux conditions, il se manifestera des effets très-différents, suivant la nature des plantes.

Le trèfle, les pois, les légumineuses, prospéreront au moins autant sur la terre qui n'a pas reçu de matière azotée que sur l'autre. Avec le blé, le colza, la betterave, le tabac, les résultats seront tout différents. Où manque la matière azotée, le rendement sera plus que médiocre, tandis qu'il deviendra excellent dans le sol qui en sera pourvu.

Que faut-il conclure de ce contraste? Que les plantes forment deux groupes bien distincts ; le premier comprenant celles dont l'azote a le sol pour origine, et le second, celles qui le puisent de préférence dans l'air.

Douteriez-vous? Voici d'autres faits à l'appui de cette distinction :

Tout le monde sait que les cultures sans engrais deviennent bientôt précaires. Le rendement n'est cependant jamais absolument nul, et la quantité d'azote qui y correspond est encore assez importante.

D'après MM. Lawes et Gilbert, elle s'élèverait en effet :

A 28 kilogr. par hectare et par an . . . pour le froment;
A 27 — — . . . pour l'orge;
A 44 — — . . . pour la prairie;
A 53 — — . . . pour les féveroles.

On voit, par ce tableau, que la prairie et les féveroles fixent plus d'azote que l'orge et le froment. Dira-t-on que l'azote des féveroles et de la prairie vient du sol? On soulève alors une difficulté bien autrement embarrassante. Semez du blé après des féveroles, le rendement est meilleur et la quantité d'azote fixée plus forte. D'un autre côté, cependant, nous venons de dire que les féveroles contiennent plus d'azote que le froment; n'est-il pas évident que si elles l'avaient pris à la terre, le rendement du blé s'en serait ressenti?

Concluons :

L'azote est absorbé sous des formes différentes : pour les légumineuses, l'azote élémentaire est la forme le plus convenable; pour le froment, le colza, c'est l'ammoniaque; pour les betteraves, ce sont les nitrates. Mais répétons-le une fois encore, pour tous les végétaux indistinctement, la récolte accuse un excédant d'azote dont ni les engrais ni le sol ne peuvent rendre compte, et qu'on ne peut expliquer qu'en lui donnant pour origine l'azote élémentaire de l'air.

Qu'il me soit permis de résumer cette question par

quelques chiffres irrécusables, destinés à préciser l'importance des quantités d'azote que les plantes tirent de l'air.

PAR HECTARE:	AZOTE DE LA RÉCOLTE EN EXCÈS SUR CELUI DE L'ENGRAIS.
Froment.	60 kil.
Pois.	70
Colza	130
Betterave	130
Luzerne.	300

Dans les exemples qui précèdent, l'engrais contenait de 50 à 60 kilogrammes d'azote par hectare. — Pour la luzerne, j'ai pris l'excédant pour un engrais purement minéral et pour un rendement fixé à 8,000 kilogrammes.

Vous voyez donc par ces exemples que si tous les végétaux accusent un excédant d'azote, cet excédant est loin d'avoir pour tous la même importance.

Il y a encore une distinction à faire à l'égard des conditions où il se produit.

Il y a en effet des plantes dont la récolte contient beaucoup d'azote, sans qu'on soit tenu de leur en fournir par les engrais : les pois, les haricots, le trèfle et la luzerne sont, vous ai-je dit, dans ce cas. Il y en a d'autres qui accusent aussi un excédant considérable d'azote, mais qui ne le réalisent qu'à la condition expresse d'avoir reçu des engrais azotés : tels sont en particulier la betterave et le colza. Enfin, il y a une troisième catégorie de plantes qui exigent beaucoup d'azote dans le sol, et dont la récolte n'amène, en fin de compte, qu'un excédant relativement faible : tel est le froment.

Ces différences ont pour la pratique une signification qu'il est de la dernière importance de ne pas méconnaître. Qui ne voit en effet tout de suite et sur ces simples données générales qu'il doit y avoir avantage, sous le double rapport des rendements et de l'amélioration du sol, à faire alterner le froment avec les betteraves et surtout avec les légumineuses, c'est-à-dire les plantes qui puisent leur azote dans le sol avec celles qui le puisent dans l'air?

L'expérience confirme de tous points ces prévisions.

Vous savez tous que le froment qui succède au trèfle rend plus que celui qui l'a précédé. Qui ne sait combien la betterave dont on enterre les feuilles est favorable à la culture du froment?

Mais à l'égard des plantes qui, à l'exemple de la betterave, réclament impérieusement de grandes quantités d'azote par les engrais, il y a encore une remarque importante à faire : c'est que l'excédant d'azote de la récolte est en quelque sorte proportionnel à la quantité que le sol en a reçue.

Il résulte de là que les cultures les plus améliorantes ne sont pas celles qui, pour prospérer, exigent le moins d'engrais azotés, mais celles qui accusent l'excédant d'azote le plus élevé, excédant dont l'atmosphère a fait seule les frais. Ce rapport, cette solidarité entre la richesse de l'engrais et l'amélioration déterminée par la plante qui l'a reçue, dont la science vient de nous fournir la véritable explication, la pratique les a depuis longtemps constatés, comme l'attesteraient au besoin ces paroles de Mathieu de Dombasle :

« C'est un fait d'observation générale, dit-il, que les fonctions par lesquelles les végétaux s'approprient les éléments nutritifs contenus dans le sol et dans l'air sont des *fonctions correspondantes*, de sorte qu'une augmentation dans la quantité des principes qu'ils tirent de la terre peut seule les mettre en état de s'approprier en quantité plus considérable des aliments atmosphériques. C'EST POUR CELA QUE LES PLANTES LES PLUS AMÉLIORANTES, CELLES QUI EMPRUNTENT LE PLUS A L'AIR, LE SONT D'AUTANT PLUS QU'ELLES CROISSENT SUR UN SOL PLUS FERTILE. »

Cette théorie des cultures intensives peut se formuler d'une manière plus saisissante et plus scientifique. Supposons, en effet, une plante cultivée dans le sable calciné aux dépens de l'air et de l'eau, et produisant, dans les quinze premiers jours qui suivent sa germination, 20 feuilles. Si la part pour laquelle une feuille contribue à la nutrition de la plante se traduit tous les quinze jours par la formation d'une feuille nouvelle, au bout de trois mois et demi, la plante aura produit 2,460 feuilles.

A côté, supposons une autre plante cultivée dans un sol fumé, et admettons que l'engrais détermine tous les quinze jours la formation de 5 feuilles seulement, en sus de celles dont l'air et l'eau ont fait tous les frais dans la culture précédente. Après le même laps de temps, la plante aura produit 3,475 feuilles, c'est-à-dire près de deux fois plus que dans le premier cas; et pourtant, le fumier n'a déterminé par lui-même que la formation de 35 feuilles. Ce résultat, qu'on pourrait à bon droit trouver étrange, s'explique cependant très-aisément quand on réfléchit que les premières feuilles qui ont le fumier pour origine concourent à l'accroissement de la récolte, non seulement par leur nombre, mais encore par les feuilles de formation subséquente, dont elles sont l'origine, et dont l'atmosphère a fait tous les frais.

Je vous ai dit qu'il fallait varier la dose de la matière azotée suivant la nature des cultures ; pour vous montrer combien il importe de ne rien laisser à l'arbitraire sous ce rapport, je vous citerai les rendements qu'un agriculteur du plus grand mérite, M. Cavallier, a obtenus à la ferme du Mesnil-Saint-Nicaise.

Il s'agit d'une culture de betteraves venues dans quatre conditions différentes avec de l'engrais minéral sans azote, et avec le même engrais additionné de quantités croissantes de sulfate d'ammoniaque.

	RACINES A L'HECTARE.
Avec l'engrais minéral sans azote, le rendement a été	36,834 kil.
Avec le même engrais, plus 80 kil. d'azote.	47,325
Avec le même engrais, plus 100 kil. d'azote . . . . . , .	51,000
Avec le même engrais, plus 120 kil. d'azote	59,649

Si on prend comme point de départ le rendement de 36,834 kilogrammes obtenu avec l'engrais sans azote, on trouve que le prix du sulfate d'ammoniaque étant amorti, il reste comme surcroît de bénéfice :

Avec 80 kil. d'azote	67 fr. 87
Avec 100 kil. d'azote.	108 20
Avec 120 kil. d'azote.	228 60

Vous voyez par là, Messieurs, que les matières azotées jouent un rôle de premier ordre dans l'économie végétale. Dans la pratique, on trouve de grands avantages à employer de préférence les sels ammoniacaux et le nitrate de soude. La fixité de leur composition, la sûreté de leur action, leur forme particulièrement assimilable, leur assurent une supériorité marquée sur tous les autres composés azotés.

J'ai coutume d'employer ces produits à la dose de 60 à 90 kilogrammes d'azote par hectare pour le froment; pour le colza et la betterave, on peut aller sans inconvénient de 100 à 120 kilogrammes. Ajoutons que le sulfate d'ammoniaque contient en nombre rond 20 p. 100 d'azote, et le nitrate de soude, 15.

Par cela même que ces produits sont doués d'une grande puissance, on ne saurait trop s'appliquer à les répandre également : on y parvient facilement en les mêlant avec quatre à cinq fois leur poids de terre fine et sèche. L'épandage doit avoir lieu après le dernier labour; on herse ensuite pour compléter leur mélange avec les couches superficielles.

De l'ensemble des notions qui viennent de vous être présentées, il résulte, Messieurs, qu'entre le carbone, l'hydrogène et l'oxygène d'une part, et l'azote de l'autre, il y a, sous le rapport agricole, cette différence profonde, que la nature fournit toujours surabondamment aux végétaux les trois premiers, et que par conséquent on n'a pas à s'en occuper, tandis qu'elle ne leur fournit l'azote qu'exceptionnellement et à certaines conditions.

Le secret de la bonne culture consiste à faire alterner les plantes qui puisent l'azote dans l'air avec celles qui ont besoin de le trouver dans le sol, et à réserver pour ces dernières tout ce qu'on peut se procurer de composés azotés.

Les nitrates et les sels ammoniacaux ne sont pas les seuls composés azotés auxquels on puisse avoir recours. On peut encore employer les matières animales. A la condition qu'elles soient aptes à se putréfier, elles agissent comme les sels ammoniacaux. Mais je leur préfère ces derniers, parce qu'ils sont directement assimilables, et parce que sur 100 d'azote que les matières organiques contiennent, il y en a au moins 30 de perdu pour la végétation. Cette perte naît de la décomposition que subissent ces matières, 30 p. 100 de l'azote total se dégageant à l'état d'azote élémentaire, forme sous laquelle l'atmosphère en contient plus que la végétation n'en peut utiliser.

Je ne saurais donc trop le répéter : un des secrets de la culture rémunératrice est de tirer de l'air le plus d'azote possible par l'alternance des cultures. C'est à ce but que doivent tendre tous les efforts des agriculteurs, et un des services les plus utiles que la science leur ait rendus a été précisément de mettre cette vérité dans tout son jour.

Si la science est un guide qu'il faut suivre quelquefois avec réserve, à cause des questions d'argent dont les opérations agricoles se compliquent, n'oublions pas cependant que tout ce qui a été fait d'utile est conforme à ses lois, et que si nous sommes à la veille de voir s'accomplir des progrès supérieurs à toutes les conquêtes du passé, c'est encore à la science que nous en serons redevables.

Dans notre prochain Entretien, nous traiterons de la fonction des minéraux dans l'économie de la production végétale.

TROISIÈME ENTRETIEN.

MESSIEURS,

Vous savez que les minéraux qui entrent dans la composition des végétaux sont au nombre de dix, savoir : le *phosphore*, le *soufre*, le *chlore*, le *silicium*, le *calcium*, le *magnésium*, le *potassium*, le *sodium*, le *fer* et le *manganèse*. Mais, ce qui ne peut manquer de vous surprendre, nous ignorons à peu près complètement à quel état ils entrent dans l'organisation des tissus végétaux. Nous savons que c'est à l'état de composés binaires ou ternaires, sans pouvoir préciser exactement leur nature et leur composition. L'imperfection de nos connaissances à cet égard vous étonnera moins, toutefois, si j'ajoute que pour acquérir la moindre notion sur leur présence, il faut commencer par brûler les tissus qui les contiennent.

Mais si la science présente à cet égard une lacune regrettable, nous savons du moins avec certitude sous quelle forme et à quelles conditions les minéraux peuvent devenir en agriculture des agents de fertilité extrêmement efficaces. S'agit-il du phosphore, c'est à l'état de phosphate de chaux qu'il faut l'employer; la potasse à l'état de carbonate, de nitrate ou de silicate, et la chaux à celui de carbonate et de sulfate. Nous sommes donc parfaitement fixés sur ce second point, plus important que le premier : la forme la plus favorable aux bons effets des minéraux comme agents de fertilité. Mais ici se présente une question fort inattendue.

Je viens de vous dire que, dans la substance des végétaux, il entre dix minéraux différents, et maintenant je suis forcé d'ajouter que trois suffisent, avec le secours d'une matière azotée, pour élever et entretenir la fertilité du sol, et que l'agriculteur n'a pas à se préoccuper des sept autres. Est-ce à dire que ces derniers sont sans effet sur les végétaux? — Nullement. Ils ne leur sont pas moins nécessaires que les trois premiers, et si la pratique peut s'en passer, c'est uniquement parce que les plus mauvaises terres en sont surabondamment pourvues (1).

---

(1) Qu'il me soit permis, à propos de la composition de l'engrais complet, de reproduire la déclaration que j'ai faite dans la cinquième Conférence de Vincennes, page 257 :

« En bornant au phosphate de chaux, à la potasse, à la chaux et à une matière azotée la composition de l'engrais complet, je n'entends pas nier l'utilité des autres produits que l'analyse nous découvre dans les végétaux; je les supprime parce que la terre en est déjà pourvue.

« Il se peut qu'il existe des composés de fer et de magnésie plus

Si les données que je viens d'exposer sont exactes, la conclusion est forcée : on doit pouvoir à leur aide obtenir dans du sable calciné, inerte par lui-même, une végétation aussi prospère que dans les terres d'alluvion les plus fertiles. Il ne faut pour cela que dix minéraux et une matière azotée.

Il résulte également de ces données fondamentales que dans une terre naturelle on doit obtenir le même résultat avec une matière azotée et trois minéraux seulement, le phosphate de chaux, la potasse et la chaux. L'expérience confirme ces deux prévisions de la théorie.

Dans le même ordre d'idées, on doit aller plus loin encore.

---

efficaces que ceux que le sol contient naturellement et dont la présence dans l'engrais se traduirait par une élévation du rendement. Lorsque l'expérience aura prononcé à cet égard, nous nous empresserons de nous conformer à ses prescriptions. Mais jusque-là nous persisterons à exclure de l'engrais complet toute addition dont l'efficacité ne nous aura pas été démontrée.

« La science n'est pas immuable : au contraire. A part quelques faits premiers devenus des lois à jamais consacrées, l'interprétation des faits secondaires change incessamment à mesure que leur nombre s'accroît et que les conditions de leur manifestation nous sont mieux connues. Personne ne pourrait avoir la prétention de posséder le dernier mot de la science sur la végétation. Dans l'état de transition que nous traversons, le parti le plus sage est de s'en tenir au témoignage des faits, sans rester en deçà, comme sans aller au delà, et d'éviter par-dessus toute chose les idées systématiques.

« Fidèle à ce principe que nous avons toujours suivi, composons un engrais perfectible comme la science dont il est une déduction, et contentons-nous d'y faire entrer les produits dont l'action est actuellement bien définie, et la forme utile parfaitement connue. Cet engrais représentera ce qu'il y a de plus parfait dans l'état actuel de nos connaissances. Il suffira à tous les besoins de la pratique, et si l'avenir doit y faire d'utiles additions, nous pouvons affirmer du moins qu'il n'y trouvera rien à retrancher. »

S'il est vrai que chaque minéral remplisse une fonction qui lui est propre, et que l'effet utile de l'ensemble soit solidaire dans une certaine mesure de la présence de chacun de ces éléments en particulier, on doit, par la suppression d'un ou de plusieurs termes du mélange fertilisant, déterminer une série de gradations allant du rendement le plus précaire au rendement le plus intensif. L'expérience confirme encore cette nouvelle prévision de la théorie.

Mais comme il s'agit ici d'une question infiniment grave, afin de mettre nos résultats à l'abri de toute contestation, opérons ces suppressions dans un sol de sable calciné, dont la composition n'a rien qui ne soit connu et défini.

Dans le sable calciné, pur de toute addition, mais imbibé d'eau distillée, le froment n'acquiert qu'un développement rudimentaire; c'est à peine si la paille atteint les dimensions d'une aiguille à tricoter. Dans ces conditions, la végétation suit cependant son cours ordinaire, la plante fleurit, elle porte sa graine, mais il n'y a guère dans chaque épi qu'un ou deux grains chétifs et mal organisés.

Ainsi, avec un sol déshérité s'il en fut, le froment

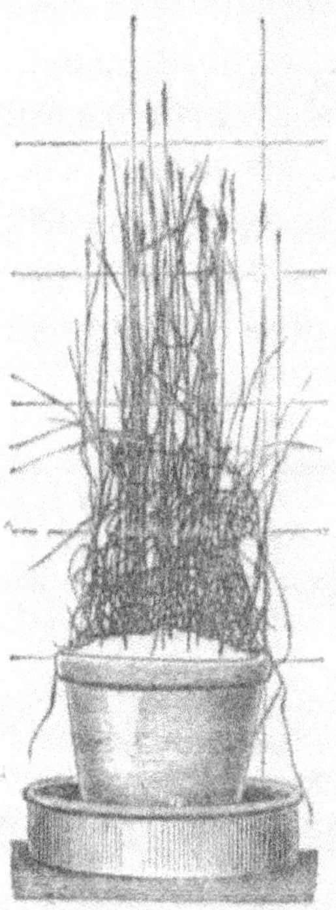

Fig. 1.

trouve dans l'eau dont on l'arrose et dans l'acide carbonique de l'air, aidé de la substance de sa graine, des ressources suffisantes pour parcourir, tristement, il est vrai, mais enfin pour parcourir le cycle entier de son évolution.

Avec 22 grains de semence, pesant à peu près 1 gramme, on obtient 6 grammes de récolte (fig. 1). Ajoutons au sable les dix minéraux, à l'exclusion de la matière azotée, le résultat n'est guère meilleur.

Dans ces nouvelles conditions, le blé se développe un peu plus que dans le cas précédent, mais la récolte est encore bien faible : elle atteint 8 grammes (fig. 2).

A l'inverse de cette deuxième expérience, supprime-t-on les minéraux pour ajouter au sable de la matière azotée seulement (fig. 3), la végétation reste encore chétive et rabougrie ; cependant la récolte s'élève un peu : elle atteint 9 grammes. Suivez la progression. Dans le sable calciné pur, 6 grammes ; avec les minéraux sans matière azotée, 8 grammes ; avec la matière azotée seule, 9 grammes.

Dans ce dernier cas un symptôme nouveau s'est produit.

Tant que l'on opère avec les minéraux seuls, les plantes sont étiolées, les feuilles présentent une coloration vert jaunâtre ; dès qu'on ajoute au sable une matière azotée, au contraire, les feuilles changent de couleur, deviennent d'un vert sombre ; il semble que la végétation va prendre son essor ordinaire ; mais ce n'est là encore qu'une apparence trompeuse, et la récolte reste toujours faible.

Jusqu'à présent nous n'avons pas dépassé, vous le voyez, les rendements les plus rudimentaires ; tentons une quatrième expérience qui soit en quelque sorte la synthèse des trois précédentes. Réunissons

Fig. 2.   Fig. 3.

dans le sable calciné la matière azotée aux minéraux. Cette fois, Messieurs, on serait tenté de croire à l'intervention d'un magicien, tant le phénomène contraste avec ceux qui l'ont précédé. Tout à l'heure la végétation était languissante, précaire, étiolée ; maintenant les plantes s'élancent plutôt qu'elles ne s'élèvent, les feuilles sont d'un beau vert ; la tige, droite, ferme, se termine par un épi rempli de bons grains, et la récolte atteint de 22 à 25 grammes.

Vous le voyez, Messieurs, toujours appuyé sur l'expérience qui est notre guide de prédilection, nous avons réussi à produire artificiellement des végétaux à l'exclusion du fumier et de toute substance inconnue. Vous conviendrez que c'est là un point considérable et fondamental. Plus de mystère, pas de force indéterminée ; quelques produits chimiques d'une pureté certaine, de l'eau distillée, parfaitement pure elle-même, une graine pour point de départ, et pour résultat une récolte de tous points comparable à celles qu'on obtient dans la bonne terre.

Nous sommes donc fondés

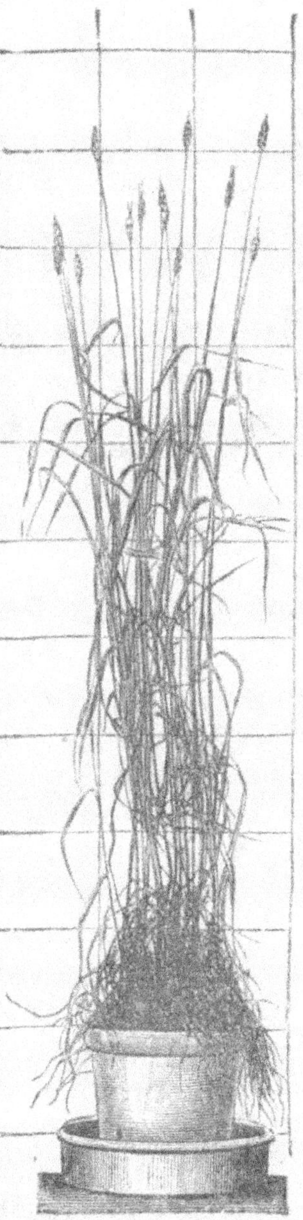

à dire que le problème de la végétation vient de recevoir là sa solution souveraine, car nous avons défini, non seulement les conditions qui président à la production des végétaux, mais encore le degré d'importance de chacun des agents qui y concourent.

Ainsi la matière azotée produit à elle seule un peu plus d'effet que tous les minéraux ensemble, mais la récolte ne prend les caractères d'un rendement intensif que lorsqu'on réunit ces deux ordres de composés.

Nous pouvons ajouter enfin que lorsqu'on passe du sable calciné aux terres naturelles, le nombre des minéraux à employer comme engrais peut être réduit sans inconvénient de 10 à 3.

Faites dans ces nouvelles conditions deux expériences parallèles, l'une avec une matière azotée et les dix minéraux que vous connaissez, et l'autre avec une matière azotée et trois minéraux seulement, le phosphate de chaux, la potasse et la chaux : les rendements sont égaux.

Dans le sable calciné, cette suppression rendrait la végétation impossible; or, comme elle n'en souffre pas dans la terre naturelle, il est manifeste que ces sept minéraux existent dans le sol.

Les conditions les plus favorables de la fertilité se trouvent donc réalisées par la réunion de ces quatre termes : MATIÈRE AZOTÉE, PHOSPHATE DE CHAUX, POTASSE et CHAUX ; c'est pourquoi j'ai donné à ce mélange le nom d'ENGRAIS COMPLET.

Enfin, pour raffermir encore ce que je viens de dire, qu'il me soit permis de placer sous vos yeux une série de récoltes obtenues en pleine terre avec des engrais chimiques seulement. Les inégalités considérables qu'elles présentent ont pour cause unique la suppression de l'un des quatre termes de l'engrais complet, tant il est vrai que la réunion des quatre est indispensable pour obtenir une végétation florissante.

Bien que les dix éléments qui viennent de nous occuper participent seuls à la production des végétaux, pour remplir leurs fonctions, ces éléments réclament impérieusement le concours d'un autre ordre de matériaux que le sol contient aussi et dont il faut que je vous entretienne. Ces matériaux, au nombre de trois, savoir l'argile, le sable et l'humus, diffèrent des précédents par leur fonction purement passive. Ils servent en effet de support aux plantes, mais ne concourent pas par eux-mêmes au maintien de la vie végétale. Aussi, pour les distinguer des premiers, qui ont reçu le nom d'*éléments assimilables* du sol, leur a-t-on donné celui d'*éléments mécaniques*.

Mais ce n'est pas tout, les éléments assimilables se divisent eux-mêmes en deux groupes : les éléments assimilables actifs et les éléments assimilables en réserve, ainsi nommés parce qu'ils ne peuvent concourir à la production végétale qu'après avoir subi une décomposition préalable qui permette aux végétaux de les absorber.

Un exemple va nous faire toucher du doigt pour ainsi dire la nécessité de cette distinction.

Les matières azotées d'origine animale produisent en se décomposant de l'ammoniaque et des nitrates, et doivent à cette formation leur effet utile; les dépouilles des animaux et leur peau notamment sont dans ce cas, attendu qu'elles se décomposent avec une facilité et une promptitude sans égale.

Mais ces peaux ont-elles subi la préparation du tannage, ont-elles passé à l'état de cuir, elles ne se décomposent plus qu'avec une extrême lenteur, et perdent ainsi une partie de leur activité immédiate.

Dans le premier cas, elles appartenaient au groupe des éléments assimilables actifs, tandis que dans le second cas, elles rentrent dans le groupe des éléments assimilables en réserve.

Eh bien! il y a dans le sol des produits organiques et minéraux, qui, à l'exemple de ces derniers, n'exercent une action utile qu'après avoir subi une décomposition préalable plus ou moins lente.

Il était donc nécessaire, vous le voyez, d'établir une distinction entre ces deux états des éléments assimilables.

Ainsi l'argile a la propriété d'absorber et de retenir beaucoup d'eau, fonction importante, puisqu'elle entretient dans le sol le degré d'humidité sans lequel la végétation deviendrait impossible. Mais vous savez qu'à la longue l'argile finit par se dessécher et durcir lorsqu'elle est exposée à l'action du soleil, et alors elle devient si compacte que les racines des plantes ne peuvent plus la pénétrer.

Ici le sable, qui seul serait impropre à la végétation, parce qu'il formerait un sol trop mouvant et incapable de retenir l'eau, intervient fort à propos. Formé de grains isolés, toujours indépendants les uns des autres, le sable, par son mélange avec l'argile, en atténue la compacité et lui communique le caractère d'un milieu poreux et meuble, aussi perméable à l'air qu'à l'eau, ce que réclame impérieusement l'exercice de la vie végétale.

L'argile possède encore une propriété qui mérite de vous être signalée : celle de fixer dans le sol les composés azotés et minéraux qui en déterminent essentiellement la fertilité. Cette fixation n'est pas complète et définitive, elle n'est en quelque sorte qu'extérieure et transitoire, car l'argile finit par rendre à la végétation les principes dont elle semblait s'être emparée.

Pour mieux vous faire comprendre le caractère de cette fonction, je vous citerai un exemple.

Délaie-t-on un morceau d'argile dans du jus de fumier, le liquide se décolore, et l'analyse montre qu'au bout d'un certain temps il a perdu une partie de l'ammoniaque, ainsi que des sels qu'il contenait, et que l'on retrouve dans l'argile.

Faites ensuite l'expérience inverse : délayez la même argile dans l'eau distillée, elle cédera peu à peu les produits qu'elle avait extraits du jus de fumier.

Enfin, si les principes actifs du sol ne sont pas entraînés par les eaux pluviales, on le doit encore à l'argile, qui, à la propriété de retenir les principes fertilisants du sol, joint encore celle d'en régulariser plus tard la dissolution. Voici comment :

La faculté absorbante de l'argile est d'autant plus grande que les dissolutions sur lesquelles elle agit sont plus concentrées. Dans une dissolution contenant 4 p. 100 de potasse ou d'ammoniaque, l'argile absorbe plus de ces deux alcalis que dans une dissolution qui n'en contient que 1 ou 2 p. 100. Il suit de là que si des périodes de sécheresse se déclarent, on n'a point à craindre que la partie soluble du sol y acquière un degré de concentration dangereux pour les plantes. L'argile s'y oppose. Les pluies se prolongent-elles, l'argile rend à l'eau les produits qu'elle avait fixés. Il résulte de ces actions et réactions que l'argile agit sur les éléments assimilables du sol comme une sorte d'organe régulateur, les retenant ou les rendant tour à tour, suivant que la terre passe d'un état de sécheresse à celui d'un excès d'humidité.

Vous le voyez donc, Messieurs, bien que l'argile et le sable ne participent pas à la vie végétale, ils remplissent cependant une fonction de la plus haute importance.

Pour terminer sur ce point, disons un mot de la nature de ces deux corps.

L'argile est un silicate d'alumine hydraté, dans lequel la proportion de l'eau est très-variable, attendu qu'elle peut aller de 10 à 25 p. 100 de son poids.

L'argile a pour origine les silicates des roches éruptives. Vous auriez quelque peine à croire peut-être que le granit et le porphyre, dont on a fait presque le symbole de la résistance et de la durée, s'altèrent quelquefois avec une facilité étonnante.

Lorsque le refroidissement de ces roches s'est fait

trop brusquement, elles éprouvent par l'action du temps une sorte d'exfoliation intérieure, à la suite de laquelle leurs bases alcalines et terreuses, la potasse, la soude, la chaux, etc., sont entraînées par les eaux pluviales, tandis que l'alumine reste en combinaison avec une partie de la silice et forme l'argile que vous connaissez.

La nature du sable est plus simple : il est essentiellement formé de silice à l'état de quartz; il appartient à la grande famille des roches arénacées, qui ne sont elles-mêmes que des blocs de roches éruptives ou volcaniques entraînées et divisées par l'action des eaux. Ainsi, l'argile doit son origine à la décomposition chimique de ces roches, et le sable à leur trituration résultant de leur entraînement par les eaux, comme les alluvions de nos fleuves nous en offrent tous les jours de nouveaux exemples.

Le sol contient encore un produit très-différent des précédents, l'humus, auquel les agriculteurs ont attribué bien à tort jusqu'ici un rôle de premier ordre.

Vous savez que la terre de bruyère, formée essentiellement de sable, contient en outre une matière noire. Cette matière est insoluble dans l'eau, et soluble, au contraire, si on ajoute à l'eau une petite quantité de potasse caustique. Eh bien! cette matière noire, que l'on trouve aussi dans le jus du fumier et dans la plupart des terres naturelles, à des doses très-inégales, c'est l'humus.

La composition de l'humus est la suivante : C^{34} (H^2O^2), c'est-à-dire que l'humus est composé de carbone, d'hydrogène et d'oxygéne dans le rapport voulu pour former l'eau, et qu'il rentre, par conséquent, dans le cadre des hydrates de carbone; la cellulose, le sucre, l'amidon, etc., qui représentent, vous le savez, les 95 centièmes du poids des végétaux.

L'humus a pour origine la substance même des végétaux, à laquelle une sorte de décomposition spontanée a fait perdre une certaine quantité d'hydrogène et d'oxygéne à l'état d'eau.

Les deux formules suivantes sont destinées à mettre en relief ce mode de génération de l'humus :

$$\text{Cellulose} \dots\dots\dots\dots\quad C^{24} H^{20} O^{20}$$
$$\text{Humus} \dots\dots\dots\dots\quad C^{24} H^{9} O^{9}$$

Je vous disais, Messieurs, que beaucoup de bons esprits placent l'humus au premier rang comme agent de fertilité; mais si vous demandez des preuves à l'appui de cette opinion, on ne peut vous en fournir. La nutrition végétale est un phénomène extrêmement complexe, dont l'analyse ne remonte guère au-delà d'une dizaine d'années. Lorsqu'on manquait de données suffisantes pour le définir, on y suppléait par des hypothèses et des mots. L'humus a eu l'heureux privilége de servir d'explication à tout ce qu'on ne comprenait pas. Grâce à cette communauté d'expression, on semblait d'accord, alors qu'en réalité on ne l'était pas du tout.

Fidéle à notre programme, évitons cet écueil. Laissons de côté les mots pour aller au fond des choses, et demandons à l'expérience nos lumières et nos informations.

Comment et dans quel cas l'humus manifeste-t-il une action favorable?

Le premier de ses bons effets tient à la propriété qu'il possède, comme l'argile, d'absorber beaucoup d'eau, et de contribuer ainsi à maintenir de l'humidité dans le sol. Si l'on remarque cependant que la terre contient à peine quelques centièmes d'humus, il est bien difficile de concéder à d'aussi faibles quantités la faculté de modifier l'état physique du sol.

L'humus possède une propriété plus utile : il est apte à fixer dans le sol l'ammoniaque, qu'il soustrait ainsi à l'entraînement des eaux pluviales, et qu'il cède plus tard à la végétation.

Ses fonctions à cet égard sont encore analogues à celles de l'argile.

Jusque-là, rien de bien saillant, mais voici où l'importance de ses fonctions commence. L'humus absorbe l'oxygène de l'air, et subit à la suite de cette absorption une combustion lente, inapparente, mais réelle. Il devient ainsi pour le sol la source d'une formation lente, mais non interrompue, d'acide carbonique, moins utile par le carbone qu'elle fournit à la végétation que par l'action dissolvante qu'elle exerce à l'égard de certains minéraux, et notamment des phosphates et du calcaire.

Nous trouverions au besoin la preuve de ce fait dans une expérience bien simple. Instituez dans le sable calciné deux cultures, l'une avec le concours de l'humus et l'autre en l'absence de ce corps, toutes deux ayant reçu la même dose d'engrais chimiques. Dans les deux cas, le rendement sera exactement le même ; mais l'analyse accusera, dans la récolte venue avec le secours de l'humus, plus de phosphate de chaux que dans la récolte venue dans le sable. L'humus suffit donc pour élever la teneur des plantes en phosphate !

L'humus peut, dans certains cas, produire un effet plus utile ; il peut, dans une certaine mesure, élever les rendements : cet effet a lieu lorsqu'on associe l'humus au carbonate de chaux.

Pour le prouver, faisons quatre nouvelles expériences. Instituons en premier lieu une culture dans le sable calciné, le sol étant pourvu d'une matière azotée et de tous les minéraux qu'il faut employer dans ces conditions, à l'exception du carbonate de chaux. Si on sème 22 grains, on récoltera de 20 à 22 grammes de plantes. Ajoutons de l'humus au sable, la récolte ne change pas. Substituons le carbonate de chaux à l'humus, pas de changement non plus. Ajoutons à la fois de l'humus et du carbonate de chaux, le rendement s'élève à 31 grammes. Ces données ont pour la pratique une importance fondamentale ; qu'il me soit donc permis de les résumer dans ce petit tableau :

		NATURE DU SOL.	RENDEMENT.
1.	Engrais complet.	Sable calciné.............	22
2.	—	Sable chaulé	22
3.	—	Sable et humus...........	22
4.	—	Sable chaulé et humus...	31

L'excès de rendement obtenu dans ce dernier cas est dû à l'action combinée de l'humus et du carbonate de chaux. Mais à quel titre l'action favorable de l'humus s'est-elle manifestée? Est-ce à raison de son absorption sous forme d'humus? Non. — Son rôle s'est borné à favoriser la dissolution du carbonate de chaux, et pour le prouver, il suffit de faire une cinquième expérience dans laquelle on remplace le carbonate de chaux et l'humus par du sulfate de chaux ou mieux encore par du nitrate de chaux, qui est beaucoup plus soluble, pour voir reparaître le rendement de 31 grammes. Inutile d'ajouter que lorsqu'on emploie du nitrate de chaux, on a égard à l'azote qu'il contient, et qu'on le fait entrer en ligne de compte dans la somme de la matière azotée.

Ainsi se trouve démontré, par des expériences irrécusables, que les bons effets de l'humus sont dus, dans ce cas, à son action dissolvante sur le calcaire, et ce qui le prouve, c'est la possibilité d'arriver au même résultat à l'aide d'un sel de chaux plus soluble que le carbonate. Je vous dirai même que c'est ce qui m'a décidé à substituer le sulfate au carbonate de chaux dans la composition de l'engrais complet.

Mais, dira-t-on, ce sont là des expériences de laboratoire, et en matière de culture, il est souvent dangereux de s'arrêter à de tels témoignages. Vous me demandez des preuves tirées de la grande culture? Je suis heureux de pouvoir vous les fournir.

Sur une lande de Champagne mise en culture pour la première fois, avec 80,000 kilogrammes de fumier par hectare, on a obtenu 13 hectolitres de froment, alors qu'avec l'engrais complet le rendement s'est élevé à 33 hectolitres; sur un hectare de terre siliceuse, dans le département de l'Aisne, avec 40,000 kilogrammes de fumier, on a obtenu 8 hectolitres de froment; avec l'engrais chimique, 28; la même terre n'ayant reçu aucun engrais a produit 2^h 56; enfin, dans le département de la Drôme, sur un coteau rocailleux défriché tout exprès, la terre sans engrais a rendu 3 hectolitres par hectare; avec 39,000 kilogrammes de fumier, elle a donné 8 hectolitres; et avec l'engrais complet, le rendement a été de 30 hectolitres.

M. Payen dans le département de l'Aisne, M. de Matharel dans le département de l'Oise, M. le chevalier Mussa en Italie, ont obtenu des résultats semblables. Sur des terres choisies parmi les plus pauvres, où le fumier à haute dose a produit 8 à 10 hectolitres, l'engrais chimique a déterminé des rendements de 25 à 30 hectolitres.

Or, si nous remarquons que dans ces expériences, où la terre était de qualité très-inférieure, le fumier, qui contient des produits analogues à l'humus, s'est montré beaucoup moins efficace que l'engrais complet, il est manifeste qu'on peut, à la rigueur, se passer d'humus et obtenir sans lui de très-belles récoltes.

Ainsi, Messieurs, il nous a suffi d'un petit nombre d'expériences pour définir la fonction de tous les agents de fertilité que le sol doit contenir ou qu'il faut lui fournir par les engrais.

A *priori*, on pourrait croire que l'analyse chimique, qui a été poussée si loin de nos jours, et dont les méthodes ont acquis à la fois tant de délicatesse et tant de sûreté, doit nous donner les moyens d'apprécier avec certitude la richesse du sol, et par là nous servir de guide dans le choix des engrais les mieux appropriés à sa nature. Il n'en est rien cependant, et je mets au défi le chimiste le plus habile de dire d'avance quel sera le rendement d'une terre qu'on lui aura soumise, et à quel engrais il faut avoir recours.

Quelques mots vous expliqueront pourquoi la chimie est impuissante à nous fournir ces indications : veuillez vous rappeler les distinctions que nous avons admises entre les divers éléments dont le sol se compose.

Supposons une terre contenant parmi ses éléments mécaniques à la fois du sable quartzeux et du sable feldspathique. Pour les végétaux, ces deux sables sont équivalents, quoique le premier soit de la silice et rien que de la silice, tandis que le second est un silicate à base de chaux, de potasse, de soude, contenant en outre des quantités très-faibles, mais fort appréciables cependant, de phosphate de chaux.

Voilà donc deux corps dont la composition, malgré leur similitude extérieure, n'a aucune analogie, et qui cependant s'équivalent au point de vue agricole, parce que le sable feldspathique étant insoluble dans l'eau, son rôle à l'égard de la végétation descend au rang de celui du sable quartzeux, c'est-à-dire d'un simple élément mécanique. Mais pour le chimiste il n'y a pas de corps insolubles ; aussi confond-il dans un même total la potasse, la chaux, le phosphate de chaux que le sable feldspathique contient, et qui ne sont d'aucune utilité pour la végétation, avec les produits de même nature que nous avons rangés dans la classe des éléments *assimilables actifs*. Ainsi s'explique l'insuffisance des renseignements que la chimie peut nous fournir.

Nous avons ici même dans la terre de Vincennes un exemple frappant des dangers de cette confusion à laquelle on se laisse trop souvent entraîner. D'après une analyse que j'ai faite avec le plus grand soin de cette terre, dans quatre millions de kilogrammes qui représentent à peu près la couche végétale répartie à la surface d'un hectare, il y a :

Acide phosphorique....	1,797 kil.
Potasse.................	2,301
Chaux..................	39,365

Ce qui constitue un fonds considérable de fertilité.

Or, si l'on cultive sur cette terre du blé pendant quatre années de suite, en employant comme engrais une matière azotée, au terme de la quatrième année le rendement n'est plus que de 5 à 6 hectolitres.

Le sol accuse donc une grande pénurie de minéraux, et ces quatre récoltes n'ont cependant enlevé à la terre que :

Acide phosphorique.......	85 kil.
Potasse	92
Chaux...................	40

Quantités bien éloignées de celles accusées par l'analyse chimique.

Y a-t-il eu erreur dans mon analyse ? — Non, Messieurs, le sol contient bien ce que je viens de rapporter ; mais cette indication ne peut nous être d'aucune utilité pratique, parce que dans le dosage de ces minéraux on n'a pas distingué ce qui était actif, à l'égard des plantes, de ce qui est inerte.

Vous trouvez sans doute cette conclusion peu satisfaisante.

A quoi bon nous être donné tant de peine pour découvrir les agents auxquels les végétaux doivent leur formation et définir les conditions de leur efficacité, si en dernier lieu nous sommes dans l'impuissance de reconnaître leur présence dans le sol à l'état spécial qui en assure les bons effets?

Heureusement nous n'en sommes pas là. Les notions que la chimie ne peut nous fournir en ce moment, nous avons d'autres moyens de les acquérir, et j'ajoute que ces procédés sont non seulement à la portée des agriculteurs, mais encore qu'ils entrent en quelque sorte dans le cadre de leurs travaux journaliers.

Je vous ai dit dans le dernier Entretien que les végétaux se divisent en deux catégories par rapport aux formes différentes sous lesquelles ils s'assimilent l'azote. Les uns le prennent dans l'air à l'état d'azote élémentaire, tandis que les autres le tirent de préférence du sol à l'état d'ammoniaque et de nitrate.

Vous connaissez la conséquence de cette distinction. Les végétaux qui tirent l'azote de l'air prospèrent à souhait dans un sol qui en est dépourvu, s'ils y trouvent les trois minéraux de l'engrais complet, le phosphate de chaux, la potasse et la chaux ; les végétaux qui empruntent l'azote à la terre s'y étiolent, au contraire, et ne rendent qu'un chétif produit.

Il suit de là qu'à l'aide de deux petits essais de culture, on peut toujours savoir si la terre contient de la matière azotée et des minéraux.

Cultivez, en effet, l'un à côté de l'autre des pois et du froment, ou des pois et de la betterave. Si les pois rendent beaucoup et le froment très-peu, vous pourrez en conclure sans hésiter que la terre pourvue de minéraux manque de matière azotée. Le froment réussit-il également, tenez pour certain que la terre contient à la fois des minéraux et de la matière azotée.

Pourriez-vous concevoir un mode d'expérimentation qui soit à la fois plus simple et plus concluant pour la pratique?

A Vincennes, dès que la terre ne reçoit pas d'engrais, rien n'y réussit, pas plus les pois que le froment et la betterave, ce qui prouve qu'elle est dépourvue tout à la fois d'azote et de minéraux.

Ces indications, quoique fort utiles, ne suffisent pas cependant aux exigences de la pratique pour agir avec sécurité. Elle a besoin de données plus précises à l'égard de la présence ou de l'absence dans le sol de chaque terme de l'engrais complet, c'est-à-dire du phosphate de chaux, de la potasse, de la chaux et de la matière azotée.

Ces nouvelles indications sont aussi faciles à obtenir que les premières, et voici comment :

Supposez qu'on institue sept cultures de la même plante, ce sera, — si vous le voulez, la betterave ou le froment. A la première on donne l'engrais complet ; à la seconde, le même engrais d'où la matière azotée a été exclue ; à la troisième, l'engrais complet privé de phosphate de chaux ; à la quatrième, l'engrais complet moins la potasse ; à la cinquième, moins la chaux ; à la sixième, moins tous les minéraux, c'est-à-dire l'engrais réduit à la matière azotée ; la septième n'ayant reçu aucun engrais.

Il est bien évident que si dans l'engrais complet l'effet propre à chaque terme ne se manifeste que d'autant qu'il est associé aux trois autres, la comparaison des rendements obtenus sur les sept parcelles du petit champ doit indiquer ce que le sol contient et ce qui lui manque.

Dans ce système d'investigation, la culture avec l'engrais complet devient en quelque sorte le terme invariable de comparaison auquel on doit rapporter les rendements des autres parcelles, et suivant qu'ils s'en rapprochent ou s'en éloignent, on conclut que la terre contient ou ne contient pas l'élément qui a été volontairement exclu de l'engrais.

Pour mettre hors de doute la valeur de ce procédé, je rapporterai les résultats qu'il a donnés dans trois conditions différentes.

Au champ d'expériences de Vincennes, on a obtenu, en 1864, sur le froment, les rendements suivants :

Engrais complet................... 39 hectolitres de froment.
   —   sans chaux........ 37   —
   —   sans potasse....... 28   —
   —   sans phosphate.... 24   —
   —   sans matière azotée. 13   —
Sans aucun engrais............... 11   —

La conclusion est évidente. A Vincennes, il faut l'engrais complet ; toutefois, ce qui manque surtout au sol, c'est la matière azotée.

Un agriculteur éminent du département de la Somme me fournira mon deuxième exemple, qui porte sur la betterave :

Engrais complet......................	54,000	kil.
— sans chaux............	47,000	
— sans potasse..........	42,000	
— sans phosphate	37,000	
— sans matière azotée ...	36,000	
Sans aucun engrais	25,000	

Vous voyez qu'ici encore la terre manque de matière azotée, et pour la mettre au régime de la culture intensive, il faut avoir recours à l'engrais complet.

Cette expérience a été faite au Mesnil-Saint-Nicaise par les soins de M. Cavallier.

J'emprunterai mon troisième exemple à une culture de canne à sucre instituée à la Guadeloupe par l'honorable M. de Jabrun, ancien délégué de cette colonie :

Engrais complet	57,000	kil.
— sans chaux.......	50,000	
— sans potasse......	35,000	
— sans phosphate...	15,000	
— sans azote........	56,000	
Sans aucun engrais...............	3,000	

Si j'ajoute que la canne prend surtout son azote dans l'air, vous conclurez de ces chiffres que le sol manque essentiellement de potasse et de phosphate de chaux.

Voilà donc deux moyens de connaitre la richesse de la terre. Le premier, fondé sur la culture de deux plantes différentes sans aucun engrais, et le second sur la culture de la même plante avec cinq engrais différents. Ces deux applications des mêmes principes conduisent à des résultats qui se vérifient et se complètent réciproquement.

Je n'ai pas besoin d'ajouter que, pour que ces essais aient toute leur signification, il faut prendre la terre lorsqu'elle a épuisé son dernier engrais (1).

Vous le voyez, Messieurs, après avoir défini tous les agents qui entrent dans la composition des végétaux, nous avons distingué ceux dont la nature offre à la végétation des sources inépuisables et ceux que notre industrie doit au contraire fournir au sol. De plus, à l'aide de nos expériences dans le sable calciné et avec des produits chimiques seulement, nous avons réalisé une échelle théorique de culture dont les rendements progressifs ont été pour nous la manifestation des lois qui règlent la production végétale. A la lumière de cet ensemble de notions, nous sommes arrivés à concevoir et à réaliser des procédés pratiques d'analyse accessibles à tous, dont le témoignage est d'une certitude à peu près absolue, et au moyen desquels nous pouvons toujours dire ce que la terre contient, ce qui lui manque, et par conséquent déterminer la nature des agents auxquels il faut avoir recours pour la fertiliser.

(1) Voyez à l'*Appendice* la notice relative à l'établissement des champs d'expériences.

Dans le prochain Entretien, nous suivrons les conséquences de ces principes, et nous nous occuperons surtout des rendements qu'on peut obtenir dans la pratique à l'aide des engrais chimiques.

QUATRIÈME ENTRETIEN.

Messieurs,

S'il est vrai que le phosphate de chaux, la potasse,
la chaux réunis à une matière azotée soient les agents
par excellence de la production végétale, le fumier,
qui jusqu'à présent a été pour l'agriculteur le seul
moyen d'entretenir la fertilité du sol, doit nécessairement les contenir tous les quatre.

Voici trois analyses de fumier. Elles justifient pleinement cette prévision, car elles accusent toutes dans
le fumier la présence de l'azote, de l'acide phosphorique, de la potasse et de la chaux.

		DANS 100 DE FUMIER SEC		
		DE LA FERME DE VINCENNES.	DE LA FERME DE HECHELBRONN	DE LA FERME DU THIER-GARTÈS
ÉLÉMENTS ORGANIQUES.	Carbone............ Hydrogène......... Oxygène	59,65	65,50	64,07
	Azote.............	2,08	2,00	2,50
ÉLÉMENTS MINÉRAUX	Acide phosphorique	0,88	1,00	1,26
	Acide sulfurique....	Traces.	0,63	0,82
	Chlore............	0,70	0,20	0,32
	Alumine, peroxyde de fer............	0,68	2,03	1,51
	Chaux	5,23	2,83	3,70
	Magnésie..........	0,32	1,20	1,88
	Soude	Traces.	2,60	0,87
	Potasse	2,46		3,87
	Silice soluble.......	1,45	22,13	6,25
	Sable	25,66		10,77

Vous voyez par ce tableau qu'outre les quatre termes de l'engrais complet, le fumier contient du carbone, de l'hydrogène et de l'oxygène. — Mais après ce que nous savons de l'origine de ces trois corps, vous ne serez pas surpris si je dis que leur présence dans le fumier n'ajoute rien à ses bons effets.

Même observation à l'égard du chlorure de sodium, de l'alumine, de la magnésie, de la soude, de la silice, de l'oxyde de fer, etc., que le fumier contient et que nous avons exclus de l'engrais complet, parce que les plus mauvaises terres en sont surabondamment pourvues.

Ainsi donc, premier résultat, le fumier, symbole incontesté de la fertilité, contient les quatre corps qui sont, suivant nous, les régulateurs par excellence de la production, et les seuls dont l'industrie agricole ait à se préoccuper. Je le répète, c'est là une justification incontestable de nos études antérieures.

Mais pour que cette justification soit complète et sans appel, il faut qu'à l'identité de composition vienne s'ajouter celle des effets.

A cet égard, la pratique confirme une fois encore nos enseignements; avec notre engrais complet, les rendements l'emportent toujours sur ceux que l'on obtient avec le fumier.

Cette conclusion mérite d'autant plus qu'on y insiste, qu'elle résulte de faits empruntés à la grande culture. Je les dois à des agriculteurs qui cherchent comme vous la vérité, et qui, à ma demande, ont bien voulu instituer quelques expériences comparatives entre les engrais chimiques et le fumier de ferme.

Dans toutes ces expériences, l'avantage est resté aux engrais chimiques. Le premier résultat que je vous signalerai a été obtenu par M. du Peyrat, sous-directeur à la ferme-école de Beyrie, dans les Landes.

Sur une terre de qualité ordinaire, on a institué trois cultures de betteraves : la première sans aucun engrais, la seconde avec l'engrais complet, et la troisième avec 80,000 kilogrammes de fumier.

RACINES PAR HECTARE.

Sur la terre sans engrais, le rendement a été de . . . . 8,150 kil.

Avec 80,000 kilogrammes de fumier, il a atteint 49,200

Avec l'engrais chimique complet, il s'est élevé à 53,000

L'engrais chimique, employé à la dose de 1,700 kilogrammes, s'est donc montré supérieur à une fumure de 80,000 kilogrammes de fumier de ferme.

Chez M. le marquis de Virieu, dans l'Isère, même résultat.

Avec 50,000 kilogrammes de fumier de ferme, le rendement a été de . . . . 46,800 kil.

Avec 1,450 kilogrammes d'engrais chimique, on a obtenu 50,000

Chez M. Leroy, à Varesnes (Oise), avec 1,400 kilogrammes d'engrais chimique, le rendement a été de 62,370

Avec 50,000 kilogrammes de fumier de ferme, additionnés de 300 kilogrammes de guano, il ne s'est élevé qu'à 40,000

A la Guadeloupe, sur une des plus mauvaises terres de la colonie, le fumier a produit 32,000 kilogrammes de canne par hectare.

L'engrais chimique. 56,000

Et la terre sans aucun engrais. . . . 3,000

Voilà des faits significatifs. Je l'ai dit, ils émanent de praticiens distingués, animés du désir de marcher en avant, qui abordent ces problèmes sans parti pris, et me prêtent en ce moment le plus précieux des concours.

Chez M. Cavallier, au Mesnil-Saint-Nicaise (Somme), avec 50,000 kilogrammes de fumier, toujours pour une culture de betteraves, le rendement a été de . . . . 35,000 kil.

Avec 1,950 kilogrammes d'engrais chimique, il s'est élevé à 59,640

Sur le blé et la pomme de terre, mêmes résultats.

Chez MM. Masson et Isarn, à Évreux, l'engrais complet a produit en froment par hectare   40 hect.

Alors que 30,000 kilogrammes de fumier n'ont rendu que. . . . .   19 —

Chez M. Bravay, dans le département de la Drôme, sur un coteau rocailleux et défriché pour cette expérience, avec l'engrais complet, le produit a été de. . . . .   30 hect.

Avec 29,000 kilogrammes de fumier de ferme, de. . . . .   10 hect. 8

Et sur la terre sans aucun engrais, de   2 — 8

C'est-à-dire à peine la semence.

Mais sur le froment, le résultat le plus remarquable est certainement celui qu'a obtenu M. Ponsard sur une lande de Champagne tout à fait inculte, valant à peine 170 fr. l'hectare, et sur laquelle on a obtenu :

Avec 1,200 kilogrammes d'engrais chimique, 33 hectolitres de blé; avec 100 mètres cubes de fumier, 13.

En me rendant compte de ces résultats, M. Ponsard m'écrit :

« La terre sur laquelle j'ai opéré est une lande qui n'avait jamais vu la charrue, et qui vaut à peine 170 fr. l'hectare. Le blé s'y est vigoureusement développé avant l'hiver de 1865, et dans tout le cours de la végétation, il a toujours été supérieur au blé voisin venu sur fumier. Il a dû à cette vigueur une maturité plus hâtive, qui m'a permis de le récolter avant les pluies. J'aurais pu le vendre comme blé de semence un très-haut prix, car le grain était d'une qualité tout à fait supérieure. Au cours du marché, l'hectare aurait rendu :

CULTURE AVEC L'ENGRAIS CHIMIQUE.

25 quintaux de froment à 32 francs......		800 fr.
Dépense des engrais....................		320
EXCÉDANT EN PROFIT....		480 fr.

CULTURE SUR FUMIER.

100 mètres cubes de fumier à 7 fr. 50....		750 fr.
10 quintaux de blé à 32 francs...........		320
DIFFÉRENCE EN PERTE...		430 fr.

Je n'ai pas besoin de faire remarquer que dans ce résumé, M. Ponsard n'a pas entendu faire un compte de détail, mais mettre simplement en relief le contraste des résultats, contraste d'autant plus significatif qu'il accuse un écart de 7 à 800 fr., c'est-à-dire quatre fois la valeur du fonds.

La récolte obtenue par M. Ponsard est véritablement si étonnante, qu'on ose à peine y croire. Il y a donc un véritable intérêt à raffermir ces données, s'il est possible, par d'autres faits analogues, qui leur fassent perdre le caractère d'exception qu'on serait tenté de leur attribuer. A ce point de vue, je rapporterai donc les deux résultats suivants :

Sur un hectare de terre sablonneuse de qualité très-inférieure, M. Léon Payen a obtenu cette année avec l'engrais chimique :

1° 28 hectolitres de grains à 27 fr., prix actuel..... 756 fr. »
2° Paille, 6,079 kil. à 0 fr. 04...................... 243 16
3° Menue paille..................................... 4 »

    TOTAL.................... 1,003 16

40,000 kilogrammes de fumier n'ont produit sur la même terre que :

1° 8 hectolitres de grains, à 27 fr.............. 216 fr. »
2° Paille, 1,696 kil., à 0 fr. 04................ 67 84
3° Menue paille................................. 1 50

    TOTAL................ 285 fr. 34

Quant au même sol sans engrais, il n'a fourni que 2 hectolitres 56 litres.

Faut-il fortifier le témoignage de M. Payen? L'honorable M. de Matharel, inspecteur général des finances, m'en donne les moyens. A la date du 26 juillet, il m'écrivait que sur une terre n'ayant jamais produit que du seigle, il avait obtenu cette année 26 hectolitres de froment.

Rapprochons ces quatre résultats :

CULTURE DE FROMENT. — RENDEMENT A L'HECTARE.

	M. PONSARD. (Champagne.)	M. BRAVAY. (Drôme.)	M. PAYEN. (Aisne.)	M. DE MATHAREL. (Puy-de-Dôme.)
	hectol.	hectol.	hectol.	hectol.
Engrais chimique...	33	30	28	26
Fumier.............	13	10,80	8	»
Sans aucun engrais..	»	2,80	2,56	»

Ainsi, voilà quatre résultats obtenus sur quatre points différents de la France, toujours sur des terres détestables, dont les rendements se confondent, tant leur expression est rapprochée.

Les résultats qu'on a obtenus sur la pomme de terre ne sont pas moins significatifs.

Chez M. le marquis d'Havrincourt, l'engrais complet a produit 16,000 kilogrammes de tubercules par hectare.

Et avec 33,000 kilogrammes de fumier, on n'en a obtenu que 8,000 seulement.

Moi-même j'ai dépassé, à Vincennes, des rendements de 25 à 30,000 kilogrammes.

Chez M. Lavaux, à la ferme de Choisy-le-Temple, on a obtenu sur une pièce de 19 hectares :

1re ANNÉE : Blé...............	40 hectolitres par hectare.	

1re ANNÉE : Blé...............   40 hectolitres par hectare.
2e ANNÉE : Colza.............   33   —
3e ANNÉE : Blé...............   27   —

La troisième année, le blé a versé.

En 1867, les rendements de betteraves ont oscillé entre 55,000 et 70,000 kilogrammes de racines par hectare, alors qu'avec 40,000 kilogrammes de fumier, le rendement n'a pas dépassé 35,000 kilogrammes.

Parlerons-nous de la canne à sucre? En 1867, M. de Jabrun a obtenu à la Guadeloupe :

	CANNES EFFEUILLÉES. A L'HECTARE.
Engrais chimiques..............	84,732 kil.
Fumier......................	62,360
Terre sans aucun engrais.......	26,575

Vous savez, Messieurs, que la pratique est unanime pour attester qu'avec le fumier il y a un avantage réel à varier les cultures. On obtient ainsi des rendements meilleurs qu'en cultivant toujours la même plante. Avec les engrais chimiques, l'alternance des cultures offre-t-elle les mêmes avantages? Nous pouvons répondre sans hésiter : Oui.

Dans ces nouvelles conditions, les engrais chimiques conservent leur supériorité.

Le froment succédant aux pois a produit 46 hect.
Après la betterave . . . . 35 —
Après le froment . . . . 33 —

Les engrais chimiques, à l'intensité près, agissent de tout point comme le fumier; il en résulte une preuve nouvelle que malgré leur dissemblance, les engrais chimiques et le fumier doivent leurs effets à la même cause, et qu'il y a entre eux une entière communauté de nature.

Nous arrivons à un ordre de considérations plus important, s'il est possible, que les précédents.

La source du profit en agriculture dépend surtout de l'abondance des fumures, et malheureusement lorsqu'on produit soi-même son fumier, on n'est pas maître de fumer comme on veut.

La quantité de fumier dont on dispose dans une exploitation rurale résulte de son organisation, du nombre des animaux qu'on y élève ou qu'on y entretient, par conséquent de la surface affectée à la prairie, et finalement du capital roulant que l'on possède.

Pour changer l'assiette d'une culture, il faut beaucoup de temps, de discernement et de prudence, car tout se tient dans un domaine où l'on fait marcher de front la production des céréales et du fumier.

Avec l'engrais chimique, au contraire, la culture acquiert une liberté d'action à peu près absolue; on règle à volonté la dose de ses engrais. L'initiative n'a de limite que dans le capital dont on dispose.

Au moyen des engrais chimiques on peut, en quelque sorte, de la veille au lendemain, faire passer une culture précaire au régime le plus intensif, et, par conséquent, obtenir au lieu d'un profit médiocre un bénéfice élevé.

Vous l'avez compris, Messieurs, c'est là le nœud de toute la question agricole dans l'avenir; j'y insiste donc en reprenant les choses à leur origine.

Je dis qu'en agriculture le profit tient surtout à la dose des engrais qu'on donne à la terre. Avec peu d'engrais, la récolte est faible et le profit nul, si tant est que l'opération ne se solde pas en perte. Avec des fumures abondantes les rendements sont élevés et le profit sûr, car l'excédant de dépense n'est que la moitié ou le tiers du prix de l'excédant de récolte.

Pour rendre cette vérité plus sensible, il me suffira de vous rappeler que l'exploitation du sol entraîne deux natures de dépenses :

Dépenses fixes, qui sont toujours les mêmes, que l'on cultive bien ou que l'on cultive mal; tels sont l'impôt, la rente que le fermier paie à son propriétaire, les frais de semences, etc.

Viennent ensuite les frais variables, qui comprennent le transport, le battage des récoltes et enfin la fumure.

Or, je prétends que l'agriculture qui fume peu est toujours en perte, tandis que celle qui fume beaucoup est toujours en bénéfice. Comment en serait-il autrement? L'engrais est la matière première de la récolte.

Mais ce sont là des questions trop graves pour s'en tenir à de simples énoncés. Analysons les faits, décomposons les comptes du produit et de la dépense pour fixer définitivement nos idées sur ce point.

Afin de donner plus de généralité à nos conclusions, je prendrai comme point de départ le rendement de 14 hectolitres, qui est le rendement moyen en France. D'après Mathieu de Dombasle, le minimum de la dépense pour un tel rendement est de 294 fr. par hectare, réduit à 244 fr. par le prix de la paille, ainsi qu'il résulte de ce décompte :

Frais fixes	Loyer*............	45 fr.	
	Frais généraux.......	52	186 fr.
	Travaux de culture.....	43	
	Semences.........	46	
Frais variables	Fumure............	74	108
	Récolte, battage, etc.....	34	

Dépense totale.........	294
D'où il faut déduire pour la paille.......	50
Reste...........	244 fr.

pour 14 hectolitres, ce qui fait ressortir le prix de l'hectolitre à 17 fr. 43 c.

Supposez que sans rien changer au régime de la ferme de Roville, sans réduire le nombre des animaux, sans modifier le rapport existant entre les diverses cultures, ni le mode d'exploitation, on eût brusquement augmenté, par un apport d'engrais chimique, la dépense de la fumure de 120 fr. par hectare, ce qui l'aurait portée de 74 à 194 fr., tous les autres frais restant les mêmes. Quelle eût été la conséquence ? Le rendement aurait passé de 14 hectolitres à 31 ! — Je dis 31 ; je pourrais dire 35, mais j'aime mieux prendre un minimum, et de 17 fr. le prix de revient de l'hectolitre de blé serait descendu à 11 fr. 12 c.

Reprenons en effet nos chiffres :

Frais fixes........	Comme précédemment............		186 fr.
Frais variables...	Dont fumure	194)	254
	Récolte et battage	60)	
	Dépense totale.............		440
	D'où il faut déduire pour la paille.......		95
	Reste..............		345 fr.

pour 31 hectolitres, ce qui fait bien ressortir le prix de l'hectolitre à 11 fr. 12 c. au lieu de 17 fr., auquel il revenait lorsqu'on n'employait que du fumier, et que la dépense, au lieu de 194 fr., n'était que de 74.

Je vous ai dit que la supériorité de la culture intensive tenait à cette circonstance que le surcroît des frais résultant d'une fumure plus forte était toujours inférieur à la valeur de l'excédant de la récolte.

Dans le premier cas, en effet, où le rendement était de 14 hectolitres et le prix de revient de 17 fr., si on fixe le prix de vente à 20 fr., la récolte représente une valeur de. . . . . 280 fr.

Et le bénéfice par hectare est de. . . . 36

Dans le second cas, moyennant un surcroît de dépense de 120 fr. que l'excédant de paille réduit à 75 fr., la récolte vaut. . . . . 620 fr.

et le bénéfice monte à. . · 275

au lieu de 36 fr.

Une autre conséquence résulte de ces données trop peu connues : c'est qu'il vaut mieux cultiver peu et bien fumer qu'éparpiller ses efforts et ses ressources sur des surfaces étendues que l'on fume avec parcimonie.

Supposons en effet un agriculteur disposant de 30,000 fr., s'il procède comme on le faisait à l'institut de Roville, où l'on dépensait 300 fr. par hectare, il pourra cultiver 100 hectares. Quel sera le résultat?

Paille à 50 francs par hectare..................	5,000 fr.
Grain. — 14 hectolitres par hectare, soit 1,400 hectolitres à 20 francs l'un..................	28,000
TOTAL..............	33,000 fr.

33,000 fr. de produit contre 30,000 fr. de dépense. Bénéfice, 3,000 fr.

Avec le même capital, si on applique le système des fortes fumures, on ne pourrait cultiver que 68.2 hectares, au lieu de 100, mais ces 68.2 hectares produiraient 48,763 fr. au lieu de 33,000.

En effet :

Paille à 95 fr. par hectare..................	6,479 fr.
2,114 hectolitres de grains, à raison de 31 hectolitres par hectare, vendus à 20 francs l'un.	42,284
TOTAL..............	48,763 fr.

Ce qui porte le bénéfice de 3,000 fr. à 18,763.

Remarquez-le, Messieurs, il ne s'agit pas là d'innovations hasardées ou de procédés révolutionnaires, mais d'améliorations certaines et dont la pratique commence à recueillir les fruits.

Je soutiens qu'on peut faire du blé à 11 ou 12 fr. l'hectolitre, et je le prouve. Si c'est là une révolution, c'est du moins une révolution dont personne ne peut contester les bienfaits, et qui s'accomplira, quoi qu'on fasse, parce que la vérité finit toujours par triompher des résistances et du parti pris de la routine.

Après avoir mis dans tout son jour le résultat le plus immédiat que l'on peut atteindre avec l'emploi des engrais chimiques, justifions par des faits l'exactitude de ces indications.

Je prendrai pour premier exemple une culture continue de froment.

Dans une période de quatre ans on a obtenu par hectare, comme rendement moyen, 4,905 kilogrammes de paille et 31 hectolitres de grain. J'insisterai sur ce résultat parce qu'il me mettra à même de vous signaler quelques dangers, contre lesquels je dois vous prémunir par rapport aux matières azotées.

Lorsque, sur la foi de mes études de laboratoire, je commençai mes expériences de culture en pleine terre, ici même à Vincennes, n'ayant pour me diriger que des vues théoriques que je voulais soumettre au contrôle des faits, je me demandai d'abord quelle serait la durée d'une bonne fumure au moyen des engrais chimiques.

La fumure employée fut la suivante :

	A L'HECTARE.
Phosphate de chaux............	400 kil.
Potasse	133
Chaux......................	300
Sel ammoniac	650

Ce qui représente 170 kilogrammes d'azote.

La terre m'avait été livrée trop tard pour être semée en blé d'automne; je semai du blé de mars.

La végétation fut très-belle, le blé poussa même avec tant de vigueur qu'il versa et que la récolte en fut compromise. Cependant, tout compte fait, le rendement accusa 31 hectolitres de grain et 4,250 kilogrammes de paille.

La deuxième année, le même accident se renouvela par suite d'une végétation encore plus luxuriante. La verse ayant même eu lieu plus tôt, le rendement fut plus affecté; il descendit à 24 hectolitres de grain et à 3,930 kilogrammes de paille.

La troisième année, au blé de mars on substitua le blé d'automne, et les choses se passèrent tout autrement. Cette fois encore, la végétation fut splendide, mais le blé ne versa pas. Aussi le rendement s'éleva-t-il à 48 hectolitres de grain et 6,941 kilogrammes de paille.

Enfin, la quatrième année on obtint 24 hectolitres de grain et 4,500 kilogrammes de paille.

L'ensemble de ces quatre récoltes, représenté par :

    Grain............   127 hectolitres.
    Paille............   19,621 kilogrammes.

donne bien une moyenne de :

    Grain............   31 hectolitres.
    Paille............   4,905 kilogrammes.

Quelle conclusion faut-il tirer de cette expérience ? Il y en a deux. La première, c'est qu'il ne faut pas employer, pour le froment, l'azote en une seule fois à la dose de 170 kilogrammes à l'hectare, parce que alors les accidents sont presque inévitables : si on échappe à la verse, il est rare d'échapper à la rouille, et si l'on évite l'une et l'autre, la paille prend tant de développement, que le rendement du grain se trouve encore compromis.

Règle générale, il vaut mieux répartir la matiére azotée sur les quatre années ; alors on peut élever beaucoup la dose totale sans inconvénient, ce qui a pour résultat d'accroître les rendements sans qu'on ait à craindre les accidents dont nous venons de parler.

Je vous proposerai donc les formules suivantes, que je considère quant à présent comme les meilleures.

PREMIÈRE ANNÉE.

Blé.

A L'HECTARE.

	QUANTITÉS.	PRIX.	DÉPENSE
Engrais complet N° 1 ...	1,200^k		

Soit :

Phosphate acide de chaux..	400^k	64^f	»	
Nitrate de potasse	200	124	»	307 fr. 50
Sulfate d'ammoniaque......	250	112	50	
Sulfate de chaux...........	350	7	»	

DEUXIÈME ANNÉE.

Blé.

Sulfate d'ammoniaque......	300	135	»	135 »

TROISIÈME ANNÉE.

Blé.

Engrais complet N° 1 ...	1,200^k	

Soit :

Phosphate acide de chaux..	400	64	»	
Nitrate de potasse	200	124	»	307 fr. 50
Sulfate d'ammoniaque......	250	112	50	
Sulfate de chaux...........	350	7	»	

A reporter............... 750 fr. »

QUATRIÈME ANNÉE.

Blé.

A L'HECTARE.

	QUANTITÉS.	PRIX.	DÉPENSE.
Report			**750 fr.** »
Sulfate d'ammoniaque......	300	135ᶜ »	135 »
DÉPENSE POUR 4 ANS...............			885 fr. »
MOYENNE PAR AN...............			221 25

Ainsi, en dépensant chaque année 221 fr. 25, on obtient en moyenne de 30 à 35 hectolitres de froment.

Pour une culture alternative de colza et de froment, je vous conseillerai de préférence :

PREMIÈRE ANNÉE.

Colza.

A L'HECTARE.

	QUANTITÉS.	PRIX.	DÉPENSE.
ENGRAIS COMPLET Nº 6 ...	1,300ᵏ		
Soit :			
Phosphate de chaux........	400	64ᶜ »	
Nitrate de potasse	120	74 40	326 fr. »
Sulfate d'ammoniaque......	400	180 »	
Sulfate de chaux..........	380	7 60	

DEUXIÈME ANNÉE.

Blé.

	QUANTITÉS.	PRIX.	DÉPENSE.
Sulfate d'ammoniaque......	300	135 »	135 »
Cendres des pailles et des si-liques de colza..........			Mémoire.
DÉPENSE TOTALE..............			461 fr. »
— PAR AN			230 50

Dans ce cas on ouvre l'assolement par le colza, qui est une plante sarclée; on approprie ainsi le sol, on le débarrasse des mauvaises herbes. Après la récolte, on brûle sur place les siliques et la paille de colza, qu'on enterre par un labour, afin de réduire au plus bas possible la quantité de potasse et de phosphate de chaux perdus par le sol. On répand enfin en couverture le sulfate d'ammoniaque au printemps.

Je passe à un assolement de quatre ans, fort apprécié de la pratique, et qui se recommande en effet par la facilité avec laquelle il permet de remplacer l'assolement triennal par les assolements alternes et continus. Il comprend la succession suivante de récoltes :

1re année...............	Pommes de terre.
2e année...............	Blé.
3e année...............	Trèfle.
4e année...............	Blé.

Voici les engrais auxquels on doit recourir :

PREMIÈRE ANNÉE.

Pommes de terre.

A L'HECTARE.

	QUANTITÉS.	PRIX.	DÉPENSE.
ENGRAIS COMPLET N° 3 ..	1,000k		
Soit :			
Phosphate acide de chaux..	400k	64f »	
Nitrate de potasse.........	300	184 »	256 fr. »
Sulfate de chaux	300	6 »	

DEUXIÈME ANNÉE.

Blé.

Sulfate d'ammoniaque....	600	135 »	135 »

A reporter................... **391 fr. »**

TROISIÈME ANNÉE.

Trèfle.

A L'HECTARE.

	QUANTITÉS.	PRIX.	DÉPENSE.
Report....................			**391 fr.** »
ENGRAIS INCOMPLET N° 2. 1,000ᵏ			
Soit :			
Phosphate acide de chaux..	400	64ᶠ »	
Nitrate de potasse	200	124 »	196 fr. »
Sulfate de chaux........	400	8 »	

QUATRIÈME ANNÉE.

Blé.

Sulfate d'ammoniaque....	300	135 »	135	»
DÉPENSE TOTALE.........			722	»
— ANNUELLE......			180	50

Pour un assolement de quatre ans, comprenant betterave, blé, trèfle, blé, il faudrait remplacer les engrais précédents par ceux qui suivent :

PREMIÈRE ANNÉE.

Betteraves.

A L'HECTARE.

	QUANTITÉS.	PRIX.	DÉPENSE.
ENGRAIS COMPLET N° 2 *bis*. 1,300ᵏ			
Soit :			
Phosphate acide de chaux ..	400	64ᶠ »	
Nitrate de potasse........	200	124 »	
Nitrate de soude..........	400	140 »	334 fr. »
Sulfate de chaux.........	300	6 »	

DEUXIÈME ANNÉE.

Blé.

Sulfate d'ammoniaque......	300	135 »	135	»
A reporter.................			469 fr. »	

TROISIÈME ANNÉE.

Trèfle.

A L'HECTARE.

	QUANTITÉS.	PRIX.	DÉPENSE.
Report....................			**469 fr.** »
ENGRAIS INCOMPLET N° 2..	1,000^k		
Soit :			
Phosphate acide de chaux ..	400	64^f »	⎱
Nitrate de potasse	200	124 »	⎰ 196 »
Sulfate de chaux...........	400	8 »	

QUATRIÈME ANNÉE.

Blé.

Sulfate d'ammoniaque......	300	135 »	135 »
DÉPENSE TOTALE			800 fr. »
— PAR AN			200 »

Je passe à un assolement plus complexe, car il embrasse une période de cinq années et comprend : Pommes de terre, froment, trèfle, colza, froment. Voici les engrais qu'il faut employer dans ce cas :

PREMIÈRE ANNÉE.

Pommes de terre.

A L'HECTARE.

	QUANTITÉS.	PRIX.	DÉPENSE.
ENGRAIS COMPLET N° 3 ...	1,000^k		
Soit :			
Phosphate acide de chaux ..	400	64^f »	⎱
Nitrate de potasse	300	186 »	⎰ 256 fr. »
Sulfate de chaux...........	300	6 »	

DEUXIÈME ANNÉE.

Blé.

Sulfate d'ammoniaque......	300	135 »	135 »
A reporter.......................			391 fr. »

TROISIÈME ANNÉE.

Trèfle.

A L'HECTARE.

	QUANTITÉS.	PRIX.	DÉPENSE.
Report..................................			**591 fr.** »
ENGRAIS INCOMPLET N° 2..	1,000ᵏ		
Soit :			
Phosphate acide de chaux ..	400	64 »	⎫
Nitrate de potasse	200	124 »	⎬ 196 »
Sulfate de chaux.............	400	8 »	⎭

QUATRIÈME ANNÉE.

Colza

Sulfate d'ammoniaque......	400	180	»	180 »

CINQUIÈME ANNÉE.

Blé.

Sulfate d'ammoniaque......	300	135	»	135 »
Cendres des pailles et des siliques de colza...........				Mémoire.
DÉPENSE TOTALE				902 fr. »
MOYENNE PAR AN...............				180 40

Pour montrer à quel point il importe de régler la dose suivant la nature des plantes, je placerai sous vos yeux les résultats de trois expériences faites par M. Cavallier sur la betterave, avec des quantités progressives de sulfate d'ammoniaque, de façon à passer de 80 kilogrammes d'azote à 120 kilogrammes par hectare ; la proportion des autres termes de l'engrais n'ayant pas subi de changement, on a obtenu :

	RACINES A L'HECTARE.
Sans azote..............................	36,831
Avec 400 kil. de sulfate d'ammoniaque..	47,325
Avec 500 —	51,000
Avec 650 —	59,640

Remarquez, Messieurs, cette solidarité entre l'augmentation progressive du rendement et l'augmentation correspondante de la matière azotée : quel est le résultat financier?

L'engrais sans matière azotée, réduit aux seuls minéraux, c'est-à-dire au phosphate de chaux, à la potasse et à la chaux, avait produit 36,834 kilogrammes de racines par hectare. Or, si l'on prend ce rendement comme point de départ, on trouve que les excédants de récoltes déterminés par l'emploi du sulfate d'ammoniaque donnent, tout compte fait, un surcroît de bénéfice d'autant plus élevé que la proportion du sulfate a été elle-même plus forte.

Avec 400 kilogrammes de sulfate d'ammoniaque, le bénéfice a été (1). . . . . 67 fr. 82

Avec 500 kilogrammes, il s'est élevé à. . 108 20

Avec 650 kilogrammes, il a atteint le chiffre de 243 12

Ces résultats, que j'emprunte, je le répète, à un des agriculteurs les plus distingués du département de la Somme, montrent :

1° Qu'il faut à la betterave beaucoup de matière azotée ;

2° Que jusqu'à 130 kilogrammes d'azote par hectare, le bénéfice est proportionnel à la quantité de sulfate d'ammoniaque employée.

---

(1) Le sulfate d'ammoniaque valait alors 35 fr. les 100 kil.

ASSOLEMENT DE SIX ANS, COMPRENANT :

LIN, BETTERAVES, FROMENT, COLZA, FROMENT, AVOINE, SEIGLE
OU ORGE.

PREMIÈRE ANNÉE.

Lin (1).

A L'HECTARE.

	QUANTITÉS.	PRIX.	DÉPENSE.
ENGRAIS INCOMPLET Nº 2...	1,000ᵏ		

Soit :

Phosphate acide de chaux ..	400	64ᶜ	»
Nitrate de potasse	200	124	» } 196 fr. »
Sulfate de chaux...........	400	8	»

DEUXIÈME ANNÉE.

Betteraves.

ENGRAIS COMPLET Nº 2 ... 1,200ᵏ

Soit :

Phosphate acide de chaux ..	400	64	»
Nitrate de potasse	200	124	»
Nitrate de soude...........	300	105	» } 299 »
Sulfate de chaux...........	300	6	»

TROISIÈME ANNÉE.

Froment.

Sulfate d'ammoniaque......	300	135	» 135 »

A reporter................. **630 fr.** »

---

(1) Voici ce qu'on m'écrit de l'effet de cet engrais sur le lin :

« Quoique mon lin sur engrais chimique eût été semé le 10 mai, il devint si beau, comme taille et comme finesse, il prit une teinte si bonne au moment de la maturité, que je le vendis sur pied, tous les frais restant au compte de l'acheteur, à raison de 920 fr. l'hectare.

« J'étais loin d'espérer un tel résultat en le semant le 10 mai, dans une terre que je savais d'une fertilité très-limitée.

« CHAVÉE,

« 1857, à Clermont-les-Fermes (Aisne). »

QUATRIÈME ANNÉE.

Colza.

A L'HECTARE.

	QUANTITÉS.	PRIX.	DÉPENSE.
Report..................			**630 fr.** »
ENGRAIS COMPLET N° 6 ...	1,300k		

Soit :

Phosphate acide de chaux..	400	64f	»	
Nitrate de potasse..........	120	74	40	326 »
Sulfate d'ammoniaque......	400	180	»	
Sulfate de chaux...........	380	7	60	

CINQUIÈME ANNÉE.

Froment.

Cendres de paille et de siliques de colza enterrées par un premier labour ...	Mémoire.			
Sulfate d'ammoniaque......	300	135	»	135 »

SIXIÈME ANNÉE.

Avoine, Orge ou Seigle.

Sulfate d'ammoniaque......	200	90	»	90 »

DÉPENSE TOTALE	1,181 fr. »
— PAR AN	196 83

Cette succession de cultures, traitées comme je l'indique, donne toujours de magnifiques récoltes.

Enfin, je terminerai ces indications par les deux engrais que je considère en ce moment comme les plus convenables pour la luzerne et pour la vigne.

ENGRAIS POUR LA LUZERNE (POUR UN AN).

Phosphate acide de chaux .	400k	64f	»	
Nitrate de potasse	200	124	»	196 fr. »
Sulfate de chaux	400	8	»	

ENGRAIS POUR LA VIGNE (POUR DEUX ANNÉES).

ENGRAIS COMPLET Nº 4 ... 1,500ᵏ

Soit :

Phosphate acide de chaux .	600	96ᶠ	»
Nitrate de potasse	500	310	»
Sulfate de chaux.	400	8	»

414 fr. »

DÉPENSE PAR AN............. 207 fr. »

Il y a un point sur lequel je ne saurais trop, Messieurs, appeler votre attention : c'est la manière d'employer les engrais chimiques.

Répandre inégalement le fumier, pourvu que l'inégalité ne soit pas poussée trop loin, n'a pas grand inconvénient.

Avec les engrais chimiques, au contraire, un épandage irrégulier peut compromettre le succès de la récolte. Il faut donc donner à cette partie du travail un soin tout particulier. L'épandage à la machine satisfait à toutes les conditions. Lorsqu'on ne dispose pas d'une machine, le mieux est de mêler les engrais chimiques avec deux ou trois fois leur volume de terre, et de les faire semer à la volée après le dernier labour et avant le hersage. L'addition de la terre corrige les inconvénients d'une répartition inégale. Ce mode d'épandage entraîne, il est vrai, quelques frais de plus ; mais ils sont grandement compensés, car un épandage bien fait donne deux ou trois hectolitres de plus, c'est-à-dire 60 fr. de produit pour 5 ou 6 fr. de surcroît de dépense : ici, le soin est une économie bien entendue.

Maintenant, Messieurs, se présente une dernière

question, traitée avec beaucoup de détail dans mes Conférences de 1864, et qui, par conséquent, ne doit pas nous arrêter longtemps, mais dont il faut cependant que je dise quelques mots, pour répondre à certaines appréhensions contre lesquelles je dois vous prémunir.

Ne pouvant plus nier les résultats dont je vous ai entretenus, parce qu'un trop grand nombre d'agriculteurs en ont vérifié maintenant l'exactitude, on m'a fait l'objection que voici :

« Les engrais chimiques ne sont qu'une ressource précaire ; le jour où leur emploi deviendra général, leur prix, trop élevé, en rendra l'usage impossible. »

Quelques explications sommaires suffiront, je crois, pour réduire à néant cette dernière objection.

Prenons, l'un après l'autre, les quatre termes de l'engrais complet, et faisons le bilan des sources que la nature nous offre pour chacun d'eux.

Le phosphate de chaux d'abord. — Il y a vingt ans, on ne connaissait comme source de phosphate de chaux que les os des animaux ; il est certain que si nous en étions encore réduits là, l'emploi de cet agent ne pourrait guère se généraliser. Mais, actuellement, il n'en est plus ainsi ; on sait que le phosphate de chaux fait partie de toutes les roches éruptives et qu'il en existe dans plusieurs pays des dépôts d'une richesse inépuisable. Dans l'Estramadure, par exemple, aux environs de Logrosan, il y a, sur une étendue de plusieurs kilomètres, 8 ou 10 filons, dosant en moyenne 70 à 85 p. 100 de phosphate réel, et dont la puissance est encore inconnue. Au Canada et en Suède, il en est de même.

Dans la plupart des marnes, on trouve du phosphate de chaux. A la base du terrain crétacé, on en rencontre des dépôts considérables qui sont devenus l'objet d'une exploitation régulière dans les départements des Ardennes et de la Moselle. Ce phosphate de chaux, quoique moins riche que celui de l'Estramadure, contient encore de 16 à 18 p. 100 d'acide phosphorique.

A l'égard des phosphates, il n'y a donc pas d'inquiétude à concevoir; leur prix diminuera plutôt qu'il ne s'élèvera.

La potasse. — Les sources où nous pouvons puiser la potasse sont au nombre de trois :

1º Les roches éruptives qui constituent des chaînes entières de montagnes, et qui en contiennent jusqu'à 15 p. 100;

2º Les eaux de la mer, d'où on peut aujourd'hui l'extraire avec facilité par les admirables procédés de M. Balard, et qui suffiraient à la rigueur à tous les besoins;

3º Les dépôts découverts à Stassfurth en Prusse depuis quatre ou cinq ans, dépôts inépuisables, qui ont 60 à 80 mètres d'épaisseur sur une étendue encore indéterminée. Ces dépôts, qui se rattachent à une formation de sel gemme, nous autorisent à penser qu'on en découvrira d'autres dans les mêmes conditions géologiques, maintenant surtout que l'éveil est donné. Il n'est pas présumable, en effet, que les dépôts de la Prusse soient un fait exceptionnel et isolé. Mais cette découverte ne dût-elle pas se généraliser, que les dépôts de Stassfurth suffiraient pendant plusieurs siècles à tous les besoins, et après eux, on aura toujours la dernière ressource des chaînes de montagnes et des eaux de la mer.

Les matières azotées. — Ici, je conviens que si nous étions condamnés à n'employer jamais que des composés ammoniacaux et des nitrates, on pourrait soutenir avec une certaine apparence de raison que dans un temps donné, les sources actuellement connues seront insuffisantes; mais à ces sources viendront s'en ajouter de nouvelles. Je citerai par exemple la fabrication du coke, qui se fait aujourd'hui à ciel ouvert, et qu'il suffirait d'opérer dans des fours pour en retirer des quantités d'ammoniaque considérables.

Mais, toutes ces ressources vinssent-elles à manquer, nous aurions encore l'azote de l'air. Il y a longtemps que mon attention s'est portée sur ce point.

J'ai dit qu'il y avait des végétaux qui puisaient leur azote dans l'air, alors que d'autres avaient besoin de le trouver dans la terre. De là, par conséquent, la possibilité de venir au secours des seconds à l'aide des premiers.

Ce procédé est déjà appliqué par la culture. Les fumures en vert ne reposent pas sur d'autres données; il s'agirait donc de les généraliser, et pour les rendre plus efficaces, de pousser les rendements des plantes qui puisent leur azote dans l'air à leur limite la plus élevée. Je vous citerai comme exemple la luzerne, qui prélève sur l'air de 300 à 400 kilogrammes d'azote par hectare, ce qui suffirait pour entretenir au moins 5 hectares cultivés en froment. Ainsi, toutes les autres sources de matière azotée fussent-elles taries, qu'il nous resterait toujours l'azote de l'air, exploité par la végétation elle-même.

Mais c'est là une supposition extrême. Lorsque l'humanité se pose nettement un problème, tenez pour certain, Messieurs, qu'à un moment donné ce problème sera résolu.

L'air étant une source inépuisable d'azote, que faut-il faire pour avoir des nitrates et de l'ammoniaque en quantité illimitée? Découvrir un procédé propre à combiner économiquement l'azote de l'air avec l'oxygène pour en faire des nitrates, ou avec l'hydrogène pour en faire de l'ammoniaque. Or, ce procédé est découvert. MM. Sourdeval et Margueritte ont trouvé le moyen de faire à volonté des nitrates ou de l'ammoniaque avec l'azote de l'air. Si l'industrie ne s'en est pas encore emparée, c'est parce que, sous le rapport économique, il ne satisfait pas à toutes les conditions d'une production facile. Mais le principe est connu, et un progrès de second ordre peut rendre d'un moment à l'autre la solution complète.

Je le demande, Messieurs, en face de pareilles éventualités, est-il possible d'admettre que la matière azotée vienne jamais à manquer? Quant à la chaux, je n'en parle que pour mémoire, parce que vous savez bien qu'elle ne nous fera jamais défaut.

Rassuré sur l'avenir, jetons un regard récapitulatif sur ce qui a fait la matière de cet Entretien.

Dans nos séances précédentes, nous nous étions appliqué à définir, à l'aide d'expériences plus scientifiques que pratiques, les conditions qui règlent la production des végétaux.

Aujourd'hui, passant dans le domaine de la pratique, nous avons demandé aux traditions d'une expérience cinquante fois séculaire, c'est-à-dire à la composition du fumier, la justification du choix des agents qui sont à nos yeux le symbole de la fertilité.

Cette épreuve a conclu en notre faveur. Le fumier contient ces agents et leur doit son efficacité.

A ce témoignage nous avons voulu en ajouter un autre : nous avons demandé à la pratique agricole si les effets obtenus avec les engrais chimiques étaient équivalents à ceux du fumier. L'expérience a répondu qu'ils étaient supérieurs.

D'où nous avons tiré la conclusion que les principes qui nous dirigent sont incontestables et qu'il ne nous reste plus qu'à en généraliser l'application.

CINQUIÈME ENTRETIEN.

Dans la pratique, on considère une fumure de 40,000 kilogrammes de fumier par hectare, tous les deux ans, comme une bonne fumure. Notre but principal étant aujourd'hui de comparer le fumier aux engrais chimiques, demandons-nous d'abord ce que 40,000 kilogrammes de fumier contiennent des quatre termes qui composent notre engrais complet.

La réponse se trouve dans le tableau suivant :

Azote..........................	163 kil. (1)
Acide phosphorique............	75
Potasse........................	150
Chaux.........................	321

S'il est vrai, comme l'expérience le démontre, que

(1) Moyenne du fumier de Bechelbronn et de la ferme de Vincennes.

le fumier doive toute son efficacité à ces quatre produits, vous voyez que sa partie active se réduit à moins d'un quarantième de la masse totale.

Dans le fumier, en effet, l'humidité figure pour 80 p. 100, ce qui réduit, pour 40,000 kilogrammes, la partie solide à 8,000 kilogrammes, dans lesquels les matières hydro-carbonées, dont l'utilité est plus que problématique, entrent pour 6,000 à 7,000 kilogrammes.

Vous ne serez donc pas surpris si j'ajoute qu'avec 2,310 kilogrammes de produits chimiques, on peut composer un engrais d'une richesse équivalente à 40,000 kilogrammes de fumier. En voici, au surplus, la preuve :

Phosphate acide de chaux	600 kil.
Nitrate de potasse............	320
Sulfate d'ammoniaque........	560
Sulfate de chaux.............	830
Total..........	2,310

Il est évident que, sous le rapport de la facilité de l'emploi, de l'épandage, de l'économie des transports, etc., l'avantage est aux engrais chimiques. Mais ce n'est là qu'un point de vue secondaire; leur véritable supériorité tient à d'autres causes et se justifie par d'autres considérations.

Dans le fumier, l'azote n'est pas immédiatement assimilable. Il l'est au contraire dans les engrais chimiques. Dans le fumier, ce corps est à l'état de déjections animales, de litières en partie putréfiées, lesquelles n'agissent favorablement sur la végétation qu'après avoir subi une décomposition qui en change complètement l'état : l'azote, par exemple, ne devient assimilable qu'après s'être transformé en ammoniaque ou en nitrate. Or, cette décomposition préalable a pour principal résultat la perte de 30 à 40 p. 100 de l'azote primitif du fumier qui se dégage dans l'air à l'état d'azote élémentaire. Dans les engrais chimiques, je le répète, l'azote est assimilable immédiatement et en totalité, et son action est par cela même plus sûre.

Voici pour la pratique un autre avantage plus important encore.

Dans les formules d'engrais que je vous ai présentées dimanche dernier, vous avez certainement remarqué que la nature des agents variait suivant la nature des plantes. L'affectation que j'ai faite de chacun d'eux à certaines catégories de plantes n'a pas été de ma part un acte arbitraire ou l'expression d'une fantaisie : c'est la conséquence d'un fait considérable, dont il faut absolument que je vous entretienne en détail, et dont l'application est tout en faveur des engrais chimiques.

S'il est vrai qu'un mélange de phosphate de chaux, de potasse de chaux et d'une matière azotée suffise à tous les besoins des plantes et soit pour l'agriculture l'équivalent du fumier, il est vrai aussi que chacun de ces quatre termes remplit à l'égard des trois autres une fonction tour à tour subordonnée ou prédominante, suivant la nature des végétaux que l'on cultive.

A l'égard du froment, du colza, de la betterave, du tabac, la matière azotée est l'élément dont la fonction prédomine ; pour la luzerne, les pois, les haricots, les féveroles, la matière azotée n'a plus qu'une importance secondaire, et la prédominance dont nous venons de parler passe à la potasse.

Elle appartient au phosphate de chaux pour les turneps et les rutabagas.

Il y a donc pour chaque nature de plantes un élément dont l'influence l'emporte sur les trois autres, et que pour ce motif nous appellerons la *dominante* de cette plante.

Comme première application de ces notions, supposons la rotation suivante :

> Betterave.
> Blé.
> Trèfle.
> Avoine.

Avec le fumier, il n'y a pas de division possible; on peut en varier la dose, mais non la composition. On ne peut procéder que de deux manières : mettre tout le fumier dès la première année ou le répartir en plusieurs fois. Dans le premier cas, on obtient, il est vrai, un bon rendement de betteraves, mais c'est au préjudice des cultures suivantes. Divise-t-on l'engrais, le rendement de betteraves est forcément réduit, et comme cette culture est très-coûteuse par la multiplicité des façons qu'elle exige, elle met nécessairement le producteur en perte.

Avec les engrais chimiques les choses se passent tout autrement. On donne à chaque plante l'élément qui a le plus d'influence sur la récolte, ce qui a le double avantage de réduire la dépense, tout en portant le rendement à la limite la plus élevée. Comme preuve du parti qu'on peut tirer dans la pratique de cette manière de procéder, je vous citerai l'exemple de deux cultures de pommes de terre et de froment instituées parallèlement, l'une avec l'engrais complet et l'autre avec le même engrais, divisé de la manière suivante : première année, engrais minéral seulement; seconde année, matière azotée. Or, voici le résultat de ces deux cultures :

Premier cas. — LA TERRE REÇOIT DE L'ENGRAIS COMPLET
POUR DEUX ANS.

		RENDEMENT A L'HECTARE.		PRIX.
1re année. Pommes de terre		25,459 kil.		636 fr.
2e — Froment....	Paille ..	5,920		208
	Grains..	2,310	= 31 hect.	620
		TOTAL DES PRODUITS...........		1,464 fr.

Deuxième cas. — LA TERRE EST FUMÉE LA PREMIÈRE ANNÉE AVEC L'ENGRAIS MINÉRAL ET LA SECONDE AVEC 300 KILOGR. DE SULFATE D'AMMONIAQUE.

		RENDEMENT A L'HECTARE.		PRIX.
1re année. Pommes de terre		23,900 kil.		597 fr.
2e — Froment....	Paille ..	8,550		312
	Grains..	3,380	= 45 hect.	900
		TOTAL DES PRODUITS...........		1,839 fr.

Vous voyez, par cet exemple, à quel point la division de l'engrais peut affecter les rendements.

Sous le rapport économique, les conséquences ne sont pas moins considérables.

En effet, avec l'engrais divisé, les deux récoltes de

pommes de terre et de froment réunies
valent. . . . . 1,839 fr.

Tandis qu'avec l'engrais employé en
une seule fois, elles ne représentent
qu'une valeur de. 1,464

Ce qui porte la différence à. .   375 fr.
en faveur de la première méthode.

Les avantages qui résultent de la division de l'engrais étant ainsi mis hors de doute, vous vous expliquez pourquoi, un assolement étant donné, je n'emploie pas indifféremment les quatre termes de l'engrais suivant la nature des cultures.

S'agit-il de l'assolement betterave-blé-trèfle-avoine, il faut concentrer l'azote sur la betterave et le froment, les minéraux sur le trèfle, qui laisse dans le sol assez de matière azotée pour l'avoine.

L'assolement s'ouvre-t-il par une culture de pois ou de haricots, à laquelle on fait succéder du froment, du trèfle et encore du froment, cette fois les minéraux étant l'élément dominant des haricots et du trèfle, et la matière azotée celui du froment, on bornera la fumure de la première et de la troisième année aux minéraux, et on réservera la matière azotée pour le froment, en ayant soin toutefois d'en employer plus la seconde année que la quatrième, parce que le trèfle, dont la troisième coupe est enfouie en vert, constitue une fumure azotée d'une efficacité certaine.

Vous voyez, Messieurs, quelle facilité remarquable les engrais chimiques donnent à la pratique pour obtenir le maximum de rendement avec le plus d'économie possible. Ils permettent de concentrer sur chaque culture les agents qui lui conviennent de préférence.

Dans la dernière séance, je m'étais borné à vous indiquer ces faits sans vous en dire la raison ; aujourd'hui je complète ces premières indications pratiques par la théorie qui leur sert de base et les justifie.

Passons à une question nouvelle non moins importante que la précédente.

Demandons-nous ce que coûte le fumier comparé aux engrais chimiques.

Il ne suffit pas que ces derniers l'emportent, et comme effet utile et par les facilités plus grandes qu'ils comportent dans l'application; il faut encore examiner la question économique, et voir si, tout compte fait, le résultat financier n'est pas aussi à leur avantage.

La question du prix du fumier est l'une des plus controversées parmi les agriculteurs. Chacun fait son prix à sa manière. Il y en a qui soutiennent que le fumier ne coûte rien; d'autres, au contraire, qu'il coûte fort cher. Il s'agit de discerner la vérité entre ces deux opinions extrêmes.

J'espère pouvoir y réussir, en me fondant sur des documents dont je suis redevable à des agriculteurs du plus grand mérite, et qui opèrent dans des conditions très-différentes.

C'est par des comptes, et des comptes détaillés, que cette question demande à être résolue.

Je dois celui dont je vous entretiendrai d'abord à

l'honorable M. Schattenmann, qui a obtenu l'année dernière la prime d'honneur pour le département du Bas-Rhin et un grand prix à l'Exposition universelle, et qui, par conséquent, est un bon juge en matière de culture. J'ajoute que M. Schattenmann est de plus un industriel de premier ordre, placé dans des conditions exceptionnelles pour établir avec autorité un prix de revient, si compliqué qu'il puisse être.

Eh bien! d'après le décompte qu'il m'a fourni, la production de 551 tonnes de fumier et de 300 tonnes de purin n'a pas coûté moins de 15,069 fr., ce qui porte le prix du fumier à 26 fr. les 1,000 kilogrammes, si on fixe par approximation celui du purin à 2 fr. 15.

Ainsi, chez M. Schattenmann, dans une exploitation modèle, le fumier est revenu en 1866 à 26 fr. la tonne.

Il convient de vous faire remarquer que ce prix, qu'on ne peut manquer de trouver fort élevé, tient à des causes exceptionnelles, et dépasse certainement la moyenne ordinaire dans la même exploitation.

Prenons-le cependant comme point de départ.

PRIX DE REVIENT DU FUMIER A LA FERME DE THIER-GARTEN
(Bas-Rhin).

DOIT.

74,071 kil. de paille pour litière à 6 fr. 15 les 100 kil..	4,554 fr.	90
492 — d'acide phosphorique liquide à 30 fr. les 100 kil.	117	60
Bottelage et transport de paille pour litière	100	15
2,375 kil., de coprolithes à 5 fr. 75 les 100 kil.	135	40
Vidanges des latrines	10	»
Arrosage du fumier	53	75
Chargement et transport du fumier	984	90
Remplissage des tonneaux de purin	57	85
A reporter	6,054 fr.	55

Report..	**6,044 fr.**	**55**
Pertes sur le compte des bœufs.........................	3,447	00
— — vaches..............................	4,722	25
— — porcs..............................	855	05
TOTAL..............................	15,069 fr.	45

AVOIR.

300 tonneaux de purin à 2 fr. 15 l'un................	645 fr.	»
551 tonnes de fumier à 26 fr. 17.....................	14,424	45
TOTAL..............................	15,069 fr.	45

Le second exemple m'est fourni par M. Cavallier, qui exploite la ferme du Mesnil-Saint-Nicaise (Somme). Ici, les conditions sont différentes.

Chez M. Schattenmann, il s'agissait d'une production de fumier se rattachant à tous les détails d'une grande exploitation dont elle était solidaire, et où le prix du fumier était influencé par le résultat des comptes bœufs, vaches, porcs, etc. Le document dont il s'agit maintenant se rapporte à un cas plus simple, l'engraissement de 800 moutons. En voici le détail :

DOIT.

Prix d'acquisition de 800 moutons..............	19,600 fr.
300,000 kilogrammes de pulpe à 12 fr.............	3,600
18,080 — de tourteaux...............	2,700
Paille de colza et roseaux.......................	1,350
Berger, hommes de cour, etc.....................	500
Intérêts, frais de commission....................	250
TOTAL DE LA DÉPENSE....	28,000 fr.

AVOIR.

Laines et moutons...............................	25,000 fr.
275 tonnes de fumier représentant un solde....	3,000
TOTAL DE LA RECETTE....	28,000 fr.

Ce qui fait ressortir le prix du fumier à 10 fr. 90 la tonne; mettons 11 fr.

Remarquez, Messieurs, qu'il ne s'agit pas ici d'un

compte général, sur lequel chaque détail de l'exploitation a pu réagir ; non, c'est, je le répète, un compte spécial, dont le résultat est indépendant de toute opération étrangère, un engraissement de moutons avec de la pulpe de betterave, qui revient moins cher que le fourrage. Eh bien ! dans ces conditions, le fumier coûte encore 11 fr. les 1,000 kilogrammes.

Et M. Cavallier fait observer que si, au lieu d'avoir employé comme litière des pailles de colza et des joncs pêchés dans les étangs de la Somme, il s'était servi de paille de froment, le fumier lui serait revenu à 15 fr. 85.

Le troisième compte que je prendrai pour exemple se rapporte à la ferme de Bechelbronn, en Alsace ; j'en emprunte les éléments à l'*Économie rurale* de M. Boussingault.

D'après ce compte, le fumier ne reviendrait qu'à 5 fr. 20 la tonne ; ce qui semble justifier l'opinion que le fumier est le moins cher des engrais et ne coûte presque rien.

Mais si on examine les choses de plus près, on voit surgir une objection qui change toute l'économie de ce compte, et qui, de 5 fr. 20, porte le prix du fumier à 14 fr. 87.

Comment, avec les mêmes éléments, peut-on arriver à des conclusions si différentes ?

L'explication est très-simple, et je dois y insister, parce qu'elle me fournira en même temps l'occasion et les moyens de prévenir une erreur dans laquelle les agriculteurs tombent trop souvent en matière de comptabilité.

Par une sorte de convention tacite, fondée sur l'opinion que la production du fumier est une de ces nécessités auxquelles on ne peut se soustraire, on compte la consommation des animaux au prix de revient, et non au prix de vente. Mais n'est-il pas évident que cette manière de procéder est radicalement défectueuse?

Lorsqu'un agriculteur annexe une sucrerie ou une distillerie à sa ferme, compte-t-il les betteraves qu'il leur livre au prix de revient? Non, il les compte au même prix que celles qu'il achète au dehors. Lorsqu'il vend ses animaux, les livre-t-il au prix de revient? Non, il prend pour régulateur la mercuriale du marché.

Pour obtenir le prix vrai du fumier, il faut, de toute nécessité, rentrer dans les usages de la division des comptes, dont l'industrie tire de si grands avantages, pour définir d'abord avec certitude l'origine de ses bénéfices, et savoir où doivent porter de préférence les économies et le perfectionnement de l'outillage. Dans une ferme bien dirigée, il faut ouvrir aux écuries un compte à part, le créditer de tout ce qui est une source de valeur réelle, lait, beurre, animaux vendus, accroissement de poids acquis par les animaux conservés, travaux faits par les attelages; mais, par contre, il faut porter à son débit les dépenses de toute nature qui ont concouru à la réalisation des valeurs portées à son crédit. Dans ces dépenses, il faut comprendre les frais d'entretien des attelages, les gages des charretiers, des bergers, etc., et enfin imputer à ce compte les denrées de consommation au prix de vente, déduction faite d'une bonification de 10 à 15 p. 100, pour compenser les frais de transport que leur vente au marché aurait entraînés, et qu'on n'a point faits. Un compte établi sur ces données se balance toujours en perte, mais la perte a pour contre-valeur le fumier. La perte, divisée par le nombre de tonnes de fumier produit, conduit au prix réel de 1,000 kilogrammes.

Or, si on transforme d'après ces données l'économie du compte rapporté par M. Boussingault, le prix du fumier n'est plus de 5 fr. 20 la tonne, comme il le suppose, mais de 14 fr. 87.

Comme il s'agit d'une question de la plus haute gravité, vous me permettrez de vous présenter ce compte dans deux colonnes séparées : l'une portant le titre de *prix arbitraire*, et l'autre celui de *prix réel*.

PRIX DE REVIENT DU FUMIER A LA FERME DE BECHELBRONN.

DOIT.

	PRIX ARBITRAIRE.		PRIX RÉEL.	
	fr. c.	fr. c.	fr. c.	fr. c.
1,627 (1) quint. de foin et regain, à	3 60	5,857 20	à 4 95	9,003 15
562 — de trèfle fané, à	3 15	1,770 30	à 4 95	2,781 90
213 hectolitres d'avoine, à	4 54	967 02	à 8 55	1,821 15
294 quint. de pommes de terre, à	2 14	629 16	à 4 05	1,190 70
654 — de betteraves, à......	1 22	797 88	à 1 44	941 76
4 hectol. et demi de pois, à .	20 »	90 »	à 20 »	90 »
385 quintaux de paille, à......	1 25	481 25	à 3 60	1,386 »
		10,592 81		17,304 66
Entretien des attelages et frais divers.		6,071 30		6,071 30
Totaux........		16,664 11		23,375 96

(1) La consommation réelle du fourrage n'a pas été de 1,627 quintaux admis dans les prix arbitraires, mais de 1,837 quintaux. — Même remarque à l'égard de l'avoine, dont la consommation réelle doit être portée de 213 hectolitres à 250.

AVOIR.

	PRIX ARBITRAIRE.		PRIX RÉEL.
	fr. c.	fr. c.	fr. c.
Poids vivant acquis par l'étable à 42 fr. 50 les 100 kil., 135 quint.	5,737 50		
Lait qui n'a pas été consommé pour l'élève, à 12 fr. le quintal (97 litres), 282 quintaux......	3,384 »	12,961 50	12,961 50
Poids acquis par la porcherie, à 60 fr. les 100 kil., 21 quint....	1,260 »		
1,290 journées de chevaux disponibles à 2 fr. par jour.........	2,580 »		
Solde débiteur....................		3,702 61	10,414 96
TOTAUX.............		16,664 11	23,376 46

	PRIX ARBITRAIRE.	PRIX RÉEL.
Fumier produit...........	710 tonnes	710 tonnes
Coût...................	10,414 fr. 96	3,702 fr. 60
D'où le prix de la tonne ...	14 87	5 20

Il va sans dire que le prix arbitraire est celui qui se fonde sur les denrées livrées au prix de revient, tandis que l'autre résulte des denrées estimées au prix de vente. Entre ces deux comptes, il y a un écart de 6,712 fr., qui explique pourquoi le fumier ressort dans un cas à 5 fr. 20 et à 14 fr. 87 dans l'autre.

Il n'est pas besoin d'ajouter que dans ces deux tableaux, la perte, qui varie de 3,702 fr. 60 à 10,730 fr. 80, représente la valeur du fumier de l'année. Or, la quantité produite étant de 710 tonnes, on trouve successivement 5 fr. 20 comme prix arbitraire, et 14 fr. 87 comme prix réel.

Je vous ai dit que le prix de 26 fr., auquel on était arrivé chez M. Schattenmann, était une exception.

En effet, la ferme dont il s'agit étant de fondation

récente, pour la mettre au régime d'une culture intensive on a dû acheter au dehors des quantités considérables de paille, en une année où elle était précisément fort chère. Cette réserve faite, on doit conclure des données qui précèdent que le prix réel du fumier est compris entre 15 et 20 fr. la tonne. Fixons-le à 15 fr.

Parlons maintenant du prix des engrais chimiques.

Il y a, avons-nous dit, dans 40,000 kilogrammes de fumier :

Azote	163 kil.
Acide phosphorique	75
Potasse	150
Chaux	321

Pour obtenir l'équivalent de cette fumure sous forme d'engrais chimiques, il faut recourir aux produits suivants :

	QUANTITÉS.	PRIX (1).	
Phosphate de chaux	600 kil.	96 fr.	»
Nitrate de potasse	320	198	40
Sulfate d'ammoniaque	560	252	»
Sulfate de chaux	850	17	»
		563	40

(1) Depuis l'année dernière le prix de certains produits s'est notablement élevé ; le sulfate d'ammoniaque qui se vendait 40 fr. les 100 kil. vaut aujourd'hui 47 fr. Le nitrate de potasse a passé de 62 fr. à 64 fr., et le nitrate de soude de 35 à 44 fr., mais ce n'est certainement là qu'une situation provisoire, attendu que l'élévation du prix des nitrates a été occasionnée par les tremblements de terre qui ont bouleversé les côtes du Pérou et jeté le trouble dans toutes les transactions commerciales de l'Europe avec l'Amérique du Sud.

Le prix du sulfate d'ammoniaque ne peut tarder lui-même à bais-

Soit 563 fr. pour l'équivalent de 40,000 kilogrammes de fumier.

Ce qui porte à 14 fr. 08 la quantité d'engrais chimiques pouvant tenir lieu d'une tonne de fumier, qui coûte au moins 15 fr.

Ainsi donc, à tous les avantages que nous leur avons déjà reconnus, les engrais chimiques joignent encore celui d'un prix plus réduit. Et il est bon de remarquer que la dose dont nous faisons l'équivalent de 40,000 kilogrammes de fumier contient en plus 20 kilogrammes d'acide phosphorique.

Quel ensemble de conclusions importantes! Avec les engrais chimiques, les rendements sont plus élevés qu'avec le fumier, et voilà qu'à égalité de richesse ils coûtent moins cher!

Le prix de 15 fr. la tonne que j'ai adopté pour le fumier, ne peut-il dans certains cas descendre plus

---

ser, car aux sources actuellement exploitées viendront s'ajouter dans un avenir prochain les volcans aqueux, dont l'importance, sous ce rapport, semble devoir prendre de très-grandes proportions. Ne pouvant suivre les fluctuations du prix des produits au jour le jour, nous avons adopté les prix suivants, à cause des éventualités de baisse que nous venons d'indiquer.

Phosphate acide de chaux............	16 fr. les 100 kil.
Nitrate de potasse	62 —
Nitrate de soude...............	35 —
Sulfate d'ammoniaque..............	45 —

A ce taux l'équivalent des 1,000 kil. de fumier de ferme revient à 14 fr. 08; au cours du jour il vaudrait 14 fr. 50, tandis qu'en 1867 son prix était de 13 fr. 50.

8.

bas? Je l'ignore. Je dirai tout de suite que je ne le crois pas. Cependant, n'ayant pas de parti pris, j'accueillerai avec reconnaissance toutes les rectifications sérieuses qu'on voudra bien m'adresser.

Mais là ne se bornent pas les avantages qui doivent résulter de l'emploi des engrais chimiques.

Faisons abstraction, pour un moment, de toute question de compte et de dépense, et voyons les conditions dans lesquelles se trouve l'agriculteur qui ne peut fumer ses terres qu'avec le fumier qu'il produit. Je prendrai la propriété de Bechelbronn comme exemple.

Cette propriété se compose de 110 hectares, dont 60, c'est-à-dire un peu plus de la moitié, sont en prairies. Au point de vue des traditions du passé, ce domaine est donc placé dans des conditions excellentes, puisqu'on fait à la production du fumier une part égale à celle des récoltes d'exportation.

Or, combien y produit-on de fumier, et combien la terre en reçoit-elle par hectare?

La production du fumier est de 710 tonnes par an, lesquelles, réparties sur 50 hectares de terre arable et 10 hectares de prairie haute, donnent en moyenne 11,833 kilogrammes, soit 12 tonnes par hectare et par an.

Mais une fumure annuelle de 12 tonnes de fumier est une fumure précaire. Vous le savez tous, Messieurs, cultiver dans de telles conditions, c'est cultiver pour ne rien gagner.

Vous en jugerez par les rendements mêmes qu'on obtient à Bechelbronn.

	RENDEMENT PAR HECTARE.
Froment......................	18 hectol.
Avoine.......................	32 —
Betteraves...................	26,000 kilogr.
Prairies.....................	4,515 —

A Bechelbronn, on ne fait donc que de la culture à petit rendement et à bénéfice réduit; cela est si vrai, qu'en fixant la rente du fonds à 3 p. 100, on obtient à grand'peine un bénéfice net de 3,300 fr.

Ainsi, voilà un domaine dont la valeur est de 330,000 fr., qui exige un fonds de roulement de 35,000 fr., et où, pour n'avoir employé que du fumier, malgré la haute intelligence qui a présidé à sa direction, on n'a obtenu que des résultats infiniment précaires. Remarquons, en effet, que si on assimilait la ferme de Bechelbronn à une exploitation industrielle, sur les 3,300 fr. de bénéfice net, il faudrait prélever le traitement d'un gérant, ce qui n'a pas été fait. Est-ce là une situation industrielle qu'on puisse donner comme exemple et qui soit en état de lutter contre l'importation étrangère?

Changeons ces conditions, et voyons ce qu'on pourrait faire à Bechelbronn au moyen des engrais chimiques.

Que l'on dépense de ce chef 120 fr. par hectare, soit 6,000 fr. en tout, voici ce qui arrivera :

Les rendements passeront de 18 hectolitres à 30, soit 12 hectolitres de bonification, c'est-à-dire contre une dépense de 120 fr., un excédant de récolte de 240 fr., non compris la paille. Réduisons, si vous voulez, le bénéfice d'un tiers, et fixons-le de 80 à 100 fr.

par hectare, il en résultera toujours ce fait important, qu'avec un surcroit de capital de 6,000 fr., on peut porter le bénéfice de l'exploitation de 3,300 fr. à 7,000 ou 8,000 fr. Veuillez remarquer que je mets ici tout au plus bas.

Ceci ne doit pas vous surprendre, Messieurs, maintenant que les avantages de la culture intensive vous sont familiers.

Encore une fois, à Bechelbronn, sans rien changer ni comme agencement, ni comme nature des cultures, et par le seul fait d'une avance de 120 fr. d'engrais chimiques par hectare, le bénéfice peut être triplé.

Voilà une démonstration saisissante, ce me semble, de la vérité de ce principe, qu'en agriculture il n'y a de bénéfice qu'avec des fumures abondantes, et que, vu l'impossibilité où l'on se trouve de produire assez de fumier pour obtenir des rendements intensifs, il faut forcément avoir recours à un supplément d'engrais chimique. C'est là une situation sur la gravité de laquelle il ne faut pas fermer les yeux, car l'importation étrangère en aurait bientôt démontré le péril.

Dira-t-on que cette proposition est contestable à raison de l'exemple que j'ai choisi, et qu'il y a des agriculteurs dont l'industrie est plus avancée, ceux, par exemple, qui ont annexé des distilleries ou des sucreries à leur exploitation, et pour lesquels une importation d'engrais n'est pas nécessaire?

Même dans ces conditions, la culture réduite à ses seules ressources ne peut fumer assez pour porter les rendements à la limite qui assure le profit.

M. Cavallier, dont la ferme a pour annexe une sucrerie, ne peut produire que 1,000 tonnes de fumier
par an, ce qui suffit à peine à l'entretien de 50 hectares, à raison de 50,000 kilogrammes de fumier tous
les deux ans. Eh bien! dans ces conditions, M. Cavallier n'obtient que de 35,000 à 40,000 kilogrammes de
betteraves par hectare, alors qu'avec l'engrais complet
il en a obtenu 59,600 kilogrammes l'année dernière.

Vous ne serez pas surpris si j'ajoute qu'en face de
tels résultats, M. Cavallier s'est décidé à régler l'économie de ses cultures sur l'emploi permanent des engrais chimiques.

La conclusion à laquelle je veux arriver est celle-
ci : dans la grande généralité des cas, le plus cher
de tous les engrais, c'est le fumier de ferme.

Lorsqu'on veut n'employer que le fumier comme
agent de fertilité, quoi qu'on fasse, la quantité dont
on dispose est insuffisante pour obtenir de grands
rendements; on reste dans les conditions de la culture à produits restreints, qui est en même temps
celle des profits précaires, et par cela même plus
éventuels.

Dans le passé, on avait érigé en axiome cette proposition : que pour faire de la bonne culture, il fallait de la prairie, du bétail et du fumier. — Or, je
prétends que cette proposition est à la fois une hérésie agricole et économique. Réfléchissez-y.

L'agriculteur qui n'emploie que du fumier épuise
sa terre. Car d'où vient le fumier? Du fonds. Le fumier ne répare donc pas, en réalité, les pertes de
phosphate de chaux, de potasse, de chaux et de ma-

tière azotée, que le domaine a subies par l'exportation d'une partie des récoltes. Lorsqu'on exporte de la viande, la perte est moindre que lorsqu'on exporte du grain, mais il y a toujours perte. Je le répète donc, cet axiome, dont on a fait jusqu'ici la base et comme le palladium de l'art agricole, n'est en réalité qu'un expédient. Il n'a sa raison d'être que dans le cas, très-exceptionnel, où la prairie est arrosée par un cours d'eau limoneux qui rend à la terre l'équivalent de ce qu'elle a perdu en agents de fertilité ; mais, je le répète, ce cas est si rare qu'il ne peut faire loi.

J'ai dit que la culture fondée uniquement sur l'emploi du fumier est aussi un non-sens économique. En effet, supposez le cas d'une terre médiocre, rendant sur le pied de 8 à 10 hectolitres de froment par hectare, calculez ce qu'il vous faudra de temps pour l'amener à en produire 25 ou 30 avec le fumier, et vous reculerez devant les sacrifices que cette amélioration entraînerait. Avec les engrais chimiques, le changement est immédiat, la progression soudaine, et le bénéfice immédiat aussi. Or, si nous remarquons qu'outre le bénéfice, on augmente, dès la première année, les ressources en paille, n'est-il pas évident qu'au lieu de faire d'abord de la viande pour avoir du blé, il y a un avantage manifeste à renverser l'ordre préconisé jusqu'ici et à commencer par faire du blé pour avoir un bénéfice d'abord, puis de la paille, et enfin du fumier. Je le répète donc, la terre ne cesse de s'épuiser que lorsqu'il y a réellement importation d'engrais, et la solution qui nous est imposée par la force des choses, c'est d'élever la fertilité du sol au moyen d'engrais composés artificiellement avec des produits existant à l'état de mine dans la nature, et qui semblent nous avoir été réservés pour réparer les déprédations du présent comme du passé, et nous préserver des désastres de l'avenir.

Il n'est donc pas exact de dire qu'avec du fumier et rien qu'avec du fumier on suffit à tout. Ce qui est vrai, c'est que pour obtenir sans délai de grands rendements, il n'y a qu'un moyen : c'est de recourir à une importation d'engrais artificiels et d'engrais chimiques de préférence à tous les autres, parce que ce sont les seuls dont la nature soit toujours rigoureusement définie et identique à elle-même, les seuls, par conséquent, sur lesquels la fraude ne puisse s'exercer, et jusqu'à présent, à mon avis, les plus économiques.

Essayez de ramener à leur prix réel les produits à qualifications retentissantes préconisés par certains marchands d'engrais, et vous les trouverez grevés d'un profit que l'usure la plus scandaleuse n'a jamais atteint (1).

Aujourd'hui que les éléments premiers de la fertilité nous sont connus, il ne peut plus être question de règles absolues s'imposant à nous au nom d'une tradition qui se rapporte à un état économique différent du nôtre. Aujourd'hui nous dominons les exigences de la culture, au lieu d'être dominés par elle.

Je ne puis que répéter ce que j'ai dit dans une autre enceinte :

---

(1) Voir ma deuxième réponse au *Journal de l'agriculture.*

« Les agriculteurs ne sont plus soumis à la nécessité de produire eux-mêmes leur fumier; ils se feront producteurs d'engrais si, tout compte fait, ils y ont leur avantage; mais s'ils trouvent plus profitable de recourir aux engrais chimiques, rien ne les en empêche; il n'y a plus là une question de bonne culture, mais une question de prix de revient (1). »

Lorsqu'on veut introduire dans un domaine ces nouvelles méthodes pour arriver au maximum de produits, il faut encore opérer un changement dont je ne vous ai rien dit jusqu'à présent, et dont il est nécessaire que je vous entretienne, attendu qu'il a pour résultat de rendre à la culture une partie importante des terres qui étaient affectées à la production du fourrage, sans porter cependant atteinte aux ressources dont on disposait à cet égard.

Le changement dont il s'agit consiste à substituer, autant que faire se peut, la luzerne à la prairie.

Je puis invoquer à cet égard deux témoignages également imposants, celui de M. Boussingault, qui reconnaît que les luzernières rendent plus que les prairies; et celui de M. Schattenmann, qui a fait avec de grands avantages la substitution dont je vous entretiens.

Qui ne voit que si, à Bechelbronn, la nourriture du bétail étant assurée, les ressources en paille accrues, 15 à 20 hectares de prairies sur les 50 qu'on y entretient devenaient disponibles, il en résulterait

____

(1) Conférence de la Sorbonne, 1866. — *La Crise agricole devant la science.*

certainement un accroissement considérable de revenu, surtout si l'on affectait cette partie du domaine à des cultures industrielles entretenues avec des engrais chimiques à hautes doses? C'est là un résultat d'autant plus important, qu'il peut être réalisé immédiatement avec un capital relativement très-faible.

Vous le voyez, Messieurs, il n'y a pas moyen d'échapper à cette conclusion, que je dois répéter encore : en agriculture, le grand profit est aux abondantes fumures; tout ce qui n'est pas bien fumé rapporte peu, et ce n'est que lorsqu'on passe des petits rendements aux rendements élevés que le bénéfice commence. Tous les efforts doivent donc tendre à fumer avec abondance.

Dans cet Entretien, j'ai posé en principe que les engrais chimiques dont j'avais d'abord étudié l'emploi exclusif peuvent être associés avec avantage au fumier de ferme, et je vous ai indiqué l'esprit qui doit présider à cette nouvelle application. Pour compléter ces premières indications, il me reste à reprendre les questions par le détail, et à vous indiquer les formules les plus convenables pour ce cas spécial.

Ce complément de nos premières études est d'autant plus nécessaire, que la production du fumier est, dans une certaine mesure, une nécessité à laquelle on ne peut se soustraire, dès qu'il s'agit d'exploitation d'une certaine importance.

Cette nouvelle étude fera l'objet de notre prochain Entretien.

SIXIÈME ENTRETIEN.

MESSIEURS,

Dans toute exploitation d'une certaine étendue, il est indispensable de recourir au travail des animaux; la culture à main d'homme, qui est le procédé caractéristique de la petite propriété, n'est possible, dès qu'on opère sur une échelle un peu importante, qu'à l'égard de certains produits d'un grand rapport, tels que la vigne, le houblon, le tabac, etc. ; je le répète donc, lorsqu'on entre dans le domaine de la culture agricole proprement dite, l'intervention des animaux étant une nécessité qui naît de la force des choses, on produit du fumier dont il faut absolument tirer parti et savoir régler l'emploi.

Je reprends donc la question au point où je l'ai laissée dans notre dernier Entretien, et pour compléter les notions générales que je vous ai présentées sur l'emploi mixte du fumier et des engrais chimiques, il me reste à vous indiquer les règles pratiques qu'on doit suivre en pareil cas.

Notre premier exemple a été un assolement de cinq ans, celui-là même qui est pratiqué à Bechelbronn et qui comprend, vous le savez, la rotation suivante :

1re année...............	Pommes de terre.
2e —...............	Froment.
3e —...............	Trèfle.
4e —...............	Froment.
5e —...............	Avoine.

A l'ouverture de l'assolement, la terre reçoit de 40 à 50,000 kilogrammes de fumier ; or, dans 50,000 kilogrammes de fumier, les quatre termes de l'engrais complet sont représentés par :

Azote.....................	206 kil.
Potasse	187
Acide phosphorique..........	111
Chaux	400

Remarquons qu'un tiers au moins de l'azote du fumier est perdu pour le sol, à cause de la décomposition préalable que le fumier doit subir pour manifester son action. On s'explique qu'avec une dose si faible d'engrais on n'obtienne que des rendements précaires. Pour changer cet état de choses et mettre la terre au régime de la culture intensive, il faut doubler au moins la dose des agents de fertilité, au moyen des engrais chimiques, et concentrer sur chaque plante celui des quatre termes de l'engrais complet qui remplit à son égard la fonction de *dominante*. Pour l'assolement qui nous occupe, je vous proposerai de répartir ainsi les engrais supplémentaires.

ASSOLEMENT DE CINQ ANS, COMPRENANT :

POMMES DE TERRE, FROMENT, TRÈFLE, FROMENT, AVOINE.

PREMIÈRE ANNÉE.

Pommes de terre.

	A L'HECTARE.		
	QUANTITÉS.	PRIX.	DÉPENSE.
Fumier	50,000ᵏ		Mémoire.
ENGRAIS INCOMPLET Nº 2..	500		
Soit :			
Phosphate acide de chaux.	200	32ᶠ »	
Nitrate de potasse........	100	62 »	} 98 fr. »
Sulfate de chaux	200	4 »	

DEUXIÈME ANNÉE.

Froment.

Sulfate d'ammoniaque....	200	90 »	90 »

TROISIÈME ANNÉE.

Trèfle.

ENGRAIS INCOMPLET Nº 2..	1,000ᵏ		
Soit :			
Phosphate acide de chaux.	400	64 »	
Nitrate de potasse........	200	124 »	} 196 »
Sulfate de chaux.........	400	8 »	

QUATRIÈME ANNÉE.

Froment.

Sulfate d'ammoniaque....	200	90 »	90 »

CINQUIÈME ANNÉE.

Avoine.

Sulfate d'ammoniaque....	300	135 »	135 »

DÉPENSE POUR CINQ ANS....... 609 fr. »

La dépense pour cinq ans étant de 609 fr., la dépense annuelle moyenne est de 121 fr. 80.

Avec le fumier tout seul, la pomme de terre rend 12,000 kilogrammes de tubercules par hectare, le froment 18 hectolitres de grains, l'avoine 30 hectolitres, le trèfle 5,000 kilogrammes de fourrage. Avec le surcroît d'engrais chimiques qui vient d'être indiqué, le rendement des pommes de terre s'élève à 20,000 kilog. au moins, celui du froment à 30 hectolitres, celui de l'avoine à 45 ou 50, et le trèfle ne donne pas moins de 8,000 kilog. de fourrage sec.

Si on devait remplacer la pomme de terre par la betterave, il faudrait substituer à l'engrais de la première année l'engrais suivant :

A L'HECTARE.

	QUANTITÉS.	PRIX.	DÉPENSE.
ENGRAIS COMPLET N° 2..........	600ᵏ		
Soit :			
Phosphate acide de chaux	200	32ᶠ »	
Nitrate de potasse............	100	62 »	149 fr. 50
Nitrate de soude	150	52 50	
Sulfate de chaux	150	3 »	

Les autres engrais restant d'ailleurs les mêmes, dans ces nouvelles conditions, la dépense pour les cinq années serait portée de 609 fr. à 660 fr. 50, ce qui mettrait la dépense annuelle en nombre rond à 132 fr. 10 au lieu de 121 fr. 80.

Mais tandis qu'avec le fumier seul le rendement des betteraves s'élève à grand'peine à 26,000 kilogrammes par hectare, avec le supplément d'engrais il se trouvera porté de 40,000 à 45,000 kilogrammes au moins.

Dans les régions favorables à la culture du colza et de la betterave, comme le département de la Somme, par exemple, la pratique trouve de grands avantages à faire précéder la betterave par une sole de colza, sur laquelle on concentre toute la fumure disponible; dans ces nouvelles conditions, la terre est mieux préparée pour les cultures de céréales qui suivent, et le fumier, parvenu à un état de décomposition plus avancé, contribue plus efficacement au succès des betteraves.

Si on modifiait dans ce sens l'assolement qui précède, voici comment on devrait répartir les engrais supplémentaires :

ASSOLEMENT DE CINQ ANS, COMPRENANT :

COLZA, BETTERAVES, FROMENT, TRÈFLE, FROMENT.

PREMIÈRE ANNÉE.

Colza.

A L'HECTARE.

	QUANTITÉS.	PRIX.		DÉPENSE.
Fumier..................	50,000ᵏ			Mémoire.
Sulfate d'ammoniaque....	300	135ᶠ	»	135 fr. »

DEUXIÈME ANNÉE.

Betteraves.

	QUANTITÉS.	PRIX.		DÉPENSE.
Cendres provenant de la combustion de la paille et des siliques de colza.	Mém.	Mém.		Mémoire.
ENGRAIS COMPLET INTENSIF Nº 2..................	800ᵏ			
Soit :				
Phosphate acide de chaux.	300	48ᶠ	»	
Nitrate de potasse........	200	124	»	227 fr. 50
Nitrate de soude........	150	52	50	
Sulfate de chaux........	150	3	»	
A reporter.............				362 fr. 50

TROISIÈME ANNÉE.

Froment.

A L'HECTARE.

	QUANTITÉS.	PRIX.	DÉPENSE.
Report			**362 fr. 50**
Sulfate d'ammoniaque	200	90 »	90 »

QUATRIÈME ANNÉE.

Trèfle.

Engrais incomplet N° 2 . . 1,000ᵏ

Soit :

Phosphate acide de chaux .	400	64 »	
Nitrate de potasse	200	124 »	} 196 »
Sulfate de chaux	400	8 »	

CINQUIÈME ANNÉE.

Froment.

Sulfate d'ammoniaque	200	90 »	90 »
DÉPENSE POUR CINQ ANS			738 fr. 50

La dépense étant cette fois de 738 fr. 50, pour les cinq années la dépense annuelle supplémentaire s'élèverait à 147 fr. 70. On pourrait toutefois remplacer le deuxième froment qui succède au trèfle par de l'avoine, et dans ce cas supprimer le sulfate d'ammoniaque prescrit pour la cinquième année, ce qui réduirait la dépense totale à 648 fr. 50 et la dépense annuelle à 129 fr. 70.

Je rapporterai comme dernier exemple un assolement de six ans, dans lequel les engrais chimiques, employés d'abord tout seuls, ne sont associés au fumier qu'à partir de la seconde année.

Voici d'abord la composition de l'assolement :

1ʳᵉ année................	Lin.
2ᵉ —	Betteraves.
3ᵉ —	Froment.
4ᵉ —	Colza.
5ᵉ —	Froment.
6ᵉ —	Avoine, seigle ou orge.

J'ai dit que la première année on ne doit employer que des engrais chimiques, parce que leur supériorité à l'égard du lin est maintenant un fait hors de contestation. Le lin, en effet, peut être placé, au point de vue qui nous occupe, entre le froment, qui exige, vous le savez, des fumures riches en azote, et les légumineuses qui ne réclament que la partie minérale de l'engrais. Il réussit donc mieux avec les engrais chimiques, parce que l'on peut alors réduire la proportion de l'azote sans porter atteinte à celle des minéraux. Je vous ai cité le résultat obtenu chez M. Chavée, dont la récolte a été vendue sur pied au prix de 920 fr. par hectare.

Je reviens à la formule des engrais :

ASSOLEMENT DE SIX ANS, COMPRENANT :

LIN, BETTERAVES, FROMENT, COLZA, FROMENT ; AVOINE, SEIGLE OU ORGE.

PREMIÈRE ANNÉE.

Lin.

A L'HECTARE.

	QUANTITÉS.	PRIX.	DÉPENSE.
ENGRAIS INCOMPLET Nᵒ 2..	1,000ᵏ		
Soit :			
Phosphate acide de chaux.	400	64ᶠ »	
Nitrate de potasse.........	200	124 »	} 196 fr. »
Sulfate de chaux ;.........	400	8 »	
A reporter...............			**196 fr.** »

9.

DEUXIÈME ANNÉE.

Betteraves.

A L'HECTARE.

	QUANTITÉS.	PRIX.		DÉPENSE.
Report..............				**196 fr.** »
Fumier répandu en autom^ne	50,000^k	Mém.		Mémoire.

Au printemps :

ENGRAIS COMPLET N° 2 *bis*.   650

   Soit :

Phosphate acide de chaux.	200	32^f	»	
Nitrate de potasse.........	100	62	»	167 fr. »
Nitrate de soude	200	70	»	
Sulfate de chaux	150	3	»	

TROISIÈME ANNÉE.

Froment.

Sulfate d'ammoniaque....	300	135	»	135 »

QUATRIÈME ANNÉE.

Colza.

ENGRAIS COMPLET N° 6 ....   1,300^k

   Soit :

Phosphate acide de chaux.	400	64	»	
Nitrate de potasse.........	120	74 40		326 »
Sulfate d'ammoniaque....	400	180	»	
Sulfate de chaux	380	7 60		

CINQUIÈME ANNÉE.

Froment.

Cendres de paille et de sili-ques de colza enterrées par un premier labour..	Mém.	Mém.		Mémoire.
Sulfate d'ammoniaque....	300^k	135^f	»	135 fr. »

SIXIÈME ANNÉE.

Avoine, Orge ou Seigle.

Sulfate d'ammoniaque....	200	90	»	90 »

DÉPENSE TOTALE........	1,049 fr. »
— PAR AN........	174 83

Ici la dépense est plus élevée, mais ayez égard aussi à la nature et à la valeur des produits. En mettant les choses au plus bas, je crois qu'en moyenne le produit brut de la récolte ne doit pas s'éloigner de 1,000 à 1,100 fr. par hectare.

Je pourrais multiplier les exemples, vous citer d'autres assolements; mais comme ils rentreraient tous dans les mêmes règles et se déduiraient des mêmes principes, il me paraît préférable de vous rappeler ces principes et ces règles, ce qui vous permettra de substituer votre initiative à la mienne, et d'arrêter vous-mêmes la formule et la dose de vos engrais.

Je l'ai dit à plusieurs reprises, il faut que je le répète encore : le fumier doit ses bons effets à l'azote, au phosphate de chaux, à la potasse et à la chaux qu'il contient.

Car si l'on opère côte à côte avec du fumier et avec un mélange de ces quatre corps, à richesse égale les rendements obtenus avec les engrais chimiques l'emportent presque toujours sur ceux du fumier.

Je vous ai dit en outre, et je dois également le répéter, que chaque terme de l'engrais complet remplit une fonction prédominante ou subordonnée à l'égard des trois autres, suivant la nature des plantes que l'on cultive. Ainsi l'azote, qui est la dominante du froment, descend au rang d'agent subordonné à l'égard des légumineuses, etc. Mais, et c'est ici un point essentiel sur lequel je dois insister, les dominantes ne manifestent leur action qu'à la condition expresse que le sol soit pourvu, dans une certaine mesure, des trois autres termes de l'engrais complet.

La matière azotée est la dominante du froment et du colza. Et pourtant, dans un sol de sable pur, la matière azotée seule ne produit presque pas d'effet; mais ajoutez les minéraux au sable, la matière azotée imprime à la végétation une activité qui tient du prodige, et, jusqu'à une certaine limite, le rendement correspond à la proportion d'azote employé.

Cela étant, vous allez comprendre quel est le rôle du fumier dans le système des fumures mixtes. Par sa nature et par sa masse, il agit nécessairement avec lenteur, attendu que son action est subordonnée à la décomposition préalable de la partie hydro-carbonée qui en forme les 95 centièmes. Dans ces conditions le fumier devient l'équivalent d'un fonds de richesse acquise. Avec le fumier tout seul, les grands rendements sont impossibles, parce que la somme des agents assimilables disponibles n'est jamais assez élevée. Mais que l'on ajoute annuellement au fumier la dominante que réclame chaque culture, et aussitôt les rendements et les bénéfices atteignent leur limite la plus élevée. Et maintenant, si je rappelle que la matière azotée est la dominante du froment, du colza et de la betterave; la potasse, celle des légumineuses; le phosphate de chaux, celle des navets; que les minéraux sans azote donnent les rendements les plus élevés avec la luzerne; que les minéraux additionnés d'un peu d'azote conviennent de préférence au lin et à la pomme de terre : non seulement vous apercevez les règles qui m'ont dirigé dans les indications qui précèdent, mais vous pouvez à leur aide combiner les successions de cultures les mieux appropriées aux conditions dans lesquelles vous êtes placés.

Ce n'est pas tout encore : pour que la solution du problème de la production agricole soit vraiment complète, il ne suffit pas de connaître les agents qui sont la source de la fertilité; il faut être sûr que leur emploi n'est pas une cause de dépérissement pour le sol, et qu'en fin de compte ils ne lui prennent pas plus qu'ils ne lui rendent.

Afin d'apporter à l'examen de cette question un caractère de rigueur, de précision et en même temps de généralité qui rendent mes conclusions sans appel et applicables à tous les cas possibles, je les formule en ces termes :

PEUT-ON CULTIVER INDÉFINIMENT LA MÊME TERRE AVEC DES ENGRAIS CHIMIQUES, ET TOUJOURS AVEC LE MÊME SUCCÈS ? MA RÉPONSE EST ABSOLUE. — OUI, CELA SE PEUT, MAIS A DEUX CONDITIONS TOUTEFOIS :

1º Rendre à la terre par les engrais plus de phosphate de chaux, plus de potasse, plus de chaux que les récoltes ne lui en ont pris ;

2º Lui rendre environ 50 p. 100 de l'azote des récoltes. Je dis environ, parce que cette proportion n'a rien d'absolu, attendu qu'il y a des plantes qui en demandent moins, et d'autres même qui peuvent s'en passer complètement.

Ici une première question se présente : Pourquoi plus de minéraux, et moins ou point d'azote ? Pourquoi ? Mais vous avez déjà répondu. Parce qu'une partie de l'azote des végétaux vient de l'air, et qu'il y en a même qui le puisent plus particulièrement à cette source. A l'égard de l'azote, la quantité qu'il faut rendre au sol varie suivant les plantes entre 0 et 50 p. 100. S'agit-il des légumineuses, c'est 0 ; passe-t-on au froment, c'est 50 p. 100.

A l'égard du phosphate de chaux, de la potasse et de la chaux, il faut que la restitution excède ce que la terre a perdu, parce que c'est exclusivement dans le sol que les végétaux les puisent, et qu'on doit non seulement compenser les pertes que chaque récolte détermine, mais encore parer à celles qui résultent de l'action dissolvante des eaux pluviales.

Examinons si les formules d'engrais que j'ai prescrites satisfont aux deux conditions que je viens de vous indiquer.

Je vous ai dit dans notre dernier Entretien qu'on pouvait cultiver indéfiniment le froment sur la même terre, à la condition de lui en fournir en quatre ans les doses suivantes d'engrais ainsi réparties :

ASSOLEMENT DE QUATRE ANS, EN BLÉ.

PREMIÈRE ANNÉE.

BLÉ.

A L'HECTARE.

	QUANTITÉS.	PRIX.	DÉPENSE.
ENGRAIS COMPLET Nº 1 ...	1.200ᵏ		
Soit :			
Phosphate acide de chaux.	400	64ᶠ »	
Nitrate de potasse........	200	124 »	307 fr. 50
Sulfate d'ammoniaque	250	112 50	
Sulfate de chaux.........	350	7 »	
A reporter....................			307 fr. 50

DEUXIÈME ANNÉE.

Blé.

A L'HECTARE.

	QUANTITÉS.	PRIX.		DÉPENSE.	
Report......................				**307 fr. 50**	
Sulfate d'ammoniaque....	300	135	»	135	»

TROISIÈME ANNÉE.

Blé.

ENGRAIS COMPLET Nº 1 ... 1,200ᵏ

Soit :

Phosphate acide de chaux.	400	64	»		
Nitrate de potasse........	200	124	»	307	50
Sulfate d'ammoniaque	250	112	50		
Sulfate de chaux	350	7	»		

QUATRIÈME ANNÉE.

Blé.

	QUANTITÉS.	PRIX.		DÉPENSE.	
Sulfate d'ammoniaque....	300	135	»	135	»
DÉPENSE TOTALE............				885 fr.	»

C'est-à-dire :

Azote 272 kil. équivalant dans la récolte à..	544 kil.
Acide phosphorique......................	120
Potasse	186
Chaux.................................	288

Au moyen de ces doses renouvelées tous les quatre ans, on obtient très-aisément quatre récoltes de 30 à 35 hectolitres et de 5,000 kilogrammes de paille chacune par hectare.

Or, si nous faisons la balance de ce que l'engrais a fourni à la terre et de ce que les quatre récoltes lui prennent, nous trouvons qu'elle se solde, à l'égard de tous les termes de l'engrais, par un excédant en faveur du sol.

	ENGRAIS.	RÉCOLTE.	PERTE POUR LE SOL.	GAIN POUR LE SOL.
Azote 272 kil. équivalant à.	544 kil.	472 kil.	»	72 kil.
Acide phosphorique........	120	98	»	22
Potasse	186	112	»	74
Chaux...................	288	48	»	240

Vous le voyez, Messieurs, la balance se clot par un excédant général en faveur de l'engrais. En présence de ces chiffres on peut donc dire avec certitude que l'emploi des engrais chimiques n'a rien à redouter de l'avenir.

Mes expériences dans le sable calciné, confirmées par les cultures du champ de Vincennes, qui remontent maintenant à plus de huit années, me semblent mettre cette conclusion à l'abri de toute contestation possible.

Dans l'exemple qui précède, j'ai admis à dessein que la totalité de la récolte, paille et grains, était perdue pour le domaine ; j'ai admis en outre que la terre était cultivée à main d'homme. Par cette double supposition la démonstration se trouve portée à l'extrême. Il est vrai que cette situation si regrettable, on la trouve en France chez les petits cultivateurs, qui manquent presque complétement de fumier, et qui, par l'étendue des intérêts qu'ils représentent, affectent très-péniblement la fortune publique.

Je passe maintenant au cas d'une culture alterne de colza et de froment, et je suppose encore que tout sera vendu, paille et grains ; l'engrais comprendra pour les quatre années (1) :

Azote 344 kil. équivalant dans la récolte à..	622 kil.
Acide phosphorique..........................	120
Potasse....................................	112
Chaux.....................................	312

Les quatre récoltes de froment et de colza contiennent (2) :

Azote......................................	590 kil.
Acide phosphorique..........................	134
Potasse....................................	269
Chaux.....................................	281

Cette fois, si nous faisons la balance, un fait grave

-----

(1) Je rappelle la succession des engrais.

		À L'HECTARE		
		QUANTITÉS.	PRIX.	DÉPENSE.
1re ANNÉE. Colza.	Phosphate acide de chaux.....	400 k.	64 f. »	326 f. »
	Nitrate de potasse............	120	74 40	
	Sulfate d'ammoniaque.........	400	180 »	
	Sulfate de chaux.............	380	7 60	
2e ANNÉE. Blé.	Sulfate d'ammoniaque.........	300	135 »	135 »
	Cendres des pailles et siliques de colza.................		Mémoire.	Mémoire.
	DÉPENSE TOTALE...........			461 f. »
	PAR AN..............			230 50

(2) Voici la décomposition de ces récoltes :

		AZOTE.	ACIDE PHOSPHORIQUE	POTASSE.	CHAUX.
TROIS RÉCOLTES DE COLZA.	Paille..	10,328k.	107k.40	15k.90	33k.14	98k.62
	Siliques.	4,608	50 88	9 58	147 04	143 52
	Grains..	4,678	195 96	60 14	33 34	15 20
DEUX RÉCOLTES DE FROMENT.	Paille...	8,750	71 66	10 32	27 64	18 36
	Déchets.	1,400	14 16	2 64	1 98	2 72
	Grains..	5,306	450 40	36 08	26 62	2 70
	TOTAUX.......	590k.16	134k.66	209k.76	281k.12

nous frappe; la terre est décidément en perte sur deux points : la potasse et l'acide phosphorique.

	ENGRAIS.	RÉCOLTES	PERTE POUR LE SOL.	GAIN POUR LE SOL.
Azote	622 kil.	590 kil.	»	32 kil.
Acide phosphorique	120	134	14 kil.	
Potasse	112	269	157	
Chaux	312	281	»	31

Il n'y a point ici à se faire illusion, la terre est décidément en déficit, les engrais proposés sont insuffisants, et leur emploi trop prolongé finirait par porter atteinte à la fertilité du sol. Et pourtant, dans la réalité, ces engrais suffisent, et la terre ne s'épuise pas. Ces faits, en apparence contradictoires, sont faciles à concilier.

Pour simplifier la discussion, j'ai admis que la culture précédente était faite à main d'homme, et que tout était vendu, paille et grains; mais, Messieurs, vous n'ignorez pas que si la paille de froment est, dans certains cas, d'un écoulement facile, il n'en est pas de même de la paille et des siliques de colza, qui n'ont pas un cours commercial et dont il serait souvent à peu près impossible de tirer aucun parti. Dans cette situation, il est naturel de leur chercher un emploi. Supposons qu'on les brûle, et qu'on répande sur le sol les cendres provenant de leur combustion. La terre récupérera ainsi en potasse et en acide phosphorique plus qu'il ne faut pour compenser notre déficit de tout à l'heure.

Cette restitution a donc pour conséquence immédiate de changer le sens de la balance. La terre était en perte, et maintenant, au contraire, elle reçoit un excédant.

Pour vous montrer combien les résidus de récolte sans valeur commerciale peuvent dans la pratique en acquérir une importante comme source de fertilité, permettez-moi de replacer sous vos yeux la composition de deux récoltes de colza, et de refaire notre balance de tout à l'heure, dans la supposition que la paille et les siliques ont été brûlées sur le sol, et qu'on n'exporte que la graine.

COMPOSITION DE DEUX RÉCOLTES DE COLZA.

	RÉCOLTES.	AZOTE.	ACIDE PHOSPHO-RIQUE.	POTASSE.	CHAUX.
DEUX RÉCOLTES DE COLZA. Paille . .	10,328k.	107k.40	15k.90	33k.14	98k.62
Siliques.	4,608	50 88	9 58	147 04	143 52
Grains .	4,678	195 96	60 14	33 34	15 20

BALANCE RECTIFIÉE PAR LA COMBUSTION DES PAILLES ET DES SILIQUES DE COLZA.

	ENGRAIS.	EXPORTÉ PAR LES RÉCOLTES.	PERTE POUR LE SOL.	GAIN POUR LE SOL.
Azote..................	622 kil.	590 kil.	»	32 kil.
Acide phosphorique....	120	109	»	11
Potasse...............	112	89	»	23
Chaux.................	312	38	»	274

Ce nouvel exemple nous montre, Messieurs, la nécessité, lorsqu'on fait le décompte d'une rotation, de ne considérer comme perdus pour le sol que les produits réellement exportés ; les résidus qui vont au fumier et retournent à la terre ne peuvent être compris dans cette catégorie.

Il peut se présenter un troisième cas, toujours en

dehors de l'intervention des animaux : c'est celui où le petit producteur, placé loin d'un chemin de fer ou d'une ville, ne trouverait pas plus à vendre la paille de froment que la paille de colza. Qu'en fera-t-il ?

Il a le choix entre deux partis : il peut brûler les pailles de blé comme celles de colza, ou les transformer en véritable fumier en faisant pourrir les unes et les autres.

Si on dispose par couches horizontales la paille de froment et la paille de colza, et qu'on arrose le tas avec de l'eau dans laquelle on a délayé et laissé croupir quelques centaines de kilogrammes de tourteaux de colza, ce liquide, agissant comme l'urine dans la préparation du fumier, détermine très-rapidement la décomposition de la masse entière ; au bout de trois ou quatre jours, les pailles s'échauffent au centre du tas, la température s'élève à 50 ou 60°, et en moins de quinze à vingt jours, la désagrégation de la fibre ligneuse est complète, les pailles ont perdu leurs textures, elles ont passé à un état semi-pâteux, voisin de celui du fumier.

Lequel de ces deux procédés est le meilleur ? Par la putréfaction on évite une perte d'azote importante, mais on a plus de frais de main-d'œuvre, à cause du transport des pailles, de la préparation du fumier et de son épandage ; par la combustion on évite ces frais, mais on perd l'azote, auquel on est tenu de suppléer par un apport de sulfate d'ammoniaque ou de nitrate de soude.

Je le répète, entre ces deux procédés, pour moi, le choix est indifférent ; dans la pratique ils s'équivalent; c'est la dépense seule qui doit déterminer nos préférences.

Si nous passons au cas plus général où le travail des champs se fait par les animaux et où la production du fumier devient une nécessité à laquelle on ne peut se soustraire, le problème reste le même, et les règles qui nous ont dirigé continuent à lui être applicables.

En effet, quelle est la nature du fumier? Son origine vous le dit assez. Ce sont des produits végétaux modifiés par la digestion animale ; le fumier, comme les résidus de récoltes, tire sa valeur de l'azote, du phosphate, de la potasse et de la chaux qu'il contient.

Je ne vous présenterai donc pas en détail la balance des assolements où le fumier est associé aux engrais chimiques, parce que l'importance des pertes réellement subies par le sol dépend alors de la part variable que l'on fait à l'exportation des produits végétaux et à l'élève du bétail ; mais, afin de vous donner le moyen de faire vous-mêmes ce compte, nécessaire dans toute exploitation bien dirigée, j'ai réuni dans un tableau la composition moyenne du fumier et celle de toutes les récoltes comprises dans les assolements que je vous ai indiqués, de telle sorte que tout le travail se réduit à quelques multiplications. (Voy. à l'Appendice.)

Envisageons maintenant la question des engrais chimiques sous le rapport financier, et prenons, comme premier exemple, le cas d'une culture au moyen des engrais chimiques seuls.

Rien n'est variable comme un compte de culture : tout l'affecte : la vicinalité, l'abondance, la rareté de la main-d'œuvre et le régime agricole lui-même. Il est impossible de présenter un pareil compte sans s'exposer à toute sorte d'objections, que chacun tire de sa situation particulière. Pour échapper à cet inconvénient dans les appréciations qui vont suivre, je me bornerai à mettre en regard le prix de l'engrais et la valeur de la récolte, laissant à chacun le soin de tirer de ce parallèle les conclusions qui s'appliquent à sa situation personnelle.

Le rendement étant de 31 hectolitres de grains et de 5,000 kilogrammes de paille, si l'on fixe le prix du grain à 20 fr. l'hectolitre, et celui de la paille à 35 fr. les 1,000 kilogrammes, la récolte représente une valeur de 795 fr.

ci. . . . . 795 fr.
Contre une dépense annuelle d'engrais
de. 221
                    Excédant de produit. . . . 574 fr.

Vous me direz peut-être que dans cette évaluation, je n'ai pas compris les frais de transport de l'engrais. L'observation est juste. Ajoutons donc de ce chef une somme de 30 fr.; l'excédant en faveur de la récolte restera de 544 fr. pour couvrir le loyer du sol, les impôts, les frais de culture et les intérêts du capital engagé.

Je vais examiner une seconde hypothèse, qui s'applique surtout à la moyenne et à la grande culture : celle d'une exploitation dirigée d'après les anciennes traditions, mais dont les rendements sont faibles, et que l'on veut faire passer au régime de la culture intensive et des grands rendements avec le moindre capital possible. Afin de donner plus de précision à tout ce qui va suivre, je prendrai encore une fois le domaine de Bechelbronn comme exemple.

Là, on n'emploie que du fumier, et sur les 110 hectares qui composent le domaine, 60 sont affectés à la prairie et 50 seulement à la culture proprement dite. La somme des produits bruts est par année de 20,360 fr., obtenus à l'aide d'un fonds de roulement de 35,000 fr.

Voici le résumé de cette production :

CULTURE AVEC FUMIER SEULEMENT (1).

	HECTARES EN CULTURE.	RENDEMENT PAR HECTARE.	RENDEMENT TOTAL.	PRODUIT PAR HECTARE.	PRODUIT TOTAL.
Pommes de terre.	7	12.230 kil.	85,610 kil.	550 fr.	3,850 f.
Betteraves........	3	26,347	79,041	422	1,264
Froment (grains).	20	18 hect. 50	374 hect.	361	7,220
—— (paille).	»	3,214 kil.	64,880 kil.	81	1,622
Trèfle...........	10	5,805	58,050	319	3,190
Avoine (grains)..	10	31 hect.	310 hect.	304	2,940
—— (paille)...	»	1,874 kil.	18,740 kil	37	374
PRODUCTION TOTALE............					20,460 f.

<hr>

(1) Voici les prix fixés dans ce compte par M. Boussingault :

Pommes de terre.	45 fr.	»	les 1,000 kil.
Betteraves	16	»	——
Trèfle	55	»	——
Paille de froment. . . . , . . .	25	»	——
Paille d'avoine	20	»	——
Froment	20 f.	»	l'hectolitre.
Avoine.	9	50	——

Or, moyennant un surcroît d'engrais de 120 fr. par hectare, la somme des produits bruts serait portée de 20,460 à 31,345 fr., laissant un bénéfice de 8,185 fr., au lieu de 3,300 fr.

CULTURE AU RÉGIME MIXTE DU FUMIER ET DES ENGRAIS CHIMIQUES.

	HECTARES EN CULTURE.	RENDEMENT		PRODUIT	
		PAR HECTARE.	TOTAL.	PAR HECTARE.	TOTAL.
Pommes de terre .	7	20,000 kil.	140,000 kil.	900 f.	6,300 f.
Betteraves	3	40,000	120,000	640	1,920
Froment (grains).	20	30 hect.	600 hect.	585	11,700
— (paille) .	»	4,500 kil.	90,000 kil.	112	2,250
Trèfle	10	8,000	80,000	440	4,400
Avoine (grains) ..	10	45 hect.	450 hect.	427	4,275
— (paille) ...	»	2,500 kil.	25,000 kil.	50	500
PRODUCTION TOTALE.........					31,345 f.

Produits bruts par le régime mixte du fumier et des engrais chimiques ..	31,345 fr.
Produits bruts avec le fumier seulement	20,460
Différence en faveur du 1er système.	10,885 fr.

10,885 fr. d'excédant de produit contre un excédant de dépense de 6,000 fr.; le profit est de 100 p. 100. Le fonds de roulement était, à l'origine, de 35,000 fr.; il aura suffi de le porter à 44,000 fr. pour tripler le bénéfice.

Je n'ai pas besoin d'ajouter que dans les deux cas les prix de vente sont les mêmes; j'ai admis sans changement ceux que M. Boussingault a pris pour base de ses évaluations (1).

(1) On m'apprend que Bechelbronn a été divisée en deux exploitations distinctes; tout ce qui précède est antérieur à cette division et se rapporte à l'époque où M. Boussingault en dirigeait l'exploitation.

Ce résultat est-il un maximum? Bien loin de là; j'ai fixé les rendements à 20 p. 100 au moins au-dessous de la réalité. Voici, en effet, ceux obtenus depuis trois ans par M. Lavaux à la ferme de Choisy-le-Temple (Seine-et-Marne) :

		RENDEMENTS A L'HECTARE.
1865.	Blé	40 hectolitres.
1866.	Colza	35 —
1867.	Blé de mars	34 —
1867.	Betteraves	60,000 kil.

Le surcroît de bénéfice réalisé sur les 50 hectares qui forment la culture de Bechelbronn n'est pas le seul avantage qu'on puisse retirer des engrais chimiques.

Sur les 110 hectares dont le domaine se compose, pour produire le fumier on doit en affecter 60 à des prairies, dont le rendement moyen ne dépasse guère 4,000 à 5,000 kilogrammes de foin par hectare.

Au moyen d'une formule appropriée, on pourrait porter aisément ce rendement à 8,000 kilogrammes, ce qui rendrait disponibles, sans aucune diminution de produits, 15 ou 20 hectares, qu'on pourrait affecter à des cultures industrielles.

Vous savez que le résultat serait plus sûrement atteint en remplaçant les prairies par des luzernières.

L'emploi des engrais chimiques, dans le cas qui nous occupe, se traduit donc par deux résultats également avantageux : accroître le rendement de toutes les cultures; réduire la surface affectée à la production du bétail sans diminuer le nombre des animaux, ou élever ce nombre, si on aime mieux, de 30 p. 100 au moins.

Lorsque l'agriculture n'avait aucune notion positive sur les véritables agents de la fertilité, qu'elle devait faire marcher en quelque sorte de front la production du fumier et celle des céréales, et tirer tous les engrais de son propre fonds, elle ne pouvait faire à la prairie une part inférieure à la moitié de la surface totale, sans épuiser le sol et se condamner à une ruine à peu près inévitable.

Dans l'économie de ce régime, la prairie avait pour destination principale de puiser dans l'air l'azote que les céréales doivent trouver dans le sol, et les animaux n'étant qu'un moyen de préparer le fumier, on confondait dans un tout homogène le foin de la prairie et les pailles des céréales qu'on ne pouvait pas vendre.

Avec les engrais chimiques, le problème agricole se simplifie et devient susceptible d'une solution plus indépendante. Il ne peut plus être question de règle absolue. La maxime : Faites de la prairie et du bétail pour avoir des céréales, perd le caractère d'axiome qu'on lui avait donné; j'ajouterai qu'aujourd'hui cet axiome serait un non-sens agricole et une hérésie économique, attendu qu'avec du fumier seulement les rendements sont toujours faibles, et que le blé revient à 18 fr. l'hectolitre au moins, prix auquel il n'est pas rémunérateur. Je dis donc que cet axiome a perdu son caractère de nécessité imposée à la culture.

Et je répète ce que vous savez d'ailleurs, que du

moment que les véritables agents de la fertilité nous sont connus, on n'est tenu à faire du fumier que si on y trouve son profit, et que dans le cas contraire, la solution est toute prête : employer des engrais chimiques. Il n'y a plus là une question de culture, mais simplement une question de dépense et de prix de revient.

La nécessité imposée à l'agriculteur n'est pas de faire du fumier, mais de fumer plus abondamment que par le passé, à quelque agent qu'il ait recours, au fumier, aux engrais chimiques, employés séparément ou simultanément; mais dans tous les cas, deux règles sont à observer : vous les connaissez; cependant comme elles résument le dernier mot de la science agricole, je me crois obligé de vous les rappeler :

1º Rendre à la terre plus de phosphate, plus de potasse et de chaux que les récoltes ne lui en font perdre;

2º Lui rendre environ 50 p. 100 de l'azote qu'elles contiennent.

Vous voyez maintenant en quoi les nouveaux procédés diffèrent des anciens.

Dans le passé, vous étiez sous l'empire d'une loi qui vous dominait; vous étiez forcé de faire à la prairie et aux animaux une part destinée à maintenir l'équilibre entre la sortie et l'entrée des agents de fertilité.

Dans le passé, la matière azotée avait la prairie pour unique origine; la potasse, les phosphates et la chaux provenaient de la prairie, des litières, ou d'amendements faits à tâtons et sans règle précise.

Dans le passé, où la prairie était l'unique source du fumier, les rendements étaient nécessairement peu élevés, parce que, dans ce cas, les ressources en engrais sont toujours insuffisantes. Ainsi, on ne dépassait pas pour le froment 18 à 20 hectolitres à l'hectare ; pour les pommes de terre, 10 à 12,000 kilogrammes ; pour les betteraves, 30,000 kilogrammes. Or, dans ces conditions, l'agriculture est devenue impossible.

Aujourd'hui, il n'y a plus qu'une seule chose qui nous domine, et encore! la nécessité d'entretenir des bêtes de trait pour préparer le sol et exécuter les transports. En dehors de cette nécessité, nous possédons une liberté d'action sans limite ; nous ne ferons de la viande et du fumier que si, tout compte fait, nous y trouvons notre avantage.

Et lorsque nous prendrons ce dernier parti, nous pourrons, sur une surface relativement restreinte, produire plus de viande qu'autrefois, parce que nous pouvons élever le rendement des prairies comme celui des autres cultures.

Nous sommes soumis, cela va sans dire, à la nécessité de rendre au sol plus que nous ne lui avons pris ; mais l'observation de cette loi ne nous impose plus l'obligation de produire du fumier au-delà de ce qui est conforme à nos intérêts. Nous pouvons y satisfaire à l'aide d'engrais étrangers, dont la nature et la qualité n'ont plus rien d'indéterminé et peuvent être réglés avec une certitude complète.

Pour quiconque réfléchit, pour quiconque cherche à comprendre les problèmes qui agitent notre temps,

il n'est pas bien difficile d'apercevoir la solidarité
qui existe entre les grands intérêts de notre pays et
la question que nous cherchons à résoudre en ce
moment. A une époque où les voies de communication n'avaient pas le développement qu'elles ont acquis, les marchés intérieurs offraient aux produits
agricoles des débouchés assurés et faciles; mais aujourd'hui, avec la liberté du commerce et la facilité
des moyens de transport, les agriculteurs sont appelés à lutter sur nos propres marchés avec le monde
entier. Pour que la lutte soit possible et fructueuse,
il faut absolument que les rendements de toutes les
cultures soient poussés à leur limite la plus élevée.
Par les procédés anciens, ce résultat est impossible,
à moins de changer l'économie de notre régime agricole, ce qui ne peut s'improviser, et ce qui exigerait
d'ailleurs un capital tellement formidable qu'il n'y
faut pas songer.

Avec les engrais chimiques, la question est tout
autre. Elle se réduit à cette simple proposition.
Ajouter pour 120 fr. d'engrais par hectare aux ressources de fumier dont on dispose, dépenser de 180
à 200 fr. si on n'a pas de fumier, et le résultat se
traduit par un excédant immédiat de récolte, dont la
valeur représente deux fois l'excédant de dépense
qu'il a occasionné. Il n'y a pas de doute ni d'objection
à élever contre cette proposition. C'est un fait.

Puissent donc les méthodes que le champ de Vincennes a eu pour destination de faire connaître recevoir une application de plus en plus générale! J'appelle sur elles le contrôle le plus sévère de la pra-

tique; et si les progrès que j'attends de ce contrôle devaient faire oublier mes propres efforts, je m'en consolerais sans trop de tristesse, persuadé que notre pays doit retirer de l'application de ces nouvelles méthodes un surcroît incalculable de richesse et de prospérité.

JUSTIFICATION PAR LA PRATIQUE

DES FAITS ET DES LOIS QUI VIENNENT D'ÊTRE EXPOSÉS.

J'emprunterai aux résultats de la campagne de 1867 quelques témoignages qui méritent d'être conservés. Les uns se rapportent aux conditions de la culture la plus intensive, alors que les autres appartiennent à la culture à mi-fruit. Ici la terre est louée de 30 à 50 fr. l'hectare, et là de 100 à 120 fr. Dans toutes ces conditions, l'emploi des engrais chimiques s'est traduit par un bénéfice qui, dans le cas le plus défavorable, a doublé la rente du propriétaire.

Les exemples dont il s'agit auront, en outre, le mérite de montrer le chemin qu'ont fait depuis deux ans les idées que nous défendons.

J'emprunte les deux premiers documents au *Journal des fabricants de sucre*, excellent recueil qui se recommande autant par son indépendance contre le joug des coteries que par le rare mérite de sa rédaction.

DE LA CULTURE

AU MOYEN DES ENGRAIS CHIMIQUES.

I

LE FROMENT.

Mes expériences ont porté sur trois hectares divisés en trois champs séparés, d'un hectare chacun.

Le premier avait reçu, au printemps de 1866 :

650 kilogrammes de sulfate d'ammoniaque, ou

136 kilogrammes d'azote ;

200 kilogrammes de phosphate de chaux réel à l'état de phosphate acide ;

136 kilogrammes de potasse épurée (200 kilogrammes carbonate de potasse) ;

200 kilogrammes de chaux.

Semé en betteraves, il a produit, en 1866, 59,640 kilogrammes de racines décolletées.

Le deuxième champ avait reçu aussi, au printemps de 1866, le même engrais, à part la dose de sulfate d'ammoniaque qui avait été réduite à

400 kilogrammes,
ou 84 kil. d'azote.

Le rendement en betteraves de ce champ a été de 47,325 kilogrammes de racines.

Enfin, le troisième champ a reçu, à l'automne de 1866 :

300 kilogrammes de phosphate acide de chaux ;

300 kilogrammes de sulfate d'ammoniaque, ou

 63 kilogrammes d'azote ;

200 kilogrammes de sulfate de chaux.

M. Georges Ville, consulté par moi, pour me faciliter le moyen d'obtenir un rendement maximum, m'avait conseillé, au cas où cela serait nécessaire, l'addition d'une certaine quantité d'engrais incomplet sur les deux premiers hectares. Après une sorte d'hésitation provoquée par le magnifique aspect de la plante au sortir de l'hiver, je me décidai à laisser la terre à ses propres forces, redoutant les effets d'une végétation trop luxuriante et trop herbacée. Je suis heureux d'avoir suivi cette inspiration, car il est fort probable que les pluies abondantes du printemps eussent, si j'avais employé un excès d'engrais, déterminé la verse de ces blés et déjoué mes espérances.

Quels rendements a-t-on obtenus sur ces trois champs? Les voici :

N° 1.	Grains..............	39 hect. 95 à 75 kil. l'un.
	Paille..............	5,500 kil.
N° 2.	Grains..............	34 hect. 66.
	Paille..............	5,465 kil.
N° 3.	Grains..............	43 hect. 81.
	Paille..............	5,225 kil.

Quelle est la valeur en argent de ces trois récoltes? Le compte réduit d'un cinquième conduit aux résultats suivants :

CHAMP N° 1.	39 hect. 95 à 25 fr. l'hect.....	998 fr. 75
	5,500 kil. de paille à 30 fr. les 1,000 kil................	165 »
	TOTAL.......	1.163 fr. 75
CHAMP N° 2.	34 hect. 66 à 25 fr. l'hect.....	866 fr. 50
	5,465 kil. de paille à 30 fr. les 1,000 kil................	163 95
	TOTAL.......	1.030 fr. 45

CHAMP N° 3. { 43 hect. 81 à 25 fr. l'hect.....   1,095 fr. 25
5,225 kil. de paille à 30 fr. les
   1,000 kil....................   156   75
                              TOTAL........   1,252 fr. »

Je devrais m'arrêter là et livrer ces chiffres sans commentaire aux méditations des hommes de pratique ; cependant, comme on pourrait me dire que ces résultats ne sont pas supérieurs à ceux de la culture ordinaire, je tiens essentiellement à vous rappeler que ces champs étaient entourés de blés venus par les anciens procédés. Vous les avez vus, vous les avez examinés à loisir, vous avez pu comparer la différence surprenante qui se manifestait entre eux. Les blés sur engrais chimiques portaient la tige haute, leur épi était allongé et parfaitement rempli ; ils étaient tellement robustes qu'on les aurait volontiers pris pour des roseaux, tandis qu'à côté, les blés venus avec du fumier ou des écumes de défécation, affaissés sur eux-mêmes, ne présentaient qu'un épi rabougri. Au battage, cette différence n'a pas été moins saillante, car ces derniers n'ont rendu que 23 hectolitres avec le fumier et 26 hectolitres avec les écumes de défécation. Je conviens que l'année a été extrêmement défavorable à la formation du grain. La plante ayant végété avec trop d'activité, la verse a été presque générale et a détruit les espérances d'une récolte qui promettait mieux. Par un été plus normal, il est probable que l'écart entre ces récoltes se fût un peu rapproché. Mais il n'en est pas moins indubitable que l'engrais chimique, en toutes circonstances, l'aurait certainement emporté. C'est ce que j'avais à cœur de constater : c'est ce qui, pour moi, double la valeur de l'expérience, car n'est-il pas palpable qu'une telle combinaison de matières fertilisantes est la plus précieuse de toutes, puisqu'on peut en régler l'emploi en augmentant ou en diminuant les doses selon les exigences des saisons et l'apparence de la plante, chose impossible avec le fumier et presque impraticable avec tout autre engrais moins soluble?

Mais la question n'est pas là. Je plaide une cause gagnée, puisqu'il est clair pour tout le monde que les engrais chimiques ont une action immédiate, d'une énergie de beaucoup supérieure à tous les autres.

La question, pour nos cultivateurs, est plus sérieuse; il s'agit de savoir si ces végétations exubérantes sont l'expression d'un progrès agricole réel, ou si elles ne sont qu'une sorte d'accident éphémère dont la terre ferait les frais, et dont le cultivateur serait en fin de compte la première victime. On sait ce que je veux dire : je veux parler de l'appauvrissement du sol. On a prétendu que ces rendements maxima étaient dus à la réaction dissolvante des engrais chimiques sur les richesses fertilisantes accumulées dans les couches du sol. On a dit que nous faisions de la *simili-culture*, et qu'en imprudents et mauvais cultivateurs nous grevions l'avenir au profit du présent; nous exploiterions inconsidérément la terre qui nous a été confiée, et dont, après tout, nous ne sommes que les usufruitiers, puisque en réalité elle appartient autant aux générations futures qu'à nous : nous gaspillerions des forces mises en réserve par nos prédécesseurs et que nous n'avions pas le droit de dépenser à notre profit!

Voilà en quelques mots l'accusation. Il faut convenir qu'elle est très-grave; et je fais l'aveu que si elle était fondée, elle condamnerait sans retour le système qui l'aurait motivée. Mais, je le répète, cette accusation est-elle fondée?... Les contradicteurs de M. Georges Ville n'ont-ils pas été aveuglés, à leur insu, par une sorte de parti pris de repousser ce qui est nouveau, ce qui n'émane pas du sein de la vieille école? Je suis, il est vrai, un peu étranger aux questions de chimie agricole, pas autant peut-être qu'on pourrait le supposer : d'ailleurs, c'est moins ici une question de science qu'une question d'arithmétique, et sans prétendre à l'Académie, j'ai la prétention de savoir, lorsque j'emploie tel ou tel engrais, ce que le sol que je cultive a perdu en éléments de fertilité.

J'essayerai donc, à l'aide de données acceptées par tout le monde, de démontrer que le système de M. Ville, appliqué à la culture de la betterave et du blé, avec fumure bisannuelle, loin d'être épuisant, permet d'accroître graduellement la fertilité de l'exploitation.

Je prendrai comme base de mes calculs le champ n° 1, qui a produit :

En 1866.	Betteraves.........	59,640 kil.	
En 1867. {	Grains.............	2,995	= 39 hect. 05.
	Paille	5,500	

Et j'admettrai dans la betterave et le froment :

	BETTERAVES.	FROMENT.	PAILLE.
Azote	0,21 p. 100	2,29 p. 100	0,36 p. 100
Phosphate de chaux..	0,21	2,47	0,45
Potasse	0,29	0,72	0,65

D'après cette composition, les deux récoltes représentent donc les quantités suivantes d'azote, de phosphate de chaux et de potasse :

	AZOTE.	PHOSPHATE DE CHAUX.	POTASSE.
59,640 kil. de betteraves...........	125 kil.	125 kil.	173 kil.
2,771 de froment (moins la semence)	63	68	19
5,500 de paille	19	25	36

Et finalement, la balance entre l'engrais et la récolte devient :

	RÉCOLTE.	ENGRAIS.
Azote....................	207	136
Phosphate de chaux.......	218	200
Potasse	228	136

Au premier abord, la terre paraît en perte, et les contradicteurs de M. Ville semblent avoir raison contre lui. Mais cette balance est-elle l'expression de ce qui se passe dans une exploitation? Évidemment non. Les récoltes ne sont pas exportées en nature comme nous l'avons admis. Dans la réalité, les betteraves vont à la sucrerie, où elles sont transformées en pulpes qui retournent à la ferme et servent à l'alimentation du bétail et à une production plus large de fumier, ainsi que les pailles qui reçoivent la même destination.

Recherchons donc ce que la ferme récupère en produits de diverses natures et qui doivent entrer en déduction de ce que le sol a perdu.

	AZOTE.	PHOSPHATE DE CHAUX.	POTASSE.
2,000 kil. de pulpe...............	57 kil.	27 kil.	86 kil.
2,000 écumes de défécation ...	12	95	10
5,500 de paille	20	25	36
Détritus divers......	5	»	»
TOTAUX......	94 kil.	147 kil.	132 kil.

Cette rectification faite, ces quantités d'agents de fertilité étant ajoutées aux termes correspondants de l'engrais, nous sommes conduits enfin à la balance suivante, qui est la véritable expression des phénomènes :

	ENGRAIS ET PRODUITS RESTITUÉS.	RÉCOLTE.	EXCÉD. EN FAVEUR DU SOL.
Azote	230 kil.	207 kil.	23 kil.
Potasse	268	228	35
Phosphate de chaux..	347	218	129

Voilà la vérité. Il est inexact d'avancer que pour nous, fabricants de sucre et cultivateurs, la question des engrais soit oiseuse et que leur utilisation conduise à une ruine certaine, ou tout au moins à l'appauvrissement de nos terres. Je vois apparaître le contraire en suivant le système tant décrié, car une source de bénéfices de plus en plus élevés et un accroissement de fertilité en découlent naturellement.

Il est facile de s'en rendre compte sans cet attirail de preuves. La production de la betterave n'est-elle pas presque doublée? La quantité de pulpes fabriquées ne suit-elle pas les mêmes proportions? Une nourriture plus riche et plus copieuse n'est-elle pas mise à la disposition d'un bétail plus nombreux, et par contre-coup, le fumier n'est-il pas plus abondant? Donc l'engrais chimique, loin d'exclure l'engrais de ferme, permet au cultivateur de le produire à meilleur marché et en plus grandes masses. On obtient un surcroît immédiat de profit, grâce aux agents de fertilité plus solubles et plus actifs qu'on a employés, et on a de plus la certitude d'une augmentation de bénéfices, dans l'avenir, à raison des ressources plus considérables de fumier, conséquence inévitable de l'élévation imprimée aux premiers rendements. Ceux qui affirment que M. Ville proscrit l'usage du fumier ne s'aperçoivent pas que cette opinion est en opposition directe avec le fond même de ses doctrines, puisque les engrais chimiques ont pour résultat certain, et pour ainsi dire fatal, de développer nos ressources en paille et en nourriture.

Maintenant j'admettrai, si l'on veut, que les deux récoltes soient exportées en nature, le système de M. Ville serait-il d'une application plus dangereuse? Nullement; car, dans ces conditions nouvelles, il suffirait de rendre à la terre l'équivalent de ce que les pulpes et les pailles nous auraient permis d'y ramener.

Si on fait abstraction de la pulpe et de la paille, la terre
est en perte, avons-nous dit, de :

	QUANTITÉS.	PRIX.
Azote.................	71 kil.	142 fr. »
Phosphate de chaux...	18	2 50
Potasse	92	69 35
Total des pertes présumées....		213 fr.85

Or, pour trancher souverainement la question et savoir
si dans ces conditions nouvelles les procédés de M. Ville
sont avantageux, il suffit de s'enquérir si, les frais de production étant grevés de 213 fr. 85, le résultat sera encore
rémunérateur.

Or quel est, pour ce nouveau cas, le résultat de l'opération?

CRÉDIT.

59,640 kil. de betteraves, ci.........	1,192 fr.80
30 hect. 95 de froment	998 75
5,500 kil. de paille	165 »
TOTAL DES PRODUITS.......	2,356 fr.55

DÉBIT.

Première année. Betteraves.	
Frais de toute nature............	490 fr. »
Deuxième année. Froment.	
Frais de toute nature............	440 »
Engrais pour deux ans............	450 »
TOTAL DES DÉPENSES	1,350 fr. »

Différence, 1,006 fr. 55.

Mille six francs cinquante-cinq centimes pour payer
deux cent treize francs quatre-vingt-cinq centimes d'engrais supplémentaire, destiné, je le répète, à compenser la perte résultant de l'exportation de la pulpe et de
la paille.

Vous remarquerez que j'ai admis dans tout ce qui précède que la totalité de l'azote venait du sol et qu'il fallait le lui rendre kilogramme pour kilogramme. Or, c'est là une supposition purement gratuite, que j'ai faite volontairement pour donner à ma démonstration plus de force et la mettre à l'abri de toute contestation.

Je sais que les rendements obtenus depuis deux ans peuvent à bon droit être considérés comme des rendements maxima. J'admets la possibilité de les voir baisser sensiblement dans les années défavorables à l'engrais chimique. Mais quelle marge cependant ! et comment admettre que les bénéfices que j'accuse puissent se changer en perte ?

Vous trouverez peut-être étrange, mon cher Monsieur, que j'entre dans ces détails. Si j'ai cru devoir éclairer la question de cette manière, c'est que j'y suis intéressé doublement : d'abord, parce que je me sens contraint de dire bien haut et sans hésitation ce que je pense et ce qui est, à mes yeux, la vérité, et puis parce que nous, cultivateurs et quelque peu fermiers, nous ne pouvons nous laisser accuser gratuitement d'épuiser les forces productives d'un sol confié à nos soins. Notre responsabilité, notre avenir même, sont engagés dans la question ; nous ne laisserons jamais passer sans protestation l'insinuation que nous cultivons sans discernement. Pour moi, fidèle aux prescriptions de M. Ville, je continuerai à appliquer ses enseignements, ayant toujours présente à l'esprit, comme il le recommande en termes si précis, cette inflexible loi de restitution qui nous est imposée, et dont il a si bien défini le caractère et la signification. En agissant ainsi, j'ai la certitude d'accroître la fertilité des terres qui forment l'ensemble de mon exploitation, tout en développant les ressources du présent.

A. CAVALLIER.

7 novembre 1867.

II

LA BETTERAVE.

Les champs d'expériences dont il va être question ont
été installés sur trois points du territoire assez distants les
uns des autres.

Je ne veux pas m'étendre sur les précautions prises
pour assurer la réussite et surtout la sincérité des résultats. L'enquête à laquelle vous vous êtes livré au Mesnil
vous a édifié suffisamment, et vous témoignerez au besoin
des soins scrupuleux qui ont présidé à leur formation et
à leur direction pendant la durée de la végétation des
betteraves.

PREMIER CHAMP D'EXPÉRIENCES.

NATURE DES ENGRAIS.	RACINES A L'HECTARE.	
Engrais complet	47,275 kil.	
Sans potasse	44,500	
Sans phosphate	42,600	580
Sans chaux	40,500	racines
Engrais minéral	57,200	à
Fumier, 50,000 kil. à l'hectare	30,200	l'are.
Sans engrais	27,540	

DEUXIÈME CHAMP D'EXPÉRIENCES.

NATURE DES ENGRAIS.	RACINES A L'HECTARE.	
Engrais complet	47,100 kil.	
Sans chaux	45,700	
Sans phosphate	42,700	540
Sans potasse	42,560	racines
Engrais minéral	35,930	à
Fumier, 50,000 kil. à l'hectare	32,695	l'are.
Sans engrais	25,220	

TROISIÈME CHAMP D'EXPÉRIENCES.

AZOTE SEUL COMPARÉ AU FUMIER ET A LA TERRE SANS ENGRAIS.

NATURE DES ENGRAIS.	RACINES A L'HECTARE.
Azote seul.....................	45,600 kil.
Fumier, 50,000 kil. à l'hectare.	34,500
Sans engrais...................	28,300

QUATRIÈME CHAMP D'EXPÉRIENCES,

INSTALLÉ SUR LES TERRES DE M. GÉNERMONT, CULTIVATEUR AU
MESNIL-SAINT-NICAISE, ET CONFIÉ A SES SOINS.

NATURE DES ENGRAIS.	RACINES A L'HECTARE.
Engrais complet...............	50,800 kil.
Sans chaux	50,300
Sans potasse.................	49,000
Sans azote...................	44,400
Sans phosphate	39,200
Sans engrais.................	29,700
Azote seul	36,000

L'engrais complet comprenait environ 75 kilogrammes
d'azote sous forme de nitrate de soude et de nitrate de potasse.

Le fumier titrait 0,45 d'azote par 100 kilogrammes,
soit, pour les 50,000 kilogrammes, 225 kilogrammes d'a-
zote.

L'engrais complet coûtait 310 fr., dont voici le détail :

Nitrate de soude	300 kil. à 35 fr.	105 fr.
Nitrate de potasse	200 à 62	124
Noir acide.............	400 à 16	64
Sulfate de chaux	400 à 2	8
Transport..............		5
Manipulation...........		4
TOTAL...............		310 fr.

Le fumier revenait à 10 fr. les 1,000 kilogrammes, soit
500 fr. par hectare.

Nous savons que j'ai récolté sur :

1° LA TERRE SANS ENGRAIS.

	RACINES A L'HECTARE.
1er champ	27,540 kil.
2e champ	25,220
Rendement moyen à l'hectare..	26,380

2° L'ENGRAIS COMPLET.

	RACINES A L'HECTARE.
1er champ	47,275 kil.
2e champ	47,100
Rendement moyen à l'hectare..	47,187

3° LE FUMIER.

	RACINES A L'HECTARE.
1er champ	30,200 kil.
2e champ	32,695
Rendement moyen à l'hectare..	31,447

En prenant pour terme de comparaison les 26,380 kilogrammes du carré sans engrais, je constate que les 225 kilogrammes d'azote du fumier ont déterminé un supplément de récolte de 5,067 kilogrammes, qui, évalués en argent, ont produit 101 fr. 34 ;

Que, d'un autre côté, les 75 kilogrammes d'azote de l'engrais chimique ont déterminé un excédant de 20,807 kilogrammes en racines, et de 416 fr. 14 en argent.

Différence en faveur de l'engrais chimique, 314 fr. 80.

Ce qui revient à dire, en termes plus expressifs, que le fumier ayant coûté 500 fr., et n'ayant accusé finalement que 101 fr. 34 de récolte supplémentaire, a laissé au compte des récoltes futures la somme de 398 fr. 66, tandis que le prix d'achat de l'engrais chimique a non seulement été amorti du premier coup, mais encore il est resté entre mes mains un surcroît de bénéfice de 96 fr. 14.

Je ne veux pas pénétrer plus avant au fond de la question, car il est inutile de soulever d'intempestives discussions.

D'ailleurs, ces chiffres ne portent-ils pas en eux un grand enseignement pour les esprits décidés à se rendre à l'évidence? Cela me suffit.

Je passe à un autre ordre d'idées.

On n'a pas oublié que précédemment l'azote avait été distribué à mes carrés d'essais sous forme de sulfate d'ammoniaque.

Au printemps dernier, j'ai suivi à la lettre les conseils de M. Georges Ville, et j'ai donné la préférence au nitrate de soude et au nitrate de potasse.

Avec le sulfate d'ammoniaque, l'an dernier :

RACINES A L'HECTARE.

Le rendement a été de...   47,325 kil.   pour 80 kil. d'azote.
—   ...   51,000   pour 100   —

Cette année, avec le nitrate de soude et de potasse :

RACINES A L'HECTARE.

Le rendement a été de...   47,275 kil.   pour 75 kil. d'azote.
—   ...   47,100   pour 75   —
—   ...   50,800   pour 75   —

Il est donc évident que les nitrates agissent sur le développement de la plante avec une vigueur incomparable, puisqu'à dose inférieure d'azote, le rendement en racines a atteint, s'il n'a pas dépassé, celui que l'on peut considérer comme l'expression du maximum de puissance du sulfate d'ammoniaque. Si en même temps on daigne se rappeler les accidents de végétation provoqués par un printemps froid et pluvieux suivi d'un été trop sec; si l'on jette les yeux sur l'ensemble d'une récolte mauvaise, à ce point qu'elle paraît généralement s'être abaissée d'un quart au-dessous d'une bonne moyenne ordinaire, on reconnaîtra qu'un tel résultat est surprenant et qu'il est propre à faire méditer attentivement les affirmations de **M**. Georges Ville.

CULTURE EN GRAND.

Les carrés d'essais offrent-ils une garantie d'expérimentation satisfaisante, et peut-on se fier à eux pour établir par induction un système complet de culture?

Je le crois, et non seulement je le crois, mais j'en ai la certitude acquise, car mes expériences faites sur une vaste échelle confirment de tout point l'exactitude mathématique de ce procédé nouveau, dont la création et l'application appartiennent incontestablement au savant professeur du Muséum d'histoire naturelle.

Je ne pense pas nécessaire de déterminer la contenance de chaque pièce (1). Pour plus de clarté, je continuerai d'établir mes points de comparaison à l'hectare.

TOURTEAUX DE SUINT, 3 POUR 100 D'AZOTE SUIVANT ANALYSE.

RACINES A L'HECTARE.

Un hectare (azote, 175 kil.) ....   31,000 kil.

TOURTEAUX DE VIANDE, 4 POUR 100 D'AZOTE SUIVANT ANALYSE.

Un hectare (azote, 175 kil.) ....   32,500 kil.

TOURTEAUX DE COLZA.

Un hectare (azote, 125 kil. environ)............   32,000

FUMIER, 60,000 kil.

Un hectare (azote, 270 kil.)   34,850

---

(1) Les expériences avec les tourteaux de suint ont eu lieu sur 3 hectares environ, et celles avec l'engrais complet sur 15 hectares.

ENGRAIS COMPLET.

RACINES A L'HECTARE.

1er champ	47,500 kil.	
2e champ	47,800	azote,
3e champ	44,500	75 kil.
4e champ	40,500	
5e champ	51,000	
Rendement moyen à l'hectare.......	46,260 kil.	

ENGRAIS COMPLET.

RACINES A L'HECTARE.

1er champ	50,700 kil.	azote,
2e champ	52,500	83 kil.
3e champ	55,000	
Rendement moyen à l'hectare.......	52,733 kil.	

Je ne ferai pas ressortir les différences de rendement dues à l'élévation des doses d'azote; ce serait tomber en d'interminables redites. Mais je ne puis m'empêcher de faire remarquer qu'*aucun engrais pulvérulent, quelque puissant, quelque bien préparé qu'il soit, ne peut, à prix égal, soutenir la comparaison avec les engrais chimiques.*

En effet, reprenons et complétons les chiffres précédents.

Que disent-ils?

52,700 kil.	produit moyen de l'engrais complet	p. 350 fr.	de dép.	
31,000	— —	tourt. de suint	p. 349	—
32,500	— —	tourt. de viande	p. 348	—
32,000	— —	tourt. de colza	p. 350	—

C'est-à-dire différence en faveur de l'engrais chimique:

	EN POIDS.	EN ARGENT.
Sur le tourteau de suint.......	21,700 kil.	434 fr.
Sur le tourteau de viande	20,200	404
Sur le tourteau de colza.......	20,700	414

Je renonce à prolonger le parallèle à l'égard du fumier; chacun peut en dresser le compte. L'écart n'est ni moins sensible ni moins frappant, et j'évite de conclure en présence de pareils résultats, toute conclusion devenant parfaitement inutile.

ENGRAIS CHIMIQUE COMBINÉ AVEC LE FUMIER.

ESSAI SUR QUATRE HECTARES.

PREMIER CHAMP.

RENDEMENT.

Fumier seul : 60,000 kil......................... 34,800 kil.

DEUXIÈME CHAMP.

60,000 kil. fumier.
   400 kil. nitrate de soude (60 kil. d'azote)........ 44,500 kil.

TROISIÈME CHAMP.

60,000 kil. fumier.
   600 kil. demi-engrais chimique (35 kil. d'azote).   50,300 kil.

QUATRIÈME CHAMP.

60,000 kil. fumier.
   200 kil. nitrate de soude } (56 kil. d'azote) ....   54,700 kil.
   200   nitrate de potasse }

AUTRE ESSAI SUR DEUX ARES.

60,000 kil. fumier.
   200 kil. nitrate de soude } (56 kil. d'azote) ....   67,500 kil.
   200   nitrate de potasse }

1° Le prix des 400 kilogrammes du nitrate de soude, manipulation comprise, est de 150 fr. pour le deuxième champ.

L'excédant de récolte sur le fumier dû à leur emploi est de 9,700 kilogrammes, et en argent, de 194 fr.

Différence ou bénéfice, 44 fr.

2º Pour le quatrième champ, le prix des 400 kilogrammes de nitrate de soude et de potasse est de 204 fr.

L'excédant de récolte est de 19,900 kilogrammes, soit, en argent, 398 fr.

Différence ou bénéfice net, 194 fr.

3º Le prix de la demi-fumure à l'engrais chimique est de 160 fr.

L'excédant de récolte de 15,500 kilogrammes, en argent, de 310 fr.

Différence ou bénéfice net, 150 fr.

Ces chiffres sont non seulement très-expressifs, car ils dévoilent une fois de plus la puissance des engrais chimiques, mais ils renferment un autre enseignement encore plus utile à faire ressortir, et sur lequel je veux m'appesantir de nouveau. Je m'explique : M. Georges Ville affirme que l'azote du sulfate d'ammoniaque n'a pas autant d'action sur la betterave que l'azote du nitrate de soude; que le nitrate de soude est inférieur au nitrate de potasse; qu'enfin, pour obtenir du nitrate de soude et du nitrate de potasse le plus grand effet possible, il est absolument nécessaire de les unir au superphosphate de chaux et au plâtre, ou, en termes plus exacts, que l'azote ne développe son maximum d'intensité qu'à la condition d'être associé à tous les éléments constitutifs de l'engrais complet.

En ce qui concerne le sulfate d'ammoniaque, la question est jugée ; je n'y reviendrai pas.

Mais il est vrai d'avancer que le sulfate d'ammoniaque agit avec moins d'énergie que le nitrate de soude; il est plus exact encore de dire que l'azote du nitrate de soude, à son tour, le cède en activité à celui du nitrate de potasse; car dans le cas qui nous occupe, 1 kilogramme du premier a aidé à la production de 161^k,600 de betteraves, tandis que le nitrate de potasse, dans des conditions absolument égales, a élevé le poids au chiffre vraiment remarquable de 580 kilogrammes par kilogramme d'azote.

Suivons maintenant la proportion, et appliquons-la à l'engrais complet (demi-fumure), dont la teneur est de 35 kilogrammes d'azote, soit 22 kilogrammes pour le nitrate de soude et 13 kilogrammes pour le nitrate de potasse. L'azote du nitrate de soude aurait dû accuser un produit supplémentaire de 3,554 kilogrammes, l'azote du nitrate de potasse 7,540 kilogrammes, soit, ensemble, 11,094 kilogrammes. Et cependant, nous avons constaté que la demi-fumure à l'engrais chimique avait élevé le rendement général, non pas de 11,094 kilogrammes, mais bien de 15,500 kilogrammes.

Il n'est donc pas douteux que l'azote en combinaison dans l'engrais chimique soit d'une puissance plus grande. Les faits mis en lumière par ces expériences multipliées m'invitent à considérer comme absolument vraies les théories de M. Ville, et j'ai la certitude qu'à leur aide, les cultivateurs convaincus sauront régler maintenant leurs cultures et en tirer le meilleur parti possible.

Richesse saccharine des betteraves de fumier et des betteraves d'engrais chimiques.

J'aborde la question la plus difficile en apparence à résoudre. J'ai affirmé dans mes précédents mémoires que les betteraves d'engrais chimiques accusaient un rendement supérieur à celui des betteraves obtenues par les procédés ordinaires. J'ai ajouté, pour l'édification de mes contradicteurs, qu'elles avaient la même richesse en sucre cristallisable et extractible par les méthodes usuelles de fabrication. Cette affirmation a parù exorbitante, pour ne pas dire inconsidérée ; elle a été regardée comme une hérésie monstrueuse contre laquelle protestaient et le bon sens, et la théorie, et la pratique agricole et industrielle. Cependant, rien n'était plus exact, et les faits que je publie aujourd'hui démontreront que si je me suis trompé dans mes évaluations, je me suis trompé en moins, la betterave d'engrais chimiques l'emportant en qualité sur toutes les autres.

Le compte fait le dernier jour de la manipulation et du râpage des betteraves de toute provenance accuse, pour l'ensemble du travail de la fabrique que je dirige, une prise en charge de $5^k,55$ pour 100 kilogrammes de racines, et la cristallisation des troisièmes jets me permet d'espérer un excédant d'environ $0^k,20$, ce qui porterait le résultat final au chiffre de $5^k,75$.

En cours de travail, des essais de 100,000 kilogrammes de betteraves venues sur fumier ont donné une prise en charge moyenne de $5^k,70$, avec un excédant de 0^k20, soit, par 100 kilogrammes de racines râpées, $5^k,900$.

Les betteraves d'engrais chimiques ont produit $6^k,170$ p. 100 du poids de la betterave.

Il semblerait que la question fût jugée. Cependant, je le reconnais, ce n'est pas assez de produire le sucre en grande quantité, il faut encore que sa valeur commerciale soit réelle et à l'abri de toute contestation.

En est-il ainsi présentement?

Le rendement en sucres raffinés ayant flotté pendant toute la fabrication de 90 à 92°, j'en conclus que les sucres d'engrais chimiques ont une valeur identique, leur richesse absolue étant rigoureusement la même.

Voilà un point qui paraît bien établi.

Mais je ne sais si l'on en comprend l'immense portée. Pour en saisir toute l'importance, il faut se graver dans l'esprit le tableau suivant, qui n'est autre chose que le résumé de tout ce qui précède.

ENGRAIS CHIMIQUE COMPARÉ AU FUMIER.

Dépense par hectare.	Engrais chimiques...........	350 fr.
	Fumier	600
Produit par hectare, racines.	Engrais chimiques...........	52,700
	Fumier	34,800
Rend. en sucre par 100 k. de betterav.	Engrais chimiques	6,17 kil.
	Fumier	5,90
Sucre obtenu à l'hect.	Engrais chimiques	3,251 kil.
	Fumier	2,053

52,700 kilogrammes de racines et 3,251 kilogrammes
de sucre d'une part ; 34,800 kilogrammes de racines et
2,053 kilogrammes de sucre d'autre part ; c'est-à-dire un
produit agricole beaucoup plus élevé, et finalement un
rendement en sucre supérieur de 5 p. 100 avec une dépense moindre.

Ma tâche est finie. Je m'arrête. Mais en déposant la
plume, je ne puis m'empêcher de répéter que M. Georges
Ville pourrait avoir rencontré la solution d'un problème
qui jusqu'ici paraissait insoluble, et qui se définissait ainsi :
*Élever le rendement en poids des betteraves à l'hectare
en développant leur richesse saccharine.* Et l'on conviendra, si le présent répond de l'avenir et si nos espérances
se réalisent, qu'une révolution agricole et industrielle se
prépare, révolution dont personne ne peut prévoir aujour-
d'hui les conséquences, tant leur portée est incalculable.

A. CAVALLIER.

DEUXIÈME CULTURE DU FROMENT

AU MOYEN DES ENGRAIS CHIMIQUES.

La terre sur laquelle j'ai opéré (terrain primitif ou plus spécialement *mica-schiste*) est une terre pauvre, affermée à raison de 30 à 35 fr. l'hectare, mal payés, épuisée par son assolement triennal pratiqué depuis un temps immémorial dans les plus mauvaises conditions, puisque, à ma connaissance, les vices de cet assolement n'ont jamais été corrigés pour elle, je ne dis pas par des fumures abondantes, mais par des fumures quelconques. Ces terres, en effet, sont situées à une assez grande hauteur au-dessus des bâtiments de la ferme; l'abord en est difficile, et il est aisé de comprendre que les métayers, puis les fermiers qui l'occupaient, aient toujours préféré employer les très-petites quantités d'engrais dont ils disposaient dans des champs plus à leur portée.

Or, tenter, dans de pareilles conditions, la culture du froment, paraissait une chose impossible, tellement impossible, que nos domestiques ne l'ont entreprise qu'avec la plus extrême répugnance. Cependant j'ai obtenu, avec l'aide de 1,000 kilogrammes d'engrais incomplet à l'hectare, une récolte valant 772 fr. 50, dont voici les éléments :

Quantité de grains........   26 hect.
Poids du grain ....   1,950 kil.
Poids de l'hectolitre.......   75
Poids de la paille..........   3,600

Au prix de 35 fr. les 100 kilogrammes pour le grain, et de 2 fr. 50 pour la paille, c'est, je le répète, un rendement brut de. 772 50

sur lequel il faut déduire la valeur totale de l'engrais, ci. 210 »

Reste. 562 50

Certes, Monsieur, c'est là un rendement énorme relativement au terrain dont il s'agit; mais je reste convaincu qu'il aurait été bien plus élevé encore si le labour avait été aussi profond qu'il le sera désormais, si l'engrais avait été enterré plus profondément qu'il ne l'a été, si, enfin, l'année n'avait pas été aussi médiocre. Vingt-six hectolitres ne sont-ils pas, en effet, un rendement admirable dans un terrain pareil à celui où il a été réalisé, alors que, dans la vallée qui l'avoisine, les terres d'alluvion les plus riches et du prix de 6,000 fr. l'hectare n'ont rendu que 16 hectolitres?

J'avais organisé mon champ d'expériences de façon à comparer les rendements du froment avec et sans emploi d'engrais. Malheureusement, le domestique chargé de le répandre a perdu de vue mes recommandations, de telle sorte que les deux ares réservés ont reçu presque partout l'engrais qui ne leur était pas destiné. Si j'avais été averti à temps de la méprise, elle aurait été réparée, mais bien persuadé que rien ne viendrait la révéler, le domestique a gardé le silence. Ce n'est que plus tard, et lorsque la présence de la fumure s'est révélée par l'aspect de la végétation dans la plus grande partie des parcelles réservées, qu'il s'est reconnu coupable.

Sa faute, d'ailleurs, si elle a eu pour conséquence de me priver, en ce qui concerne la culture du froment, d'un point de comparaison précis, ne pouvait m'empêcher de rapprocher les résultats obtenus avec l'engrais chimique de ceux auxquels je pourrais prétendre en restant dans les anciennes traditions, c'est-à-dire dans la culture de seigle sans engrais. Ce champ d'expériences était en effet contigu à cette pièce de seigle sans engrais dont je viens de parler et qui avait rendu à l'hectare 11 hectolitres de grains et 1,600 kilogrammes de paille.

Or, en tenant compte du prix total de l'engrais, ce qui, je l'ai déjà dit, me semble excessif, et en évaluant la paille et le grain comme ci-dessus, on trouve comme résultats des deux procédés un bénéfice de 362 fr. 50 en faveur de la récolte avec engrais.

Valeur de la récolte de seigle sans engrais.........	200 fr. »
Valeur de la récolte de froment avec engrais........	772 50
Excédant en faveur de la récolte de froment....	572 50
A déduire la valeur de l'engrais................	210 »
Bénéfice net en faveur de la culture du froment au moyen des engrais chimiques	362 fr.50

Maintenant on m'objectera que j'aurais eu, avec du fumier de ferme, des résultats analogues, sinon supérieurs. Certainement la chose serait peut-être possible avec du temps et beaucoup de fumier. Mais ce fumier, où le prendre ? Quand avec l'engrais chimique j'aurai produit beaucoup de paille, beaucoup de racines, beaucoup de fourrages et partant beaucoup de bestiaux, je pourrai sans doute, un jour, en supprimer l'emploi. Mais tenter, dans les conditions où je me trouve placé, d'obtenir cette paille, ces racines, ces fourrages, par les procédés habituels de la culture améliorante, ce serait me condamner, pour un temps indéfini et peut-être pour toujours, à des récoltes non rémunératrices, c'est-à-dire à des sacrifices d'argent sans cesse renouvelés et sans compensation.

Mais, dit-on encore, ces **26** hectolitres de froment, cette plus-value sur les anciens procédés de la culture conseillée par M. Ville, vous les empruntez à une *vieille force* existant dans votre terre. Cette terre, vous l'épuiserez, et ainsi vous amoindrirez votre propriété, sinon dans son étendue, du moins dans sa valeur intrinsèque.

En ce qui me concerne, je reste insensible à l'objection. — Est-ce que je ne lui aurai pas fourni, à cette terre, en azote, en phosphates et en chaux, plus que les récoltes ne lui ont enlevé? — Est-ce que maintenant que j'en puis espérer des produits rémunérateurs, je ne vais pas la débarrasser des mauvaises herbes qui la dévorent et des eaux qu'elle retient en excès? — Est-ce que je ne vois pas, aujourd'hui que, grâce aux travaux de M. Ville, je connais son langage, que je puis l'interroger incessamment sur ses aptitudes et ses besoins? — Est-ce que je ne saurai pas ainsi ce qui lui manque et ce qu'elle contient en abondance? — Et dès lors ne pourrai-je pas lui donner pour ainsi dire à ma volonté ceux des éléments de fertilité dont elle est privée?

Mais l'objection, fût-elle fondée, que j'en prendrais très-peu de souci. Un excédant de produit de 300 fr., ne se maintiendrait-il que pendant quelques années seulement, serait encore suffisant pour me couvrir et au delà de la valeur totale du sol lui-même. Et ce sol fût-il alors incapable de produire du froment et du seigle, il me restera la ressource, après en avoir recouvré le prix, d'en faire l'usage auquel je le destinais avant de connaître les lois de la végétation que M. Ville nous a révélées : celle de le livrer à l'inculture par le boisement ou le pâturage.

Mais c'est là, Monsieur, une inquiétude que m'enlèvent complètement, non seulement l'enseignement théorique de M. Ville, mais encore les résultats obtenus par lui à Vincennes.

Je n'ai pas borné mes expériences à la culture du seigle, de l'avoine et du froment. J'ai encore employé les engrais chimiques sur les topinambours, les pommes de terre et les raves, c'est-à-dire sur les plantes dont les éléments sont destinés à revenir presque en totalité au sol qui les a produits. Mais ces récoltes sont encore en terre, et il serait prématuré d'en parler en ce moment.

De Matharel.

J'appelle tout particulièrement l'attention du lecteur sur ce rapport, parce que les rendements ayant été faibles, sans que le résultat de l'opération ait cessé de se traduire par un bénéfice, on peut considérer les conclusions de l'auteur comme l'expression la moins favorable des avantages qu'on peut attendre de l'emploi des engrais chimiques.

RAPPORT

FAIT

A LA SOCIÉTÉ D'AGRICULTURE D'ANGOULÊME,

PAR M. **BOURZAC**, Proviseur du Lycée.

Selon le désir que m'en avait exprimé l'année dernière notre honorable président M. Gellibert des Seguins, j'ai expérimenté les engrais de **M. Georges Ville**, dans une propriété que je possède à Charras, canton de Montbron.

Les terres sur lesquelles l'expérience avait été faite avaient une étendue de 3 hectares 65 ares. Elles ont été fumées, une moitié avec 2,400 kilogrammes de l'engrais complet n° 2, contenant :

Phosphate acide de chaux....	800 kil.
Nitrate de potasse	400
Nitrate de soude.............	600
Sulfate de chaux.............	600
TOTAL..........	2,400 kil.

L'autre moitié avec 2,000 kilogrammes de l'engrais incomplet n° 1, contenant :

Phosphate acide de chaux....	800 kil.
Sulfate d'ammoniaque........	700
Sulfate de chaux.............	500
TOTAL..........	2,000 kil.

Les résultats obtenus à l'aide de ces deux sortes d'engrais ne présentaient à l'œil aucune différence avant la moisson. Toutefois, mon intention était de les séparer ; malheureusement ils ont été confondus par une méprise de mon régisseur.

La récolte totale a été de 67 hectolitres de blé et de 12,518 kilogrammes de paille, ce qui donne à l'hectare 18 hectolitres 35 de grain et 3,429 kilogrammes de paille.

Tandis que cette année le rendement des cinq autres métairies et des réserves constituant la même propriété ne s'est élevé qu'à 11 hectolitres de blé et 2,058 kilogrammes de paille à l'hectare.

Afin de vous donner une idée nette des résultats en argent de ce premier essai, permettez-moi, Messieurs, d'entrer dans quelques détails.

L'étendue totale des terres de cette métairie qui devaient être ensemencées en blé était de 6 hectares 97 ares ; le fumier d'étable qui devait être répandu sur cette surface ne constituait pas, selon la malheureuse habitude de nos contrées, une demi-fumure. Je l'ai fait répandre sur 3 hectares 31 ares, c'est-à-dire sur une surface plus de moitié moindre que celle à laquelle il était destiné.

Les engrais chimiques n⁰ˢ 1 et 2, du poids total de 4,400 kilogrammes, ont été répandus sur les 3 hectares 65 ares restants.

La récolte totale s'est élevée à 114 hectolitres de blé et à 21,300 kilogrammes de paille.

On peut évaluer cette année, d'après le produit des cinq autres métairies et des réserves, le rendement de ces 6 hectares 65 ares fumés à la manière ordinaire à 70 hectolitres de blé au plus.

L'emploi des engrais chimiques a donc augmenté la récolte de l'excès de 114 sur 70, soit 44 hectolitres de grain et de 8,220 kilogrammes de paille.

Les 44 hectol. de blé à 30 fr. l'hectol. donnent.................................... 1,320 fr.
Les 8,220 kil. de paille à 50 fr. les 1,000 kil. donnent..   411
                                   TOTAL.............. 1,731 fr. ci. 1,731 fr.
          Les engrais ayant coûté, tous frais compris........ 1,257
          Le bénéfice net s'élève dès cette première année à.   474 fr.

Dans le compte qui précède, je me suis placé au point de vue du propriétaire qui vient en aide à son métayer en complétant les engrais dont celui-ci peut disposer.

Dans ces conditions, le prix du premier engrais étant imputé en entier à la première récolte, la rente des 6 hectares 65 ares a augmenté de 474 francs, soit de 67 francs par hectare environ.

Si on évaluait les produits de 3 hectares 65 ares mis au

régime des engrais chimiques, le bénéfice net, tous frais d'engrais payé, serait de 130 francs par hectare.

Si le propriétaire exploitait lui-même, le résultat serait-il avantageux au même degré? Il m'a paru intéressant d'envisager la question sous ce nouvel aspect.

Fixant, comme l'a fait M. Georges Ville, dans sa conférence de la Sorbonne, et d'après Mathieu de Dombasle, les frais de culture de 1 hectare à 220 fr., ainsi répartis :

Loyer du sol	45 fr.
Frais généraux	52
Travaux de culture............	43
Semences......................	46
Récolte et battage	34
TOTAL.............	220 fr.

En faisant de l'engrais un article à part, il vient dans ces nouvelles conditions, toujours pour nos 3 hectares 65 ares :

67 hectol. de blé à 30 fr. l'un.............	2,010 fr.	
12,518 kil de paille à 50 fr. les 1,000 kil...	625	
TOTAL...........	2,635 fr.	ci . 2,635 fr.

A DÉDUIRE :

Frais de culture....................	803 fr.	
Engrais.............................	1,257	2,060 fr.
Bénéfice net.		575 fr.
Bénéfice net par hectare . . .		157

Dans ce compte comme dans celui qui précède, on a imputé le prix total du premier engrais à la première récolte; c'est là une supposition extrême d'après M. Georges Ville, car, selon lui, le prix de l'engrais annuel déduit de ses formules pour quatre années ne serait que de 180 fr. par hectare au lieu de 344 fr. En envisageant la question à ce nouveau point de vue, voici les résultats auxquels on est conduit, toujours pour les 3 hectares 65 centiares sur lesquels j'ai expérimenté :

```
67 hectol. de grains à 30 fr. l'hectol.. . . . .   2,010 fr.
12,518 kil. de paille à 50 fr. les 1,000 kil. .      625
                      TOTAL. . . . . . . .   2,635 fr.  ci. .   2,635 fr.
          A DÉDUIRE :
    Frais de culture . . . . . . . . . . . .      803 fr. ⎫
    Engrais, port compris. . . . . . . . . .      720    ⎬  1,523 fr.
                        Bénéfice net. . . . . . . . . .   1,112 fr.
                        Bénéfice net par hectare. . .      304
```

A quelque point de vue que l'on se place, et avec le prix actuel du blé, bien supérieur, il faut le dire, à son prix moyen, l'emploi des engrais chimiques se traduit par un bénéfice dans l'expérience que je viens de faire. En serait-il de même dans une année d'abondance? je l'ignore ; toutefois il semble naturel de supposer que l'abondance des produits obtenus par les engrais chimiques compenserait dans ce sens, au moins en partie, l'abaissement du prix du blé.

On peut combattre l'emploi des engrais chimiques en disant que les premiers rendements ne se soutiendront pas dans l'avenir; c'est à l'expérience de décider ce point important. Pour moi, j'ai fait connaître les faits qui se sont produits sous mes yeux, j'en ai fixé la signification économique avec la plus sévère rigueur, et je me suis abstenu avec le plus grand soin de toute appréciation personnelle.

Je continuerai de la sorte en rendant compte l'année prochaine des nouveaux résultats que j'aurai obtenus, et ainsi chaque année, décidé à ne tenir compte que des faits et à respecter leur témoignage, quel qu'il puisse être.

BOURZAC.

APPENDICE

PRATIQUE ET DOCTRINE

PRATIQUE ET DOCTRINE.

FORMULES D'ENGRAIS.

Afin de faciliter les recherches et les comparaisons, je réunis, dans ce chapitre, les formules d'assolement et d'engrais dont il a été question dans le cours de ces Entretiens.

Je ne saurais trop le répéter, depuis que mes expériences ont passé du domaine de la science dans celui de la pratique, j'ai reconnu qu'il y avait de grands avantages à employer les engrais chimiques par doses fractionnées. La division de l'engrais a, sur les fumures données en une seule fois, le double avantage d'exiger moins de dépense la première année et de produire des rendements plus élevés. Les formules qui suivent ont été fixées d'après ce nouveau mode d'application.

J'ai considéré ici, comme dans les Entretiens, deux cas bien distincts : celui où les engrais chimiques sont employés seuls, à l'exclusion du fumier, et celui où ils lui sont associés à titre d'engrais supplémentaires, soit qu'il s'agisse de cultures isolées ou de cultures par assolement.

PREMIER CAS.

LES ENGRAIS CHIMIQUES SONT EMPLOYÉS SEULS, A L'EXCLUSION DU FUMIER DE FERME.

CULTURES ISOLÉES.

Froment.

A L'HECTARE.

	QUANTITÉS.	PRIX.	DÉPENSE.
ENGRAIS COMPLET Nº 1. . .	1,200ᵏ		
Soit :			
Phosphate acide de chaux.	400	64ᶠ »	
Nitrate de potasse.	200	124 »	
Sulfate d'ammoniaque . . .	250	112 50	307 fr. 50
Sulfate de chaux.	350	7 »	
TOTAL ÉGAL. . . .	1,200		

Orge, Avoine, Seigle, Prairies naturelles.

	QUANTITÉS.	PRIX.	DÉPENSE.
ENGRAIS COMPLET Nº 1 . . .	600ᵏ		
Soit :			
Phosphate acide de chaux.	200	32ᶠ »	
Nitrate de potasse.	100	62 »	
Sulfate d'ammoniaque . . .	125	56 25	153 fr. 75
Sulfate de chaux	175	3 50	
TOTAL ÉGAL. . . .	600		

Pour la prairie, on peut employer l'engrais de deux manières différentes : le répandre en une seule fois, à l'automne ; ou en deux fois, 500 kilogrammes à l'automne, et 300 kilogrammes au printemps, après la première coupe.

Chanvre, Colza.

A L'HECTARE.

	QUANTITÉS.	PRIX.	DÉPENSE.
ENGRAIS COMPLET N° 1 . . .	1,200ᵏ		307 fr. »

Si le colza devait être suivi d'un froment :

ENGRAIS COMPLET N° 6 . . . 1,300ᵏ

Soit :

Phosphate acide de chaux.	400ᵏ	64f	»	
Nitrate de potasse	120	74	40	326 fr. »
Sulfate d'ammoniaque . . .	400	180	»	
Sulfate de chaux	380	7	60	

TOTAL ÉGAL. . . . 1,300

Betteraves, Carottes, Choux-vaches, Houblon, Jardinage.

ENGRAIS COMPLET N° 2 . . . 1,200ᵏ

Soit :

Phosphate acide de chaux.	400	64f	»	
Nitrate de potasse.	200	124	»	299 fr. »
Nitrate de soude	300	105	»	
Sulfate de chaux.	300	6	»	

TOTAL ÉGAL. . . . 1,200

Pour la betterave, lorsqu'on veut pousser les rendements à leur limite la plus élevée, il faut substituer à l'engrais complet n° 2 l'engrais complet n° 2 *bis*, ou mieux encore l'engrais complet intensif n° 2.

ENGRAIS COMPLET N° 2 *bis*. 1,300ᵏ

Soit :

Phosphate acide de chaux.	400	64f	»	
Nitrate de potasse	200	124	»	334 fr. »
Nitrate de soude	400	140	»	
Sulfate de chaux	300	6	«	

TOTAL ÉGAL. 1,300

A L'HECTARE.

	QUANTITÉS.	PRIX.	DÉPENSE.
ENGRAIS COMPLET INTENSIF N° 2	1,600		
Soit :			
Phosphate acide de chaux.	600	96 »	
Nitrate de potasse........	400	248 »	455 fr. »
Nitrade de soude.........	300	105 »	
Sulfate de chaux	300	6 »	
TOTAL ÉGAL.....	1,600		

Pommes de terre.

	QUANTITÉS.	PRIX.	DÉPENSE.
ENGRAIS COMPLET N° 3....	1,000		
Soit :			
Phosphate acide de chaux.	400	64 »	
Nitrate de potasse........	300	186 »	256 fr. »
Sulfate de chaux.........	300	6 »	
TOTAL ÉGAL.....	1,000		

Sur les terres épuisées l'engrais complet n° 2 à la dose de 1,200 kilogrammes est préférable.

Vigne et Arbustes.

	QUANTITÉS.	PRIX.	DÉPENSE.
ENGRAIS COMPLET N° 4 ...	1,500		
Soit :			
Phosphate acide de chaux.	600	96 »	
Nitrate de potasse	500	310 »	414 fr. »
Sulfate de chaux	400	8 »	
TOTAL ÉGAL....	1,500		

L'engrais complet n° 2 donne aussi de très-bons résultats sur la vigne. Je conseille même de débuter par lui, sur les vignobles dont le produit est de qualité ordinaire.

**Navets, Turneps, Rutabagas, Topinambours, Sorgho,
Canne à sucre, Maïs.**

A L'HECTARE.

	QUANTITÉS.	PRIX.	DÉPENSE.
Engrais complet n° 5....	1,200ᵏ		

Soit :

Phosphate acide de chaux.	600	96	»
Nitrate de potasse.........	200	124	» } 228 fr. »
Sulfate de chaux	400	8	»

Total égal...... 1,200

**Fèves, Féveroles, Haricots, Trèfle, Sainfoin,
Vesces, Luzerne.**

Engrais incomplet n° 2.. 1,000ᵏ

Soit :

Phosphate acide de chaux.	400	64	»
Nitrate de potasse.......	200	124	» } 196 fr. »
Sulfate de chaux........	400	8	»

Total égal.... 1,000

Théoriquement, cet engrais ne devrait pas contenir d'azote ; la potasse devrait y figurer à l'état de carbonate. On lui a substitué le nitrate à cause du prix. La quantité d'azote introduite dans l'engrais ne s'élevant qu'à 28 kilogrammes par hectare, est trop faible pour avoir un effet nuisible.

Je passe aux cultures par assolements.

ASSOLEMENTS

CULTURE EXCLUSIVE DE FROMENT.

PREMIÈRE ANNÉE.

Blé.

	A L'HECTARE.		
	QUANTITÉS.	PRIX.	DÉPENSE.
ENGRAIS COMPLET N° 1 . .	1,200ᵏ		
Soit :			
Phosphate acide de chaux. .	400	64ᶠ »	
Nitrate de potasse	200	124 »	} 307 fr. 50
Sulfate d'ammoniaque. . . .	250	112 50	
Sulfate de chaux.	350	7 »	

DEUXIÈME ANNÉE.

Blé.

Sulfate d'ammoniaque. . . .	300	135 »	135 »

TROISIÈME ANNÉE.

Blé.

Phosphate acide de chaux. .	400	64 »	
Nitrate de potasse	200	62 »	} 307 50
Sulfate d'ammoniaque. . . .	250	112 50	
Sulfate de chaux	350	7 »	

A reporter . . . . 750 fr. »

QUATRIÈME ANNÉE.

BLÉ.

A L'HECTARE.

	QUANTITÉS.	PRIX.		DÉPENSE.	
Report.................				750 fr.	»
Sulfate d'ammoniaque....	300	135	»	135	»
DÉPENSE POUR QUATRE ANS. ...				885 fr.	»
— PAR AN...........				221	25

La culture exclusive du froment a pour résultat inévitable de favoriser la multiplication des mauvaises herbes, à tel point que, pour maintenir les rendements à un niveau élevé, il faut avoir recours, chaque année, à plusieurs binages, ce qui occasionne une assez grande dépense. On échappe à cet inconvénient en remplaçant le troisième blé par une culture de pommes de terre ou de trèfle. Si on se décide pour la pomme de terre, il faut employer l'engrais suivant :

Phosphate acide de chaux.	400 k.	64 fr.	»	
Nitrate de potasse......	300	186	»	256 fr. »
Sulfate de chaux.......	300	6	»	

Ce changement réduit la dépense de la troisième année de 51 fr. 50, et fait passer la dépense annuelle de 221 fr. 25 à 208 fr. 37.

Si on donne la préférence au trèfle, il faut diminuer de 100 kilog. la dose du nitrate de potasse, ce qui réduit la dépense de la troisième année à 196 fr.

CULTURE ALTERNANTE DE COLZA ET DE BLÉ.

PREMIÈRE ANNÉE.

Colza.

A L'HECTARE.

	QUANTITÉS.	PRIX.	DÉPENSE.
ENGRAIS COMPLET N° 6...	1,300^k		

Soit :

Phosphate acide de chaux..	400^k	64	»	
Nitrate de potasse......	120	74	40	326 fr. »
Sulfate d'ammoniaque....	400	180	»	
Sulfate de chaux........	380	7	60	

DEUXIÈME ANNÉE.

Blé.

Sulfate d'ammoniaque....	300	135	»	135 »
Cendres des pailles et des si- liques de colza........				Mémoire.

DÉPENSE TOTALE.......	461 fr. »
— PAR AN.......	230 50

On brûle les pailles et les siliques de colza sur le champ
même, et on en sème les cendres à la surface du sol après
le premier labour; on répand ensuite le sulfate d'ammoniaque lorsque la terre a été labourée une seconde fois.
Au lieu de brûler les pailles et les siliques de colza, on
peut même, avec plus d'avantage, les faire pourrir, en se
conformant aux prescriptions données au sixième Entretien, p. 148. L'emploi des pailles et des siliques de colza
se confond alors avec celui du fumier.

ASSOLEMENT DE QUATRE ANS, COMPRENANT :

POMMES DE TERRE, BLÉ, TRÈFLE, BLÉ.

PREMIÈRE ANNÉE.

Pommes de terre.

A L'HECTARE.

	QUANTITÉS.	PRIX.	DÉPENSE.
ENGRAIS COMPLET Nº 3...	1,000ᵏ		
Soit :			
Phosphate acide de chaux..	400	64 »	
Nitrate de potasse......	300	186 »	256 fr. »
Sulfate de chaux.......	300	6 »	

DEUXIÈME ANNÉE.

Blé.

| Sulfate d'ammoniaque.... | 300 | 135 » | 135 » |

TROISIÈME ANNÉE.

Trèfle.

ENGRAIS INCOMPLET Nº 2.	1,000ᵏ		
Soit :			
Phosphate acide de chaux..	400	64 »	
Nitrate de potasse......	200	124 »	196 »
Sulfate de chaux.......	400	8 »	

QUATRIÈME ANNÉE.

Blé.

| Sulfate d'ammoniaque.... | 300 | 135 » | 135 » |

DÉPENSE TOTALE...... 722 fr. »

— PAR AN...... 180 50

ASSOLEMENT DE QUATRE ANS, COMPRENANT :

BETTERAVES, BLÉ, TRÉFLE, BLÉ.

PREMIÈRE ANNÉE.

Betteraves.

A L'HECTARE.

	QUANTITÉS.	PRIX.	DÉPENSE.
ENGRAIS COMPLET N° 2 *bis*.	1,300^k		
Soit :			
Phosphate acide de chaux. .	400	64^f »	
Nitrate de potasse	200	124 »	334 fr. »
Nitrate de soude.	400	140 »	
Sulfate de chaux.	300	6 »	

DEUXIÈME ANNÉE.

Blé.

| Sulfate d'ammoniaque. . . . | 300 | 135 » | 135 » |

TROISIÈME ANNÉE.

Trèfle.

ENGRAIS INCOMPLET N° 2 . .	1,000^k		
Soit :			
Phosphate acide de chaux. .	400	64 »	
Nitrate de potasse.	200	124 »	106 »
Sulfate de chaux.	400	8 »	

QUATRIÈME ANNÉE.

Blé.

| Sulfate d'ammoniaque. . . . | 300 | 135 » | 135 » |

| DÉPENSE TOTALE . . . . . . | | | 800 fr. » |
| — PAR AN . . . . | | | 200 » |

ASSOLEMENT DE CINQ ANS, COMPRENANT :

POMMES DE TERRE, BLÉ, TRÈFLE, COLZA, BLÉ.

PREMIÈRE ANNÉE.

Pommes de terre.

A L'HECTARE.

	QUANTITÉS.	PRIX.		DÉPENSE.
ENGRAIS COMPLET N° 3...	1,000^k			

Soit :

Phosphate acide de chaux. .	400^k	64^f	»	
Nitrate de potasse	300	186	»	256 fr. »
Sulfate de chaux	300	6	»	

DEUXIÈME ANNÉE.

Blé.

Sulfate d'ammoniaque. . . .	300	135	»	135	»

TROISIÈME ANNÉE.

Trèfle.

ENGRAIS INCOMPLET N° 2. .	1,000^k			

Soit :

Phosphate adcie de chaux. .	400	64	»	
Nitrate de potasse	200	124	»	196 »
Sulfate de chaux	400	8	»	

QUATRIÈME ANNÉE.

Colza.

Sulfate d'ammoniaque. . . .	400	180	»	180	»

CINQUIÈME ANNÉE.

Blé.

Sulfate d'ammoniaque. . . .	300	135	»	135	»
Cendres des pailles et des si- liques de colza.	Mémoire.				

DÉPENSE TOTALE	902 fr.	»
— PAR AN	180	40

ASSOLEMENT DE DEUX ANS, COMPRENANT :

MAÏS, BLÉ.

PREMIÈRE ANNÉE.

Maïs.

A L'HECTARE.

	QUANTITÉS.	PRIX.	DÉPENSE.
ENGRAIS COMPLET N° 5....	1,200k		

Soit :

Phosphate acide de chaux . .	600	90f	»	
Nitrate de potasse	200	124	»	228 fr. »
Sulfate de chaux	400	8	»	

DEUXIÈME ANNÉE.

Blé.

Sulfate d'ammoniaque	300	135	»	135 »

DÉPENSE TOTALE. . . . . 363 fr. »

— PAR AN 181 50

ASSOLEMENT DE SIX ANS, COMPRENANT :

LIN, BETTERAVES, BLÉ, COLZA, BLÉ, AVOINE, SEIGLE OU ORGE.

PREMIÈRE ANNÉE.

Lin.

A L'HECTARE.

	QUANTITÉS.	PRIX.	DÉPENSE.
ENGRAIS INCOMPLET N° 2. .	1,000k		

Soit :

Phosphate acide de chaux . .	400	64f	»	
Nitrate de potasse	200	124	»	196 fr. »
Sulfate de chaux	400	8	»	

A reporter. . . . . 196 fr. »

DEUXIÈME ANNÉE.

Betteraves.

A L'HECTARE.

	QUANTITÉS.	PRIX.		DÉPENSE.
Report.				**196 fr.** »
ENGRAIS COMPLET N° 2. . .	1,200ᵏ			

Soit :

Phosphate acide de chaux. .	400	64	»	
Nitrate de potasse	200	124	»	⎫
Nitrate de soude.	300	105	»	⎬ 299 »
Sulfate de chaux	300	6	»	⎭

TROISIÈME ANNÉE.

Blé.

| Sulfate d'ammoniaque . . . . | 300 | 135 | » | 135 | » |

QUATRIÈME ANNÉE.

Colza.

| ENGRAIS COMPLET N° 6. . . | 1,300ᵏ |

Soit :

Phosphate acide de chaux. .	400	64	»	⎫
Nitrate de potasse	120	74	40	⎬ 326 »
Sulfate d'ammoniaque. . . .	400	180	»	
Sulfate de chaux	380	7	60	⎭

CINQUIÈME ANNÉE.

Blé.

Cendres des pailles et des si-				
liques de colza, enterrées				
par un premier labour . .	Mém.			
Sulfate d'ammoniaque	300	135	»	135	»

SIXIÈME ANNÉE.

Avoine, Seigle ou Orge.

| Sulfate d'ammoniaque. . . . | 200 | 90 | » | 90 | » |

| DÉPENSE TOTALE. . . . . | 1,181 fr. | » |
| — PAR AN. . . . . | 196 | 83 |

ASSOLEMENT A FOURRAGE.

PREMIÈRE ANNÉE.

Blé.

A L'HECTARE.

	QUANTITÉS.	PRIX.	DÉPENSE.
ENGRAIS COMPLET N° 1. . . 1,200ᵏ			

Soit :

Phosphate acide de chaux.	400ᵏ	64	»
Nitrate de potasse. . . .	200	124	»
Sulfate d'ammoniaque. . .	250	112	50
Sulfate de chaux.	350	7	»

307 fr. 50

DEUXIÈME ANNÉE.

Trèfle.

ENGRAIS INCOMPLET N° 2.. 1,000ᵏ

Soit :

Phosphate acide de chaux.	400	64	»
Nitrate de potasse	200	124	»
Sulfate de chaux.	400	8	»

196 »

TROISIÈME ANNÉE.

Blé.

Sulfate d'ammoniaque. . . 300 135 » 135 »

QUATRIÈME ANNÉE.

Vesces, Féveroles, Maïs mêlés.

ENGRAIS INCOMPLET N° 2.. 1,000ᵏ

Soit :

Phosphate acide de chaux.	400	64	»
Nitrate de potasse. . . .	200	124	»
Sulfate de chaux.	400	8	»

196 »

A reporter. . . . . 834 fr. 50

CINQUIÈME ANNÉE.

Blé.

A L'HECTARE.

	QUANTITÉS.	PRIX.	DÉPENSE.
Report.			**834 fr. 50**
Sulfate d'ammoniaque. . .	300	135 »	135 »

SIXIÈME ANNÉE.

Vesces, Féveroles, Maïs mêlés.

ENGRAIS INCOMPLET N° 2.. 1,000^k

Soit :

Phosphate acide de chaux.	400	64 »	
Nitrate de potasse.	200	124 »	196 »
Sulfate de chaux.	400	8 »	

DÉPENSE TOTALE. . . . . 1,165 fr. 50

— PAR AN. 194 25

ENGRAIS POUR PRAIRIE.

PREMIÈRE ANNÉE.

A L'HECTARE.

	QUANTITÉS.	PRIX.	DÉPENSE.
ENGRAIS INCOMPLET N° 2..	1,000^k		

Soit :

Phosphate acide de chaux.	400^k	64^f »	
Nitrate de potasse.	200	124 »	196 fr. »
Sulfate de chaux.	400	8 »	

DEUXIÈME ANNÉE.

Sulfate d'ammoniaque. . . 300 135 » 135 »

DÉPENSE TOTALE. . . . . . 331 fr. »

— POUR UN AN. . . 165 50

DEUXIÈME CAS.

LES ENGRAIS CHIMIQUES SONT EMPLOYÉS COMME AUXILIAIRES DU FUMIER.

———

Lorsqu'on emploie les engrais chimiques de concert avec le fumier, il faut considérer celui-ci comme l'équivalent d'un fonds de richesse acquise par le sol, et borner l'engrais chimique à ceux des quatre termes de l'engrais qui conviennent de préférence à la culture de l'année.

Il suit de là qu'il est du plus haut intérêt de connaître la dominante de chaque plante; le tableau suivant est destiné à fournir cette première indication indispensable :

NATURE DES CULTURES.	DOMINANTES.	PRODUITS CHIMIQUES CORRESPONDANTS.
Betteraves............ Colza............... Froment............. Orge............... Avoine.............. Seigle.............. Prairie naturelle.......	AZOTE.	Sulfate d'ammoniaque. Nitrate de soude. Nitrate de potasse.
Pois............... Haricots............ Féveroles........... Trèfle.............. Sainfoin............ Vesces............. Luzernes........... Lin............... Pommes de terre......	POTASSE.	NITRATE DE POTASSE. POTASSE ÉPURÉE. SILICATE DE POTASSE.

NATURE DES CULTURES.	DOMINANTES.	PRODUITS CHIMIQUES CORRESPONDANTS.
Turneps . . . . Rutabagas . . . . Topinambours . . . . Maïs . . . . Sorgho . . . . Canne à sucre	PHOSPHATE.	Noir de raffinerie. Cendres d'os. Superphosphate.

Supposons donc l'emploi de 50,000 kilogrammes de fumier tous les cinq ans ; voici les engrais chimiques auxquels il faut avoir recours :

ASSOLEMENT DE CINQ ANS, COMPRENANT :

POMMES DE TERRE, BLÉ, TRÈFLE, BLÉ, AVOINE.

PREMIÈRE ANNÉE.

Pommes de terre.

A L'HECTARE.

	QUANTITÉS.	PRIX.	DÉPENSE.
Fumier	50,000^k	Mém.	

ENGRAIS CHIMIQUES COMPLÉMENTAIRES.

ENGRAIS INCOMPLET N° 2.	500^k		

Soit :

Phosphate acide de chaux.	200	32^f	»	
Nitrate de potasse	100	62	»	98 fr. »
Sulfate de chaux	200	4	»	

DEUXIÈME ANNÉE.

Blé.

Sulfate d'ammoniaque . . .	300	135	»	135	»

A reporter . . . . **233 fr.** »

13.

TROISIÈME ANNÉE.

Trèfle.

A L'HECTARE.

	QUANTITÉS.	PRIX.	DÉPENSE.
Report...........			233 fr. »
ENGRAIS INCOMPLET N° 2. 1,000^k			
Soit :			
Phosphate acide de chaux.	400	64 »	
Nitrate de potasse......	200	124 »	196 »
Sulfate de chaux,......	400	8 »	

QUATRIÈME ANNÉE.

Blé.

Sulfate d'ammoniaque...	200	90 »	90 »

CINQUIÈME ANNÉE.

Avoine.

Sulfate d'ammoniaque...	300	135 »	135 »
DÉPENSE TOTALE.............			609 fr. »
— ANNUELLE SUPPLÉMENTAIRE..			121 80

ASSOLEMENT DE CINQ ANS, COMPRENANT :

BETTERAVES, BLÉ, TRÈFLE, BLÉ, AVOINE.

PREMIÈRE ANNÉE.

Betteraves.

A L'HECTARE.

	QUANTITÉS.	PRIX.		DÉPENSES.
Fumier.	50,000^k	Mém.		

ENGRAIS CHIMIQUES COMPLÉMENTAIRES.

ENGRAIS COMPLET N° 2. . .	600^k			

Soit :

Phosphate acide de chaux.	200	32^f	»	
Nitrate de potasse.	100	62	»	149 fr. 50
Nitrate de soude.	150	52	50	
Sulfate de chaux.	150	3	»	

DEUXIÈME ANNÉE.

Blé.

Sulfate d'ammoniaque. . .	200	90	»	90	»

TROISIÈME ANNÉE.

Trèfle.

ENGRAIS INCOMPLET N° 2. .	1,000^k			

Soit :

Phosphate acide de chaux.	400	64	»	
Nitrate de potasse.	200	124	»	196 »
Sulfate de chaux.	400	8	»	

QUATRIÈME ANNÉE.

Blé.

Sulfate d'ammoniaque. . .	200	90	»	90	»

A reporter. . . . . **525 fr. 50**

CINQUIÈME ANNÉE.

Avoine.

A L'HECTARE.

	QUANTITÉS.	PRIX.	DÉPENSE.
Report.			**525 fr. 50**
Sulfate d'ammoniaque . .	300	135 »	135 »
DÉPENSE TOTALE.			660 fr. 50
— ANNUELLE SUPPLÉMENTAIRE. .			132 10

ASSOLEMENT DE CINQ ANS, COMPRENANT :

COLZA, BETTERAVES, BLÉ, TRÈFLE, BLÉ.

PREMIÈRE ANNÉE.

Colza.

A L'HECTARE.

	QUANTITÉS.	PRIX.	DÉPENSE.
Fumier.	50,000ᵏ	Mém.	

ENGRAIS CHIMIQUES COMPLÉMENTAIRES.

| Sulfate d'ammoniaque. . . | 300ᵏ | 135ᶠ » | 135 fr. » |

DEUXIÈME ANNÉE.

Betteraves.

| ENGRAIS COMPLET INTEN-SIF Nº 2. . . . . | 800ᵏ | | |

Soit :

Cendres des pailles et des siliques de colza.		Mém.	
Phosphate acide de chaux.	300ᵏ	48ᶠ »	
Nitrate de potasse.	200	124 »	
Nitrate de soude.	150	52 50	227 50
Sulfate de chaux.	150	3 »	

A reporter. . . . .   **362 fr. 50**

TROISIÈME ANNÉE.

Blé.

A L'HECTARE.

	QUANTITÉS.	PRIX.	DÉPENSE.
Report.			**362 fr. 50**
Sulfate d'ammoniaque. . . .	300	90 »	90 »

QUATRIÈME ANNÉE.

Trèfle.

ENGRAIS INCOMPLET Nº 2. 1,000ᵏ

Soit :

Phosphate acide de chaux.	300	64 »	
Nitrate de potasse	200	124 »	196 »
Sulfate de chaux.	400	8 »	

CINQUIÈME ANNÉE.

Froment.

	QUANTITÉS.	PRIX.	DÉPENSE.
Sulfate d'ammoniaque. . . .	200	90 »	90 »

DÉPENSE TOTALE . . . . 738 fr. 50
—   ANNUELLE SUPPLÉMENTAIRE. . 147 70

ASSOLEMENT DE SIX ANS, COMPRENANT :

LIN, BETTERAVES, BLÉ, COLZA, BLÉ, AVOINE, SEIGLE OU ORGE.

PREMIÈRE ANNÉE.

Lin.

A L'HECTARE.

	QUANTITÉS.	PRIX.	DÉPENSE.
ENGRAIS INCOMPLET Nº 2. 1.000ᵏ			

Soit :

Phosphate acide de chaux.	400	64ᶠ »	
Nitrate de potasse	200	124 »	196 fr. »
Sulfate de chaux.	400	8 »	

A reporter. . . . . 196 fr. »

DEUXIÈME ANNÉE.

Betteraves.

A L'HECTARE.

	QUANTITÉS.	PRIX.	DÉPENSE.
Report.			**196 fr.** »
Fumier répandu en automne	50,000	Mém.	

Au printemps.

	QUANTITÉS.	PRIX.	DÉPENSE.
ENGRAIS COMPLET Nº 2 *bis*.	650		

Soit :

Phosphate acide de chaux.	200ᵏ	32ᶠ »	
Nitrate de potasse	100	62 »	107 »
Nitrate de soude.	200	70 »	
Sulfate de chaux.	150	3 »	

TROISIÈME ANNÉE.

Blé.

	QUANTITÉS.	PRIX.	DÉPENSE.
Sulfate d'ammoniaque. . .	300	135 »	135 »

QUATRIÈME ANNÉE.

Colza.

	QUANTITÉS.	PRIX.	DÉPENSE.
ENGRAIS COMPLET Nº 6. . .	1,300ᵏ		

Soit :

Phosphate acide de chaux.	400	64 »	
Nitrate de potasse	120	74 40	328 »
Sulfate d'ammoniaque. . .	400	180 »	
Sulfate de chaux.	380	7 00	

CINQUIÈME ANNÉE.

Blé.

	QUANTITÉS.	PRIX.	DÉPENSE.
Cendres des pailles et des siliques de colza enterrées par un premier labour...		Mémoire.	
Sulfate d'ammoniaque. . . .	300	135 »	135 »

A reporter.			**959 fr.** »

SIXIÈME ANNÉE.

Avoine, Seigle ou Orge.

A L'HECTARE.

	QUANTITÉS.	PRIX.	DÉPENSE.
Report.			**959 fr.** »
Sulfate d'ammoniaque. . .	200	90 »	90 »
DÉPENSE TOTALE.			1,049 fr. »
— PAR AN			174 63

Au lieu de commencer par un essai en grand, je préfère voir préluder à l'emploi des engrais chimiques par un petit champ d'expériences qui n'entraîne qu'une dépense de 20 à 25 fr., et au moyen duquel on acquiert des données positives sur la nature des agents de fertilité dont le sol a le plus spécialement besoin, et sur la limite extrême que les rendements peuvent atteindre sur les terres où l'on doit opérer.

CONSERVATION

PRÉPARATION ET ÉPANDAGE

DES ENGRAIS CHIMIQUES

Règle générale, il faut conserver les engrais chimiques dans un lieu sec, dans un grenier par exemple.

Lorsqu'on prépare soi-même le mélange des produits, cette opération, sans être précisément difficile, demande cependant certains soins, qu'il est toujours avantageux de ne pas négliger.

Il faut d'abord que le mélange soit aussi intime que possible ; si cette condition n'est pas remplie, les radicelles des plantes ne trouvent pas au même moment dans leur sphère d'activité les divers agents dont les bons effets tiennent en partie à leur présence simultanée.

Lorsqu'on veut faire soi-même les mélanges, il est nécessaire de se procurer le phosphate acide de chaux plusieurs mois d'avance. Au moment où il vient d'être préparé, ce produit a une consistance pâteuse qui rend les mélanges difficiles ; mais au bout de deux ou trois mois, il se dessèche et devient pulvérulent.

Voici, au surplus, comment il faut procéder :

On étend d'abord le phosphate de chaux sur le sol, et on le recouvre avec le plâtre. Au bout de vingt-quatre heures, on mêle les deux produits à la pelle, et on les laisse en tas pendant un jour ou deux. Le premier mélange est étendu de nouveau sur le sol, et on y incorpore les autres produits au moyen d'un pelletage énergique, dont on complète l'effet en écrasant les parties agglomérées à l'aide d'un pilon de bois à large tête, que l'on construit soi-même en fixant un manche vertical au milieu d'un morceau de madrier de 20 à 30 centimètres de diamètre sur 10 centimètres d'épaisseur. — Le mélange terminé, il faut absolument le passer au crible et le soumettre à un nouveau pelletage.

Qu'on se pénètre bien de cette indication : pour qu'un engrais produise tout son effet, il faut que chaque filament de racine puisse absorber en même temps tous les produits qui entrent dans sa composition.

Or, ce résultat ne peut être obtenu que si le mélange est bien homogène.

L'épandage des engrais chimiques demande aussi des précautions exceptionnelles. Le mieux, sans comparaison, est de se servir des excellentes machines que l'on possède maintenant pour répandre les engrais pulvérulents ; avec elles, le résultat ne laisse rien à désirer. Si j'ajoute qu'un épandage bien fait suffit pour élever le rendement de 2 ou 3 hectolitres de grain par hectare, on voit combien il est important d'y veiller.

Lorsqu'on ne possède pas de machine, et que l'épandage doit être fait à la main, le mieux est de mêler l'engrais avec son volume de terre fine et sèche, et de le semer à la volée, comme s'il s'agissait d'un semis de grains. Lorsqu'on opère dans ces conditions, il faut diviser au préalable l'engrais en un certain nombre de petits tas, qu'on répartit d'avance sur les lots de terre auxquels ils sont destinés.

S'il s'agit d'une culture de graminées, de pois ou de fèves, il faut répandre l'engrais après le dernier labour, et compléter son exacte répartition dans les couches superficielles du sol au moyen d'un hersage énergique.

Pour les plantes à racines pivotantes qui s'enfoncent à une grande profondeur, il est préférable de répandre l'engrais en deux temps, la moitié après le premier labour et l'autre moitié après le dernier.

Enfin, pour la vigne, voici le procédé qui m'a le mieux réussi.

On répand la moitié de l'engrais sur le sol en traînées de 30 centimètres de large, à 20 centimètres des rangées de ceps, et on l'enterre à la bêche par un labour profond; le reste de l'engrais est répandu à la surface de la partie labourée.

On peut encore pratiquer à la charrue, toujours à 20 centimètres des ceps, deux tranchées parallèles de 30 centimètres de profondeur, répandre la moitié de l'engrais au fond de la tranchée, la recouvrir de terre et répandre le reste de l'engrais à la surface.

On doit fumer la vigne à l'automne.

Pour la prairie, je crois préférable de le répandre mi-partie en automne et mi-partie au printemps, après la première coupe. Lorsqu'on répand les engrais à la volée, une précaution essentielle, c'est d'opérer par un temps calme; lorsqu'il fait du vent, on est exposé à en perdre beaucoup.

Je ne reviendrai pas sur ce que j'ai dit des avantages que les engrais chimiques présentent sur le fumier, par la faculté qu'ils donnent de varier la composition des fumures, mais je dois insister sur les ressources qu'on peut tirer de leur emploi pour combattre les effets d'une année défavorable. Lorsque l'hiver a été rigoureux, et qu'il s'est prolongé au-delà de sa limité ordinaire, les blés, et généralement toutes graminées sont souvent fort compromis; avec 200 kilogrammes de sulfate d'ammoniaque ou 250 kilogrammes de nitrate de soude, mêlés à 200 kilogrammes de plâtre, que l'on répand en couverture au commencement de mars, on peut changer en quelques jours l'état d'une culture et assurer la récolte. L'effet de ces fumures en couverture est vraiment magique.

Mais ici encore il y a des précautions à prendre; il ne faut pas attendre plus tard que la mi-mars. Administrées en avril et en mai, elles impriment à la végétation une activité extraordinaire, mais elles retardent la maturation du grain, et, par suite du développement exagéré que prend la paille, le grain se forme mal : il est peu abondant et tout rabougri.

Des fumures en couverture, par la sûreté et la rapidité de leur action, offrent à l'agriculteur une ressource d'un prix inestimable.

Lorsque l'automne est pluvieux et que les ensemencements se font tardivement, faute de temps, on peut répandre les engrais en couvertures après l'entière levée du grain. Il vaut certainement mieux procéder à l'épandage de l'engrais avant de semer; mais, lorsqu'on ne l'a pas pu, il n'y a pas à hésiter; une fumure en couverture peut suffire encore pour assurer le succès de la récolte; or, avec le fumier, cette ressource fait complètement défaut.

Au printemps, on n'emploie guère en couverture que le sulfate d'ammoniaque ou le nitrate de soude. Ces deux produits peuvent à la rigueur suffire. Je préfère cependant leur associer 200 kilogrammes de phosphate acide de chaux par hectare, mêlés à 200 kilogrammes de plâtre.

DE LA BALANCE DES CULTURES

Je vous ai dit qu'un agriculteur judicieux doit se rendre compte de ce que la terre reçoit et de ce qu'elle perd. Il doit chaque année faire la balance de sa culture et régler la dose de ses engrais, de façon à satisfaire à ces deux lois :

1° Rendre à la terre plus d'acide phosphorique, plus de potasse et plus de chaux que les récoltes ne lui en ont pris ;

2° Lui rendre 50 p. 100 de l'azote des récoltes.

Afin de mettre chacun à même de faire cette balance, qui est de rigueur lorsqu'on opère avec discernement, voici un tableau où se trouve indiquée la composition des plantes qui entrent dans les principaux assolements. Je dois faire remarquer que ces analyses proviennent toutes de plantes récoltées au champ d'expériences de Vincennes, et que toutes ces plantes ont été obtenues dans les mêmes conditions, c'est-à-dire avec l'engrais complet, où l'azote entrait pour 80 kilogrammes par hectare.

COMPOSITION DANS 1,000 PARTIES.

RÉCOLTE DEMI-SÈCHE.		EAU.	AZOTE.	ÉLÉMENTS FONDAMENTAUX DE LA PRODUCTION VÉGÉTALE.		
				ACIDE PHOSPHO-RIQUE.	POTASSE.	CHAUX
FROMENT DE MARS.	Graines . .	147,50	23,62	8,93	6,09	0,57
	Balles . . .	148,00	9,07	2,50	4,19	5,40
	Paille . . .	150,00	5,43	1,80	4,43	3,50
FROMENT D'HIVER.	Graines . .	154,00	28,29	6,80	5,02	0,51
	Balles . . .	105,60	10,12	1,89	1,42	1,95
	Paille . . .	103,60	8,19	1,48	3,16	2,10
ORGE.	Graines . .	154,25	20,59	9,49	7,27	0,77
	Balles . . .	130,83	10,06	2,70	9,96	9,60
	Paille . . .	132,50	7,17	1,48	11,56	6,60
POIS.	Graines . .	191,00	42,58	12,55	12,26	0,90
	Gousses . .	166,50	13,62	5,50	13,79	2,17
	Paille . . .	135,50	15,39	4,05	8,24	28,06
HARICOTS (1).	Graines . .	170,01	53,90	12.55	12,26	0,90
	Gousses . .	185,04	14,80	5,50	13,79	2,17
	Paille . . .	203,20	26,60	4,05	8,24	28,06
COLZA.	Graines . .	81,50	44,89	12,86	7,13	3,25
	Siliques . .	149,50	11,04	2,08	31,91	31,15
	Paille . . .	136,25	10,40	1,54	3,21	9,55
CHOUX.	Feuilles . .	146,00	» »	7,52	17,10	54,10
	Racines . .	168,00	» »	10,60	34,90	12,60
LUZERNE.	. . . .	123,09	32,33	7,40	31,28	25,01

(1) A part l'azote et l'eau, on a admis à *titre d'hypothèse* provisoire que les cendres avaient la même composition que celle des pois.

COMPOSITION DANS 10,000 PARTIES.

RÉCOLTE VERTE.		EAU.	AZOTE.	ACIDE PHOSPHO- RIQUE.	POTASSE.	CHAUX.
				ÉLÉMENTS FONDAMENTAUX DE LA PRODUCTION VÉGÉTALE.		
BETTERAVES.	Feuilles . .	9265,40	35,17	6,68	16,04	7,45
	Racines . .	8625,00	39,05	11,49	45,84	4,14
POMMES DE TERRE.	Tubercules	7873,40	45,20	9,20	33,50	1,90
	Fanes . . .	» »	» »	» »	» »	» »

COMPOSITION DANS 1,000 PARTIES DE FUMIER HUMIDE.

	EAU.	AZOTE.	ACIDE PHOSPHO- RIQUE.	POTASSE.	CHAUX.
			ÉLÉMENTS FONDAMENTAUX DE LA PRODUCTION VÉGÉTALE.		
Fumier de Vincennes . . .	800,00	4,16	1,76	4,92	10,46
— de Bechelbronn . .	790,00	4,00	2,00	2,60 (1)	5,62
— de Bouxwiller . . .	790,00	5,38	2,65	8,12	7,76
Dans 1,000 litres de purin.	974,00	1,13	0,10	6,00	0,04

COMPOSITION DANS 1,000 PARTIES DE FUMIER SEC.

	EAU.	AZOTE.	ACIDE PHOSPHO- RIQUE.	POTASSE.	CHAUX.
			ÉLÉMENTS FONDAMENTAUX DE LA PRODUCTION VÉGÉTALE.		
Fumier de Vincennes . . .	» »	20,80	8,80	24,60	52,30
— de Bechelbronn . .	» »	20,00	10,00	26,00 (2)	28,10
— de Bouxwiller . . .	» »	25,67	12,65	38,75	37,06
Dans 1,000 de résidu de purin.	» »	43,45	3,94	230,97	1,88

(1) Soude-potasse.
(2) Soude-potasse.

DES CHAMPS D'EXPÉRIENCES

Je l'ai dit à plusieurs reprises, et je n'hésite pas à le répéter, c'est par les champs d'expériences que j'aime à voir les agriculteurs préluder à l'emploi des engrais chimiques. D'abord, une tentative sur une échelle aussi réduite fût-elle malheureuse, ne peut jamais prendre les proportions d'un mécompte financier, et je confesse que c'est là, pour moi, une considération d'une très-grande importance ; mais ce qui est plus décisif, c'est que rien n'impressionne un homme pratique comme les contrastes que ces champs lui révèlent ; en face de ces contrastes, il sent instinctivement qu'il y a là une puissance jusqu'ici méconnue ou mal appliquée.

La raison des différences que les rendements accusent ne lui apparaît pas d'abord bien distinctement, son esprit hésite ; mais il vient un moment où la lumière se fait, et alors, c'est presque avec la conviction et la ferveur d'un sentiment religieux qu'il parle des effets qu'il a observés, et des grandes lois dont ils sont à la fois le symbole et la démonstration. On en peut juger par cette lettre :

« La récolte de betteraves sera plus que médiocre autour de moi. Seul, je suis heureux, et je le suis surtout par l'application de vos méthodes ; je vous bénis, et je recueille avec bonheur les fruits de ma foi inébranlable en vos idées.

« Je dis ma foi inébranlable. Je le dis avec intention, car à partir de l'époque où l'on a pu s'apercevoir que j'appliquais vos méthodes, on m'a fait une guerre tantôt ouverte, tantôt sourde, et toujours implacable.

« On a cherché à prémunir mes propriétaires contre moi en leur disant que mes succès étaient éphémères, que je me préparais d'amers regrets en dépensant follement des sommes énormes, et que j'en viendrais à l'épuisement de leur terre.

« On a fait plus. Mes champs d'expériences sont admirables ; ils portent avec eux la preuve la plus frappante de la certitude de vos méthodes. Cela ne faisait pas le compte de mes ennemis. On a brisé certains poteaux indicateurs, pour dérouter l'attention et l'examen des visiteurs ; on a bouleversé les autres ; on est allé jusqu'à les changer, et à mettre, par exemple, le poteau indicateur *Engrais minéral* à la place du poteau *Engrais complet ;* et puis on a répété partout que vos engrais n'avaient aucune valeur sérieuse, et que ces expériences exprimaient tout le contraire de vos promesses. Heureusement, le pays s'est aperçu de la fraude ; la vérité se fera jour, et j'espère même qu'on connaitra l'auteur de cet inexplicable méfait. »

Ajoutons que l'auteur de cette lettre, qui a débuté par un champ d'expériences, en possède aujourd'hui huit à dix, et qu'il a mis 120 hectares au régime des engrais chimiques.

On voit par cet exemple, auquel j'aurais pu en ajouter beaucoup d'autres, si j'ai raison d'insister pour qu'on commence par de petits champs d'expériences. M. Lavaux, à la ferme de Choisy-le-Temple, où les engrais chimiques sont employés sur près de 300 hectares, a commencé par un modeste petit champ d'expériences.

Après ce que je viens de vous dire, on ne sera pas surpris si je parle en détail et avec une sorte de prédilection des règles auxquelles il faut s'astreindre pour retirer d'un champ d'expériences tout ce qu'il est permis d'en attendre.

Un agriculteur judicieux et animé du désir de bien faire doit se livrer à deux ordres d'essais pour connaître les véritables besoins de son sol : multiplier, d'ici, de là, sur toute l'étendue de son domaine, les semis juxtaposés de pois et de froment sur des carrés de 1 à 2 mètres.

Si les deux plantes réussissent également bien, l'indication est certaine : le sol est pourvu à la fois de minéraux et de matière azotée. Si les pois réussissent et que le froment ne donne qu'un rendement moyen, on peut tenir pour certain que la terre, pourvue de minéraux, manque de matière azotée. Enfin si le rendement du froment, sans être excellent, est meilleur que celui des pois, c'est l'indice que la terre contient de la matière azotée, mais manque de minéraux.

Voilà à coup sûr un moyen bien facile pour acquérir des indications positives sur les différences de composition que peuvent présenter les diverses parties d'un domaine. Mais ces indications, quoique fort utiles, ne suffisent pas ; il faut pousser plus loin et rechercher quels sont les minéraux qui font défaut dans les couches superficielles et dans les couches profondes du sol. On y parvient sans difficulté au moyen des champs d'expériences.

Dans une exploitation de quelque importance, on fera sagement d'en établir plusieurs. L'un, que j'appellerai le champ principal, devra comprendre toutes les plantes qui composent l'assolement qu'on a adopté.

Le choix de l'emplacement est une condition de grande importance ; il faut autant que possible affecter une pièce de terre qui, par son exposition, sa nature et son degré de fertilité, représente la qualité moyenne du sol de l'exploitation. Le champ principal doit se composer de 10 parcelles de 1 are chacune, séparées par un chemin de 1 mètre de large.

J'ai dit que ce champ devait comprendre toutes, ou du moins les principales plantes de l'assolement, ce qui exige au moins deux ou trois séries parallèles de culture ; parmi les plantes qu'on doit préférer, si on ne peut les essayer toutes, je citerai le froment, le colza, ou même encore la betterave et une légumineuse, pois ou haricots. Au moyen du froment et des pois, on sera renseigné sur l'état de la couche superficielle, et, par la betterave ou le colza, sur celui des couches profondes. Or, ce sont là deux éléments auxquels il faut avoir égard, lorsqu'on veut faire de la culture à grand rendement, avec intelligence, sûreté et économie.

J'ai dit que chaque plante doit être soumise à 10 modes de fumure différents sur 10 parcelles séparées ; voici l'indication exacte de ces fumures :

Froment. Nᵒ 1. — Fumier, 60,000 kil. à l'hectare.

Nᵒ 2. — Fumier, 30,000 kil. id.

Nᵒ 3. — Engrais complet intensif.

Nᵒ 4. — Engrais complet.

Nᵒ 5. — Engrais sans matière azotée.

Nᵒ 6. — Engrais sans phosphate de chaux.

Nᵒ 7. — Engrais sans potasse.

Nᵒ 8. — Engrais sans chaux.

Nᵒ 9. — Engrais sans minéraux.

Nᵒ 10. — Terre sans aucun engrais.

Lorsqu'il s'agit d'une exploitation importante, un champ ne saurait suffire, à cause des variations que la composition du sol présente dans les principales divisions d'un domaine ; on fera donc sagement de multiplier les essais, mais sur une moindre échelle. 1 are divisé en quatre parties suffirait pour ces champs auxiliaires ; on peut, en effet, les réduire aux termes suivants :

Nº 1. — Engrais complet.

Nº 2. — Engrais minéral sans azote.

Nº 3. — Engrais azoté sans minéraux.

Nº 4. — Sans aucun engrais.

Quelques coins de terre consacrés à ces expériences ne troubleront en rien la marche des travaux de l'exploitation, et ils feront connaître, pour chaque grande division du domaine, le moment précis où il faudra recourir aux fumures azotées ou minérales.

A ceux qui n'envisageraient pas sans un certain effroi la perspective d'un si grand nombre d'essais, je répondrai par un argument de fait : dans toutes les exploitations où l'on a introduit l'usage des engrais chimiques, on se fait honneur des champs d'expériences ; le directeur, propriétaire ou fermier, aime à les montrer à ceux qui le visitent, et, après quelques hésitations, il finit toujours par régler, sur leur témoignage, les doses des agents dont il compose ses engrais.

Occupons-nous maintenant de la préparation des engrais qui conviennent aux champs d'expériences.

SÉRIE POUR FROMENT.

(Parcelle nº 1.)

Fumier de ferme...................................... 60,000 kil.

(Parcelle nº 2.)

Fumier de ferme...................................... 30,000 kil.

ENGRAIS COMPLET INTENSIF Nº 1.
(Parcelle nº 3.)

A L'HECTARE.

	QUANTITÉS.	PRIX.		DÉPENSES.
Phosphate acide de chaux..	600ᵏ	96ᶠ	»	
Nitrate de potasse..........	400	248	»	463 fr. 50
Sulfate d'ammoniaque......	250	112	50	
Sulfate de chaux...........	350	7	»	

14.

ENGRAIS COMPLET N° 1.

(Parcelle n° 4.)

A L'HECTARE.

	QUANTITÉS.	PRIX.		DÉPENSE.
Phosphate acide de chaux ..	400ᵏ	64ᶠ	»	
Nitrate de potasse..........	200	124	»	307 fr.50
Sulfate d'ammoniaque.......	250	112	50	
Sulfate de chaux...........	350	7	»	

ENGRAIS SANS MATIÈRE AZOTÉE.

(Parcelle n° 5.)

Phosphate acide de chaux ..	400ᵏ	64ᶠ	»	
Potasse épurée	150	120	»	191 »
Sulfate de chaux...........	350	7	»	

ENGRAIS SANS PHOSPHATE.

(Parcelle n° 6.)

Nitrate de potasse..........	200ᵏ	124ᶠ	»	
Sulfate d'ammoniaque......	250	112	50	243 50
Sulfate de chaux...........	350	7	»	

ENGRAIS SANS POTASSE.

(Parcelle n° 7.)

Phosphate acide de chaux ..	400ᵏ	64ᶠ	»	
Sulfate d'ammoniaque......	400	180	»	248 »
Sulfate de chaux...........	200	4	»	

ENGRAIS SANS CHAUX.

(Parcelle n° 8.)

Phosphate de chaux précipité	400ᵏ	64ᶠ	»	
Nitrate de potasse	200	124	»	300 50
Sulfate d'ammoniaque......	250	112	50	

ENGRAIS SANS MINÉRAUX.

(Parcelle n° 9.)

Sulfate d'ammoniaque......	400ᵏ	180ᶠ	»	180 »

SÉRIE POUR BETTERAVES.

(Parcelle n° 1.)

Fumier de ferme.......................... 60,000 kil.

(Parcelle n° 2.)

Fumier de ferme.......................... 30,000 kil.

ENGRAIS COMPLET INTENSIF N° 2.

(Parcelle n° 3.)

A L'HECTARE.

	QUANTITÉS.	PRIX.	DÉPENSE.
Phosphate acide de chaux..	600k	96f »	
Nitrate de potasse.........	400	248 »	455 fr. »
Nitrate de soude...........	300	105 »	
Sulfate de chaux...........	300	6 »	

ENGRAIS COMPLET N° 2.

(Parcelle n° 4.)

Phosphate acide de chaux..	400k	64f »	
Nitrate de potasse..........	200	124 »	299 »
Nitrate de soude...........	300	105 »	
Sulfate de chaux...........	300	6 »	

ENGRAIS SANS MATIÈRE AZOTÉE.

(Parcelle n° 5.)

Phosphate acide de chaux ..	400k	64f »	
Potasse épurée	150	120 »	191 »
Sulfate de chaux...........	350	7 »	

ENGRAIS SANS PHOSPHATE.

(Parcelle n° 6.)

Nitrate de potasse	200k	124f »	
Nitrate de soude...........	300	105 »	235 »
Sulfate de chaux...........	300	6 »	

ENGRAIS SANS POTASSE.

(Parcelle n° 7.)

A L'HECTARE.

	QUANTITÉS.	PRIX.		DÉPENSE.	
Phosphate acide de chaux ..	400ᵏ	64ᶠ	»		
Nitrate de soude............	450	157	50	228	50
Sulfate de chaux............	350	7	»		

ENGRAIS SANS CHAUX.

(Parcelle n° 8.)

Phosphate de chaux précipité	400ᵏ	64ᶠ	»		
Nitrate de potasse	200	124	»	293	»
Nitrate de soude...........	300	105	»		

ENGRAIS SANS MINÉRAUX.

(Parcelle n° 9.)

Nitrate de soude...........	450ᵏ	157ᶠ	50	157	50

Pour qu'un champ d'expériences fournisse des indications vraiment utiles sur l'état du sol, il faut que la terre n'ait pas reçu de fumier depuis plusieurs années ; autrement les rendements des diverses parcelles se rapprochent au point de se confondre, et les contrastes que vous remarquez ici à Vincennes ne se produisent qu'après deux ou trois ans de culture. Mais ce cas n'est pas moins instructif que le premier : il prouve en effet que le sol est pourvu de tous les termes de l'engrais complet.

Au point de vue de la pratique, cette indication a une importance capitale. Elle nous apprend que dans un tel sol on peut recourir temporairement à des engrais incomplets, et procéder par fumure alternante en se bornant aux seules *dominantes,* ce qui permet d'obtenir le maximum de produit avec la plus faible dépense.

LEXIQUE

DES

ENGRAIS CHIMIQUES.

———

Matières azotées.

On désigne sous ce nom les produits d'origine animale ou végétale dont l'azote fait partie.

Le sang,

L'albumine,

Les déchets de corne,

Les chiffons de laine,

La chair musculaire,

Les matières fécales,

Les litières,

Les tourteaux

sont des matières azotées. Pour agir sur la végétation, les matières dites *azotées* doivent pouvoir se décomposer dans le sol; sans cette décomposition préalable, elles n'auraient pas d'action sur les plantes. Lorsque les matières azotées se décomposent, une partie de leur azote passe à l'état d'ammoniaque ou de nitrate. Pour ce motif, on comprend dans la classe des matières azotées propres à l'agriculture :

Le sulfate d'ammoniaque,

Le nitrate de potasse,

Le nitrate de soude.

Ces substances, qui sont de véritables sels, contiennent de l'azote au nombre de leurs constituants ; dans le sulfate d'ammoniaque, l'azote appartient à l'ammoniaque, qui est la base du sel ; dans les nitrates de potasse et de soude, l'azote appartient à l'acide du sel.

Sulfate d'ammoniaque.

Ce sel est formé d'acide sulfurique et d'ammoniaque :

Acide sulfurique	60	60
Ammoniaque	25	76
Eau	13	64
	100	00

Or, comme l'ammoniaque est formée à son tour de :

Azote	14	»
Hydrogène	3	»
	17	»

il en résulte que le sulfate d'ammoniaque contient 24,24 p. 100 d'azote lorsqu'il est chimiquement pur.

Celui du commerce en contient au plus 20 p. 100.

On retire l'ammoniaque des eaux vannes qui proviennent des vidanges des villes ; on en obtient aussi de la distillation de la houille employée à la fabrication du coke et du gaz d'éclairage ; mais la source qui semble devoir dépasser toutes les autres est celle qu'offrent les volcans, lorsqu'ils sont parvenus à la période d'apaisement où ils ne dégagent plus que de la vapeur d'eau.

En 1866, le sulfate d'ammoniaque valait 35 fr. les 100 kilogrammes. Aujourd'hui il vaut 45 fr., mais ce prix est appelé certainement à baisser dans un avenir prochain.

Nitrate de soude.

Le nitrate de soude est formé d'acide nitrique et de soude. En voici exactement la composition :

$$
\begin{array}{lrr}
\text{Acide azotique} & 63 & 53 \\
\text{Soude} & 36 & 47 \\
\hline
& 100 & 00
\end{array}
$$

L'acide nitrique étant formé lui-même de :

$$
\begin{array}{lrr}
\text{Azote} & 14 & » \\
\text{Oxygène} & 40 & » \\
\hline
& 54 & »
\end{array}
$$

il s'ensuit que le nitrate de soude contient 16.4 d'azote lorsqu'il est chimiquement pur. Celui du commerce n'en contient guère que 14 à 15 p. 100. Le nitrate de soude est tiré du Pérou, où il existe à l'état de conglomérats compactes, mêlés à du sable et à du sel marin.

Les tremblements de terre qui ont eu lieu cette année sur les côtes du Pérou ont ralenti l'importation de ce produit, dont le prix s'est élevé à 40 fr. les 100 kilogrammes au lieu de celui de 35 fr. auquel on pouvait se le procurer l'année dernière.

Nitrate de potasse.

Ce sel, désigné aussi sous le nom de *sel de nitre* ou de *nitre*, est formé d'acide nitrique et de potasse.

$$\begin{array}{llr}
\text{Acide nitrique} & 53 & 41 \\
\text{Potasse} & 46 & 59 \\
\hline
& 100 & 00
\end{array}$$

A raison de 14 d'azote pour 54 d'acide nitrique, il contient 13.8 d'azote à l'état de pureté. Celui du commerce n'en contient guère que 12 à 13.

Le nitrate de potasse s'obtient en faisant décomposer, sous de vastes hangars aménagés pour cette destination, des matières d'origine animale mêlées à des terres argilo-calcaires, qu'on lessive ensuite pour extraire le nitre. On a retiré pendant longtemps ce sel des matériaux de démolition. On le fabrique aujourd'hui en décomposant le chlorure de potassium au moyen du nitrate de soude. On obtient à la fois du chlorure de sodium (sel marin) et du nitrate de potasse, très-faciles à séparer par cristallisation.

Le nitrate de potasse est, de tous les produits qui contiennent la potasse, celui qu'on doit préférer pour les besoins agricoles.

Le nitrate de potasse vaut en ce moment 64 fr. les 100 kilogrammes.

Phosphate de chaux.

Sous le nom de *phosphates de chaux* on comprend un assez grand nombre de produits différents. Pendant longtemps on n'a employé en agriculture que le phosphate de chaux des os ; il est alors associé à du carbonate de chaux. Aujourd'hui, la plus grande partie des phosphates consommés comme engrais proviennent du règne minéral, où l'on en trouve des gisements inépuisables.

Tous les phosphates sont formés d'acide phosphorique

et de chaux. L'acide phosphorique est lui-même formé de phosphore et d'oxygène :

$$
\begin{array}{lr}
\text{Phosphore} & 31 \quad » \\
\text{Oxygène} & 40 \quad » \\
\hline
& 71 \quad »
\end{array}
$$

Dans les phosphates, c'est l'acide phosphorique qui est la partie active. Les chimistes ont coutume de représenter l'acide phosphorique par le symbole

$$PhO^5$$

Or PhO^5 ou 71 d'acide phosphorique étant un terme constant, on connaît trois sortes principales de phosphates de chaux :

$$PhO^5 \begin{cases} CaO \\ aHO \end{cases}$$

ce qui, en centièmes, se traduit par :

$$
\begin{array}{lrr}
\text{Acide phosphorique} & 60 & 68 \\
\text{Chaux (CaO)} & 23 & 93 \\
\text{Eau (HO)} & 15 & 39 \\
\hline
& 100 & 00
\end{array}
$$

Ce produit a reçu le nom de phosphate acide de chaux. Dans l'industrie, on le prépare en traitant les os ou les phosphates d'origine minérale par l'acide sulfurique. Le phosphate acide est alors mêlé à du sulfate de chaux ; il reçoit sous cette forme le nom de superphosphate de chaux.

Il contient 15 à 18 p. 100 d'acide phosphorique et se vend 16 fr. les 100 kilogrammes.

15

2° Le deuxième phosphate est exprimé par le symbole

$$PhO^5 \begin{cases} CaO \\ HO \end{cases}$$

ou, en centièmes :

Acide phosphorique . . .	52	20
Chaux	41	18
Eau	6	62
	100	00

Il diffère du premier par la proportion de chaux qui est plus élevée. Ce phosphate ne se trouve pas dans le commerce. Il jouit de propriétés remarquables dont il est inutile de parler, puisqu'on ne pourrait se le procurer.

3° Le dernier phosphate a pour symbole

$$PhO^5,3CaO.$$

Il a pour composition dans 100 parties :

Acide phosphorique . . .	45	81
Chaux	54	19
	100	00

On voit que la proportion d'acide phosphorique est exprimée dans ces trois phosphates par :

1°	60	68 p. °/°
2°	52	20
3°	45	80

Le dernier, qui est le moins riche en acide phosphorique, est le phosphate des os ; il se trouve encore dans la nature à l'état de nodules et à l'état d'apatite.

A l'état de nodules, le phosphate est mêlé à 40 ou

50 p. 100 de matières étrangères ; il est vendu en poudre au prix de 6 fr. les 100 kilogrammes.

Les os calcinés réduits en poudre valent 16 fr. ; quant à l'apatite, à raison de sa grande compacité, elle ne peut être employée à son état naturel. On s'en sert pour la fabrication du phosphate acide de chaux.

Sulfate de chaux.

Le sulfate de chaux n'est autre que le plâtre, produit par la combinaison de l'acide sulfurique avec la chaux.

On le trouve en grandes quantités dans la nature à l'état hydraté. Il a alors pour composition :

Acide sulfurique	46	51
Chaux	32	56
Eau	20	93
	100	00

Exposé à la température de 120° ou de 130°, il perd son eau et passe à l'état de sulfate anhydre, plus connu sous le nom de *plâtre*.

C'est à l'état de plâtre que je conseille d'employer de préférence le sulfate de chaux. Il vaut alors 2 fr. les 100 kilogrammes.

CRITIQUE ET DISCUSSION

LA TRILOGIE AGRICOLE

LA TRILOGIE AGRICOLE

PAR

J.-A. BARRAL

Sous ce titre emphatique et prétentieux, M. Barral recommence en volume la discussion sur les engrais chimiques qu'il a épuisée dans son journal. La *Trilogie* n'est ni plus ni moins qu'une réfutation de la Conférence faite à la Sorbonne par M. Ville sur la crise agricole de 1865. Pourquoi ce titre pompeux ? Pour faire amorce à l'acheteur. C'est un *tire-l'œil*. Tactique d'auteur que le public abandonne.

La situation de notre agriculture est aujourd'hui trop grave pour nous arrêter aux questions incidentes ; allons droit au fond des choses, et appliquons-nous à faire la lumière là où de méchantes intentions cherchent à semer les demi-jours et l'obscurité.

Toute la Conférence de la Sorbonne peut se résumer en trois propositions fondamentales : Notre population agricole souffre, et son accroissement semble éprouver un temps d'arrêt ; nous sommes, sous ce rapport, dans une situation d'infériorité notoire à l'égard de l'Angleterre, de la Hollande et de la Belgique. Quelle est la véritable cause de ce ralentissement et de ce malaise ? Nos prix de revient, qui sont trop élevés ; et j'ajoute que la surélévation de nos prix est elle-même la conséquence de l'insuffisance des fumures que la terre reçoit.

Fumer plus et mieux, voilà donc le but vers lequel il faut tendre.

Niez-vous, Monsieur Barral, l'évidence et l'exactitude de cette proposition ? — Non. Vous convenez donc avec moi que l'agriculture a besoin d'engrais.

Où les prendra-t-elle ?

Dans le passé, on avait une formule toute prête pour répondre à cette question. On disait : Pour avoir du fumier, faites de la prairie, élevez du bétail. Je réponds qu'à part le cas, toujours exceptionnel, où l'on peut se livrer à la production de l'alcool ou du sucre, la quantité de fumier produite dans une exploitation agricole est insuffisante pour faire ressortir le blé à un prix rémunérateur, et que même dans l'hypothèse d'une annexe industrielle, l'emploi des engrais artificiels devient une nécessité ou présente dans la pratique d'incomparables avantages.

Que trouvez-vous à objecter à cette deuxième proposition ?

Contestez-vous la justesse de cet axiome, admis par tous les praticiens : A LA CULTURE INTENSIVE LES GRANDS PROFITS ?

Faut-il en mettre sous vos yeux la preuve par sous et deniers ?

Le bon sens et les connaissances pratiques de vos lecteurs rendent ce complément de preuves inutile. L'agriculture a donc besoin d'engrais. Mais si, dans les conditions les plus favorisées, elle n'en produit pas assez, que sera-ce lorsque sa position devient précaire et embarrassée, ce qui est le cas de la petite culture ?

La petite culture tend à dominer en France; elle s'étend de jour en jour, et sur les 35 millions d'hectares cultivés, elle en occupe déjà 21 millions à peu près. Or, vous avez beau dire le contraire, je soutiens, et tous les gens pratiques vous diront avec moi, que le propriétaire d'un hectare ou deux ne peut pas se faire producteur d'engrais.

L'économie la plus stricte apportée à l'aménagement des déjections recueillies dans son modeste intérieur est une ressource tout à fait insuffisante.

Pour cette classe de cultivateurs, les engrais artificiels sont plus qu'un auxiliaire : ils sont une nécessité.

Me plaçant donc au point de vue de cette partie si intéressante et la plus nombreuse de la population de nos campagnes, je me suis attaché à exposer comment il faut concevoir l'emploi des engrais chimiques, qui sont les engrais artificiels par excellence, puisque leur nature est toujours rigoureusement définie et leur degré de pureté susceptible d'une fixité que ne présentent pas les autres engrais. Les formules que j'ai publiées ne sont pas d'ailleurs des recettes inflexibles, mais des formules symboliques dont les praticiens judicieux et prévoyants doivent s'efforcer de se rapprocher le plus possible à l'aide des ressources qui sont à leur portée.

J'ai dit : « On fera du fumier si, tout bien pesé, on y trouve son profit ; dans le cas contraire, on y suppléera par des engrais chimiques. Au lieu d'une question de bonne culture, il n'y a plus là qu'une question de prix de revient. (Sixième Conférence de Vincennes, p. 344.)

« Une règle, une seule et inflexible, c'est qu'il faut rendre à la terre plus de phosphate de chaux, de potasse et de chaux que les récoltes ne lui en font perdre, soit qu'on fasse consommer par les animaux les pailles et les autres déchets de récoltes, soit qu'on s'en serve pour produire de toutes pièces, et par des moyens artificiels, des fumiers dont on COMBINERA L'EMPLOI AVEC CELUI DES ENGRAIS CHIMIQUES. » (Même Conférence, page 370.)

Est-ce assez clair ?

Où voyez-vous que je réprouve l'usage du fumier, et comment le pourrais-je sans inconséquence, moi qui me suis appliqué à démontrer que le fumier emprunte aux mêmes agents que les engrais chimiques ses propriétés fertilisantes les plus essentielles ?

J'arrive au dernier point que vous avez si complaisamment travesti.

Persuadé qu'aucune dépense n'est plus rémunératrice que celle des engrais lorsqu'ils sont de bonne qualité, c'est-à-dire lorsqu'ils contiennent à la fois du phosphate de chaux, de la potasse, de la chaux et une matière azotée, j'ai pensé et je persiste à croire que l'État rendrait un signalé service à l'agriculture, en facilitant la création d'un système de vente d'engrais à quinze mois de terme. J'ai pensé et dit, en outre, que l'avantage le plus essentiel d'une telle création serait de ramener le commerce des engrais à des habitudes et à une pratique plus loyales. Dans ce dessein, j'ai proposé de n'étendre le bénéfice de ce terme de quinze mois qu'à des engrais d'une composition aussi simple que facile à déterminer, et je comprenais dans cette catégorie LE PHOSPHATE DE CHAUX, LES SELS DE POTASSE, LE NITRATE DE SOUDE, LE SALPÊTRE, LES SELS AMMONIACAUX, CERTAINES MATIÈRES D'ORIGINE ANIMALE, LE GUANO, LES TOURTEAUX DE GRAINES OLÉAGINEUSES, etc.

J'ai soutenu enfin que l'État ne pouvait se montrer moins jaloux de notre prospérité agricole que de celle de nos voies ferrées, et que, puisqu'il avait avancé aux compagnies de chemin de fer, tant en travaux qu'en garantie d'intérêts, près d'un milliard, il ne pouvait se refuser à avancer à l'agriculture, pour l'un de ses plus impérieux besoins, une centaine de millions, d'autant plus que cette somme, déjà votée pour le drainage, est restée sans emploi, et qu'il suffirait d'en changer la destination.

Que trouvez-vous donc là de si répréhensible? et que signifie l'affectation que vous mettez à parler de *mes* engrais? Auriez-vous par hasard l'intention d'insinuer que je vends des engrais, que j'ai des intérêts privés à favoriser? Veuillez vous expliquer sur ce point, et trouvez bon que jusque-là je me borne à cette interpellation.

Ce n'est pas d'aujourd'hui d'ailleurs que je professe et que je défends ces idées. Les cartons du ministère de l'agriculture renferment, sur cette question, un mémoire de moi qui remonte à plus de sept années et qui nous a valu la nomination de la commission chargée de l'enquête sur les engrais.

Je ne vois rien dans tout cela qui puisse justifier votre attitude et vos violences, rien qu'aucun homme impartial puisse se refuser à considérer comme conforme à l'intérêt et au bien de notre pays, appelé à lutter désormais avec tous les autres pays producteurs de denrées agricoles.

Jusqu'ici j'ai évité à dessein les questions de science, j'ai voulu

n'appeler à mon aide que le bon sens et les notions les plus élémentaires ; mais ne croyez pas que mon silence à cet égard soit
une désertion : je me hâte de rentrer dans le domaine scientifique, qui est mon domaine de prédilection, et je me persuade
que vous n'aurez pas à vous en réjouir.

J'ai dit que la science a défini la nature et le nombre des
agents qui rendent la terre fertile et engendrent la végétation,
comme la houille engendre la vapeur.

Le fumier doit à ces agents, qui sont le phosphate de chaux,
la chaux, la potasse et les matières azotées, réunies et associées,
son efficacité.

Qu'opposez-vous à cette déclaration ?

Voici ce que j'ai dit à cet égard dans la cinquième des Conférences de Vincennes : « En bornant la composition de l'engrais
« complet au phosphate de chaux, à la chaux, à la potasse et à
« une matière azotée, je n'entends pas nier l'utilité des autres élé
« ments actifs du sol, je les supprime, parce que la terre en est
« déjà pourvue. » (Cinquième Conférence de Vincennes, page 257
et suivantes.)

Voulant enfin faire sentir à mes auditeurs toute l'importance
des résultats que l'emploi de plus en plus étendu des engrais
chimiques est appelé à produire pour le bien des sociétés, j'ajoutais encore :

« Autrefois, la somme des matières mises par la nature à la
« disposition des êtres organisés, dont nous faisons partie avait
« ses limites. Tout ce que pouvaient faire les systèmes en usage
« était de la maintenir ; mais aucun n'était parvenu à l'aug
« menter.

« A l'égard des problèmes de la vie et de la population, la
« puissance de l'homme rencontrait une limite infranchissable ;
« les nouveaux procédés de culture auront pour effet de suppri
« mer cette barrière. Sous leur influence, des matières, aujour
« d'hui sans valeur, qui servent à peine de matériaux de cons
« truction, et dont la nature possède des gisements inépuisables,
« se transformeront en produits végétaux, en fourrage, pour
« nourrir les animaux qui nous alimentent ; en céréales, pour
« produire le pain, la plus précieuse de nos ressources ; de la

« sorte, le grand courant de matière organisée qui défraie toutes
« les existences se trouvera grossi de flots nouveaux, et le niveau
« de la vie ira sans cesse s'élevant à la surface du globe. »
(Conférence du 10 juillet 1864, *Moniteur scientifique*, t. VI,
p. 899.)

Tout cela, dites-vous, est faux ; vous n'y voyez qu'un pur éta-
lage de charlatanisme, pour me servir de vos aménités de langage. Soit ; mais souffrez que je replace sous les yeux du lecteur
ce que vous avez affirmé et recommandé à la suite de votre
visite au champ d'expériences de Vincennes :

« Les matières animales viennent des végétaux ; quand on les
« fait retourner à la terre sous forme d'engrais, on restitue ce
« qui a été enlevé, on fait une chose utile ; mais on n'augmente
« pas, en fin de compte, la masse des matières organisées qui
« sont à la surface de notre planète.

« On ne peut résoudre ce dernier problème qu'en ayant re-
« cours aux engrais minéraux existant à l'état de mines à l'inté-
« rieur de la terre. C'est pour cela que nous avons conseillé à
« M. Cochery de combiner le phosphate minéral avec les nitrates
« et tous les autres composés salins qu'on peut extraire du sol en
« différentes localités. M. Cochery, en entrant dans cet ordre
« d'idées, *arrivera certainement à faire des engrais excellents,*
« où l'on pourra peut-être aussi fixer quelques-uns des éléments
« utiles de l'atmosphère, pour les rendre assimilables par les
« plantes. *Ce sera étendre le cercle de la vie à la surface du
« globe, ce sera, par conséquent, rendre un service de l'ordre le
« plus élevé.* » (*Journal d'Agriculture pratique*, 1864, t. II,
p. 174.)

N'est-ce pas vous encore qui avez dit :

« Le fait principal qui résulte des expériences de M. Ville,
« telles qu'elles nous ont apparu à Vincennes, c'est qu'avec cer-
« taines combinaisons d'engrais chimiques, on peut accroître,
« dans une proportion très-considérable, la production des cé-
« réales. Un mélange de nitrate de potasse et de phosphate de
« chaux, ou bien encore un mélange de nitrate de soude et de
« phosphate de chaux auquel on ajouterait un peu de potasse
« seraient des engrais qu'il faudrait *en général conseiller pour*

« *suppléer au fumier d'étable*. DANS DE TELS MÉLANGES ON TROU-
« VERAIT, EN EFFET, LES QUATRE ÉLÉMENTS DONT LA RÉUNION NÉ-
« CESSAIRE EST MISE EN ÉVIDENCE PAR LES EXPÉRIENCES DE VIN-
« CENNES. » (*Journ. d'Agricult. pratique*, t. II, 20 juillet 1863.)

N'avez-vous pas constaté enfin qu'avec l'emploi d'un tel mélange la récolte, battue sous vos yeux, avait produit sur le pied
de 47 hectolitres de grain à l'hectare, alors que le rendement de
la terre sans engrais n'avait été que de 11 hectolitres?

Ai-je sollicité de vous ce témoignage?

Vous ai-je demandé de visiter le champ de Vincennes?

N'est-ce pas vous qui êtes venu à moi, sous la pression des
réclamations de vos abonnés? et puisque vous m'y forcez, souffrez que je rappelle la forme de votre demande :

« Je viens de lire dans *les Mondes* ce que vous dites des cul-
« tures expérimentales de M. Ville. Cela me paraît extraordi-
« naire; mais si cela est vrai, s'il n'y a pas d'illusion, je me ren-
« drai à la vérité, comme c'est mon devoir. Je ne suis pas de
« ceux qui refusent de rendre justice aux gens parce qu'ils ont
« à s'en plaindre ou ne les aiment pas. Je voudrais donc voir ;
« mais c'est là le difficile, dans l'état de mes relations avec
« M. Ville. Pouvez-vous (la lettre était adressée à M. l'abbé Moi-
« gno) arranger des rapports de gens du monde entre nous, et
« alors j'irai à l'une des prochaines leçons, sans aucun parti
« pris d'hostilité. Si je suis convaincu de la vérité, je le dirai; si
« je ne suis pas convaincu, JE ME TAIRAI. Si vous croyez la chose
« acceptable, faites; et dans tous les cas, je vous remercie et
« suis votre bien dévoué. » (*Lettre de M. Barral à M. l'abbé
Moigno*, du 3 juillet 1863.) (1)

---

(1) Voici dans quels termes cette lettre m'a été transmise par
M. l'abbé Moigno :

« Je reçois à l'instant cette lettre très-inattendue. Que répondre? »
« Paris, le 3 juillet 1863. »

Par le rapprochement de ces deux lettres, par leurs termes et par
leurs dates, le lecteur peut décider si c'est moi qui suis allé à
M. Barral, comme il le prétend aujourd'hui, ou si c'est lui qui est
venu à moi.

A cela, je répondis qu'étant revêtu d'un caractère public, mon laboratoire et mon champ d'expériences vous seraient ouverts *sans condition*. Niez-vous que telle fut ma réponse?

Et sous l'empire de vos impressions, quel fut votre langage?

« Nous allons raconter ce que nous avons vu, en donnant une
« sorte de procès-verbal de ce que nous avons constaté. Avant
« tout, nous devons déclarer que M. Ville a mis beaucoup d'em-
« pressement à nous montrer ses expériences et à répondre aux
« quelques questions que nous lui avons adressées. Le labora-
« toire de M. Ville, construit rue de Buffon, sur des terrains
« dépendant du Muséum d'histoire naturelle, est monté sur
« une grande échelle. Peu de chimistes ont à leur disposition
« d'aussi vastes salles, des appareils aussi considérables et aussi
« multipliés, un personnel aussi nombreux. Là se font, sous de
« belles serres, des expériences de végétation dans des terrains
« absolument stériles, sous l'influence de divers agents; la pho-
« tographie est chargée d'enregistrer les résultats, en même
« temps que les analyses chimiques les calculent. C'est une véri-
« table administration, dont nous ne connaissons d'analogue que
« celle des laboratoires de MM. Lawes et Gilbert, à Rothamsted,
« en Angleterre. »

Je me borne à ajouter que la conférence de la Sorbonne ne contient rien que vous n'ayez ainsi vu et constaté.

Et si vous n'étiez pas convaincu de la haute efficacité des engrais chimiques, auriez-vous conseillé à M. Cochery de fabriquer des mélanges à bases de nitrate de potasse et de phosphate de chaux? et vous seriez-vous surtout réservé un intérêt dans l'affaire pour vous et votre fils?

Le nierez-vous? Voici la déclaration de M. Cochery au ministère de l'agriculture :

« Désireux de trouver un sel capable de rendre le phosphate
de chaux parfaitement assimilable à tous les sols, j'en parlai à
M. Barral.....

« M. Barral, après avoir étudié la question pendant plusieurs se-
maines, me déclara qu'il avait trouvé la solution que je cherchais et
m'offrit le résultat de ses découvertes. C'était un engrais qui, par
une combinaison de divers sels, rendrait le phosphate surtout assi-

milable et permettrait de ne vendre la tonne que 110 à 150 francs. Nous eûmes préalablement à débattre les questions d'intérêt.

« IL FUT CONVENU QU'UN BREVET SERAIT PRIS EN FRANCE, EN ANGLETERRE, EN BELGIQUE, AU NOM DE M. BARRAL ET AU MIEN. JE DEVAIS FOURNIR LES FONDS : LES BÉNÉFICES DEVAIENT ÊTRE PARTAGÉS ENTRE NOUS.

« M. JACQUES BARRAL DEVANT DIRIGER LA FABRICATION SOUS L'INSPIRATION DE SON PÈRE, ET CE MOYENNANT UNE REDEVANCE FIXE ET UNE REDEVANCE PROPORTIONNELLE. »

Signé : Adolphe COCHERY (1).

Quel était ce mélange de sels, résultat inespéré de vos profondes études? Un engrais chimique détestable, décoré du nom pompeux de phospho-nitre, dont le prix était grevé d'un profit usuraire de 150 p. 100.

Nierez-vous encore? La preuve est facile à faire.

M. Malaguti, professeur de chimie à la faculté de Rennes, dont il est le doyen, assigne au phospho-nitre la composition suivante (2) :

Phosphate fossile...................	33 k.	92
Gypse (plâtre)....................	56	76
Sulfate d'ammoniaque............	4	27
Azotate de soude	4	40
Chlore, potasse et magnésie....	0	65
	100	»

Ce qui, au prix du jour, nous conduit au décompte suivant :

339 k. 20 de phosphate fossile à 5 fr. les 100 kil.......	16 f.	95
567 60 de plâtre.....................	11	20
42 70 de sulfate d'ammoniaque à 40 fr. les 100 kil.	17	»
44 » de nitrate de soude à 35 fr. les 100 kil.......	15	40
6 50 de chlore, potasse, magnésie	Mémoire	
PRIX DE LA TONNE........	60 f.	55

Or, comme le phospho-nitre était vendu 155 fr. la tonne, alors que son prix réel est de 60 fr., il en résulte qu'il était grevé,

____

(1) *Enquête sur les engrais*, t. II, p. 289.
(2) *Id.*, t. 1er, p. 112.

comme je l'ai dit, d'un bénéfice illicite de 150 p. 100. — Drogue honteuse, dont on a dit dans l'enquête, sans que vous ayez pu le démentir, qu'elle cons'ituait « une des SOPHISTICATIONS LES P US COUPABLES QUI SE SOIENT JAMAIS PRODUITES DANS LE COMMERCE DES ENGRAIS (1). Et pour couronner l'œuvre, abusant du crédit que vous donnait auprès du monde agricole votre position de directeur du *Journal d'Agriculture pratique*, vous n'avez pas craint de recommander l'emploi de ce produit acquis au prix de 155 fr. la tonne !

Nierez-vous encore? Faut-il citer votre circulaire? Ces citations sont malsaines. Ceux qui voudront la lire la trouveront dans le tome Iᵉʳ de l'*Enquête sur les engrais*, page 109. Ils y trouveront la preuve que le phospho-nitre a été pour M. Cochery l'occasion d'une perte de 15,000 fr.; et c'est après la déconfiture de cette triste affaire que M. Barral est devenu l'adversaire des engrais chimiques (2).

Toute la trilogie agricole est dans ces faits. Trois mots la résument donc : un titre ridicule, un essai de doctrine sans valeur, et dans le domaine des appréciations personnelles, un oubli absolu des plus vulgaires convenances.

Mais laissons ces pauvretés, et revenons à la conférence de la Sorbonne.

Depuis cinq ans, je m'efforce de faire créer l'escompte à quinze mois en faveur du commerce des engrais, cette mesure étant à mes yeux la conséquence obligée de notre nouveau régime économique. M. Barral déclare cette pensée détestable; voici pourtant ce qu'il a écrit : « Au lieu de se redouter les uns les autres, les fabricants d'engrais devraient chercher *à créer une association de crédit*, où ils pourraient réunir des capitaux qui leur permettraient d'attendre que les agriculteurs eussent fait leurs récoltes pour payer les engrais confiés à la terre. »

La mesure est donc bonne. Vous la croyez réalisable par l'ini-

---

(1) *Enquête sur les engrais*, t. Iᵉʳ, p. 113.
(2) *Id.*, t. Iᵉʳ, p. 3. — Prix des phosphonitres : Nᵒ 1, 10 fr. 50 les 100 kilogr.; nᵒ 2, 15 fr. 50.

tiative de l'industrie privée, et moi impossible sans l'attache et le concours de l'État.

En quoi cette différence dans les deux modes peut-elle justifier l'irritation que vous cause la conférence de la Sorbonne?

La mesure vient-elle de moi, — elle est mauvaise!

Se produit-elle sans ma participation, — elle est excellente!

Passant à la partie doctrinale, vous dites :

« Mais tous ces calculs sont erronés; ainsi, 1,000 kilogrammes de fumier contiennent en moyenne 6 kilogrammes d'azote. (Voir l'*Économie rurale*, de M. Boussingault, tome II, page 87, et tous les autres auteurs.) Par conséquent, 20,000 kilogrammes de fumier en contiendraient 120 kilogrammes, et non pas 83 kilogrammes. »

Je vous renvoie vous même à la citation que vous invoquez, bien sûr qu'avec un peu plus d'attention, vous reconnaîtrez l'erreur que vous avez commise.

Il est bien vrai que l'ensemble des fumiers dont M. Boussingault rapporte l'analyse conduit à la moyenne de 6 kilogrammes p. 1,000; mais le fumier de Bechelbronn, *pris comme type dans la discussion des assolements*, n'en contient que $4^k,1$, ce qui, multiplié par 20,000, produit 82 kilogrammes.

Pour vous convaincre enfin que M. Boussingault n'a pas employé la moyenne générale, mais le chiffre que vous me reprochez d'avoir cité, reportez-vous à la page 187 du même volume; là vous trouverez résumée, dans un tableau spécial, la balance du système triennal, et vous y verrez figurer l'azote de l'engrais pour $82^k,8$. Dans le même tableau, vous verrez encore que la dose afférente à la rotation de trois années n'est pas de 30,000 kilogrammes, comme vous l'affirmez, mais de 20,000 kilogrammes, comme je l'ai avancé.

Plus loin, vous dites encore, à propos de la proportion d'acide phosphorique que j'attribue à 20,000 kilogrammes de fumier :

« Chiffre également faux. En effet, 1,000 kilogrammes de fumier renferment $4^k,82$ d'acide phosphorique; par conséquent, dans 20,000 kilogrammes de fumier, il y a 96 kilogrammes d'acide phosphorique, au lieu de 39 kilogrammes. »

Vous n'indiquez pas cette fois où vous avez pris le chiffre de

4ᵏ,82; mais si vous voulez vous reporter à la page 116 du tome II de l'*Économie rurale*, vous trouverez à la première ligne que le fumier sec contient 10 p. 1,000 d'acide phosphorique; ce qui, à raison de 79,3 p. 100 d'eau que contient le fumier frais, réduit la proportion de cet acide à 2 p. 1,000 dans le fumier frais; soit donc encore 40 kilogrammes d'acide phosphorique pour 20,000 kilogrammes de fumier.

Doutez-vous que ce chiffre soit bien celui qu'admet M. Boussingault dans ses calculs? Reportez-vous à la page 221, et vous acquerrez la preuve que pour 49,086 kilogrammes de fumier (ce chiffre est extrait du tableau de la page 184 du tome II) que comporte cet assolement, la dose de l'acide phosphorique est de 98 kilogrammes, ce qui conduit à 39ᵏ,9 pour 20,000 kilogrammes. Je sais combien les erreurs de chiffres sont faciles à commettre. Celles dans lesquelles vous êtes tombé prouvent cependant que vous avez mis trop de précipitation dans vos recherches, et que vous êtes entré dans cette discussion sans y être suffisamment préparé. De tout ceci, quel enseignement faut-il tirer?

Un enseignement assez triste; vous faites passer vos rancunes et vos prédilections avant les questions de principes et d'intérêt public. La situation de notre agriculture est pourtant bien grave. A la nécessité de lutter contre l'importation est venu s'ajouter, cette année, le déficit résultant d'une récolte médiocre; ce qui aggrave la position, déjà si éprouvée, de la classe ouvrière.

En face de si grands intérêts et de tant de souffrances, le devoir de chacun est tout tracé. Il m'a paru que le mien était de faire connaître à l'agriculture les conditions qui règlent la production des végétaux, comme aussi les moyens les plus économiques pour obtenir les rendements *maxima*, qui sont les seuls rémunérateurs. J'ai pensé, en outre, qu'il fallait, au moment où les Chambres sont assemblées, redoubler d'efforts pour obtenir, en faveur de l'industrie agricole, les bénéfices du crédit, et j'ai demandé spécialement l'escompte à quinze mois en faveur des achats d'engrais, parce que cette nature de crédit s'applique aux besoins les plus urgents de la culture et aux opérations les plus immédiatement rémunératrices.

Je persiste à penser qu'en faisant ainsi j'ai agi dans l'intérêt du bien public, et j'ajoute que les adhésions que j'ai reçues de tous les points de la France me confirment dans mon sentiment.

Et vous, comment êtes-vous jugé? Que pensent et disent les esprits impartiaux qui ont eu le courage de lire jusqu'au bout vos articles et la *Trilogie?* Le numéro de votre journal du 8 janvier m'en fournit un témoignage, qui est à la fois ma justification et la première expression du châtiment qui vous est réservé. Citons-le :

« J'ai vu avec peine votre discussion avec M. Ville, professeur de physiologie végétale, au sujet de ses expériences d'engrais chimiques. La discussion, dans son principe, m'a paru déplorable, parce qu'elle est sortie des bornes d'une discussion calme ; je ne regrette pas moins votre persistance à combattre le système de l'emploi des engrais chimiques de M. Ville, qui, tout en tirant des conséquences extrêmes, n'a jamais dit qu'on devait proscrire les engrais d'étable, de sorte que votre discussion avec lui roule sur des suppositions et des définitions arbitraires, et elle vous place, ainsi que votre journal, dans une fausse position.

« Vous êtes évidemment, Monsieur, trop éclairé, et vous avez trop d'expérience pour ne pas reconnaître le rôle important que vont jouer les engrais chimiques, et les avantages de leur alliance avec le fumier d'étable...; mais ce qui me frappe, et ce que vous ne voyez peut-être pas aussi bien qu'un tiers, c'est que la position que vous vous êtes faite, ainsi qu'à votre journal, dans la discussion avec M. Ville, est parfaitement anormale; car, au lieu de recommander, et même de prôner les engrais chimiques, vous vous attachez à amoindrir le rôle qu'ils sont appelés à jouer, et au lieu de recommander les expériences avec les engrais chimiques, vous les dépeignez en quelque sorte comme impuissants et comme dangereux. La position que vous avez prise est contraire au progrès, et les agriculteurs sensés n'approuveront pas votre système de défiance. Ils marcheront en avant, et si le succès est au bout, comme cela est facile à prévoir, ils ne vous sauront pas gré des craintes que vous avez cherché à leur inspirer... Je crois, d'après cela, que votre position et surtout celle de votre journal est fausse et que vous ferez bien d'en sortir. »

De qui émanent ces fermes et dignes paroles? De l'un des représentants les plus éminents de l'agriculture française, de l'honorable M. Schattenmann, qui a obtenu la prime d'honneur pour le département du Bas-Rhin et un grand prix à l'Exposition universelle.

MA RÉPONSE

AU

JOURNAL DE L'AGRICULTURE

A MONSIEUR ROHART FILS

PREMIÈRE PARTIE.

On l'a dit avant moi, les attaques ne sont dangereuses et ne portent coup qu'autant qu'elles puisent leur autorité dans le caractère, les antécédents et la position de celui de qui elles émanent. En dehors de cette condition, elles vont presque toujours à l'encontre du but qu'on s'était promis, et tournent à la confusion de leur auteur.

Croyez-vous, par exemple, Monsieur. que votre profession de marchand d'engrais soit bien de nature à donner à vos articles le caractère d'une œuvre précisément désintéressée ? Remarquez que je n'entends mettre en cause ni votre probité ni la sincérité de vos convictions, mais constater simplement un fait : c'est que votre profession n'est guère compatible avec l'impartialité inséparable du rôle de critique et presque d'arbitre que vous avez pris.

Vos travaux et vos antécédents sous le rapport scientifique, à quoi se réduisent-ils? De votre aveu, le peu que vous savez en matière de science se borne à quelques notions superficielles, toutes d'emprunt et de reflet. Vous n'avez donc pas qualité pour trancher souverainement des questions dont l'intelligence exige une préparation que vous n'avez pas reçue et à laquelle vous ne suppléez pas par des aptitudes exceptionnelles. J'aurais donc pu, sans grand péril pour ma personnalité, abandonner vos appréciations au sort de ces mille productions que le même jour voit naître et mourir. Le voyageur qui cherche des voies nouvelles n'a guère le temps de fixer les grains de poussière que le vent chasse devant lui.

Je me suis décidé cependant à vous répondre, parce que, à côté et au-dessus de vous, j'aperçois deux personnalités (MM. Dumas et Boussingault), dont la reconnaissance vous a rendu tributaire, et dont l'intervention, quoique inapparente, donne à vos affirmations un caractère qui mérite d'être relevé.

Vous débutez, Monsieur, par un reproche bien grave. Vous m'accusez de plagiat. Si l'on doit vous croire, je n'ai vécu jusqu'ici que des miettes tombées de la table de M. Boussingault. A lui seul revient l'honneur d'avoir défini les conditions de la production végétale. Quant à moi, je n'ai rien fait. Ma tâche n'a guère été que celle d'un copiste sans inspiration, lorsqu'elle n'est pas descendue au rôle plus triste d'un plagiaire sans scrupules. A vous entendre, je m'évertue depuis vingt ans à dissimuler l'origine des lambeaux dont je couvre ma pauvreté. Voilà ce que vous affirmez, vous, Monsieur Rohart, des hauteurs sereines où, dans votre opinion, l'estime publique vous a placé. Vous faites plus : voulant donner à vos affirmations une autorité irrésistible, vous mettez en regard des citations tirées des publications de M. Boussingault et de M. Ville, et naturellement il ressort de cette comparaison que je n'ai rien trouvé en propre. Puis, cette œuvre de haute érudition accomplie, vous semblez, comme un nouvel Achille, défier le monde entier au combat. Pauvre Monsieur, qui avez la naïveté de donner pour horizon à la science le petit cadre de votre savoir ! Reproduisons-le donc ce tableau incomparable ; nous montrerons ensuite tout ce qu'il contient d'arbitraire et d'inexact, pour mieux en faire ressortir la complète inanité.

Je vous cède la parole :

Données de la première expérience.

M. BOUSSINGAULT, 1857.	M. G. VILLE, 1865.
Sol artificiel avec sable et argile calcinés au rouge, ainsi que les vases employés à l'expérience.	Sol artificiel avec sable calciné au rouge, ainsi que les vases employés à l'expérience.

Ici, nous voyons une petite différence. M. Ville n'a pas introduit d'argile dans son sol artificiel, ce qui n'a d'ailleurs aucune importance, ainsi que M. Ville le reconnaît dans ses *Résumés des Conférences agricoles*, page 35 : « L'argile n'intervient pas directement dans la nutrition végétale. » Donc, identité de circonstances dans la donnée générale servant aux expériences. Poursuivons.

Résultats de la première expérience.

M. BOUSSINGAULT, 1857.	M. G. VILLE, 1865.
Plante faible, délicate, ne pesant pas beaucoup plus à l'état sec que la graine employée.	Plante chétive ; la récolte sèche pèse 6 gramm. Vingt grains de blé avaient été employés.

Données de la deuxième expérience.

M. BOUSSINGAULT, 1857.	M. G. VILLE, 1865.
Mêmes précautions et mêmes circonstances que dans la première expérience, mais en ajoutant au sol artificiel 10 gr. de phosphate de chaux, 0ᵍʳ 50 de cendres et 1ᵍʳ 26 de carbonate de potasse.	Mêmes précautions et mêmes circonstances que dans la première expérience, mais en ajoutant au sol artificiel *une matière azotée*. (Peut-on comparer des données aussi dissemblables ! G. V.)

Résultats de la deuxième expérience.

M. BOUSSINGAULT, 1857.	M. G. VILLE, 1865.
Les plantes sont restées assez vigoureuses jusqu'à l'âge de deux mois ; après, les feuilles se sont flétries, et la force de la végétation a décru rapidement.	La récolte, encore très-médiocre, est cependant meilleure que dans la première expérience. Elle s'élève à 9 grammes.

Dans ces secondes expériences, les données sont un peu différentes, c'est-à-dire selon le mode d'investigation suivi par chaque expérimentateur ; mais en réalité les résultats sont les mêmes, tant qu'on ne fait pas intervenir, au profit de la plante mise en expérience, chacun des agents dont le concours est nécessaire pour produire un végétal complet. C'est là le but final de la démonstration, et nous allons le voir ressortir clairement dans la donnée et dans les résultats qui suivent.

Données de la troisième expérience.

Données de la quatrième expérience.

M. BOUSSINGAULT, 1857.	M. G. VILLE, 1865.
Mêmes précautions et mêmes circonstances que dans les deux expériences précédentes, mais en ajoutant au sol artificiel 10 grammes de phosphate de chaux, 1^{gr} 50 de cendres et 1^{gr} 40 d'azotate de potasse.	Mêmes précautions et mêmes circonstances que dans les deux expériences précédentes, mais en ajoutant au sol artificiel du phosphate de chaux, de la potasse de la chaux, et une matière azotée.

Résultats de la troisième expérience.

Résultats de la quatrième expérience.

M. BOUSSINGAULT, 1857.	M. G. VILLE, 1865.
La plante accuse une végétation des plus luxuriantes, parcourt chacune des phases de son développement, donne un rendement complet et produit de bonnes semences.	Avec le concours réuni des minéraux et de la matière azotée, le résultat ne laisse rien à désirer. Le poids de la récolte s'élève à 24 grammes.

A ce tableau et aux observations qui l'accompagnent, je fais deux objections. Il est inexact et incomplet. Lorsqu'on cite, il faut le faire complètement et avec conscience. Or, du moment que vous vouliez résumer mes expériences de culture dans des sols artificiels, il fallait puiser vos observations dans la troisième Conférence de Vincennes, et en extraire les deux tableaux suivants, pages 171 et 172 :

ACTION COMPARÉE DES AGENTS DE LA PRODUCTION VÉGÉTALE.

(Semence, 22 grains de froment.)

I.

		RÉCOLTE SÈCHE.
Engrais complet, moins le phosphate de chaux.....		0gr 48
— moins la potasse		9 »
— moins la magnésie		7 »
— moins la matière azotée..........		8 »
— sans aucune suppression....	18 à	22 »

II.

		RÉCOLTE SÈCHE.
Engrais complet, sable chaulé................	20 à	22gr »
— sable humifère.....................		18 »
— sable humifère chaulé.............		31 »
Sable pur de toute addition...................		6 »
Sable et humus................................		6 »

Il eût fallu ajouter encore que les expériences en pleine terre n'étaient pas moins concluantes, et compléter le tableau qui précède par les résultats obtenus au champ d'expériences de Vincennes, lesquels, pour le dire en passant, sont d'autant plus précieux que les plus essentiels ont été recueillis en présence de M. Barral, lors de sa visite à ce champ :

	RENDEMENT A L'HECTARE, 1863.	
	KILOGRAMMES.	HECTOLITRES.
Engrais complet, paille..............	6,941	
— grains	3,750	46
	10,691	
Matière azotée seule, paille	3,487	
— grains.........	1,650	20
	5,137	
Minéraux seuls, paille..............	3,003	
— grains.............	1,287	16
	4,290	
Phosphate de chaux, paille..........	3,036	
— grains.........	1,133	14
	4,169	
Terre sans aucun engrais, paille.....	2,640	
— — grains,...	902	11
	3,542	

Comme complément de ces deux citations, il eût fallu ajouter encore ce passage, qui en est le commentaire indispensable :

« Dans tout ce qui précède, je n'ai presque rien dit de l'humus ; car, après avoir signalé la dépendance qui rattache ses bons effets à la présence du calcaire dans le sol (pages 135 et suivantes), à la faculté si remarquable qu'il possède de dissoudre les phosphates et d'en favoriser l'absorption, je ne vous en ai plus reparlé. Cette omission, Messieurs, a été toute volontaire de ma part. Nous avons montré qu'à l'aide des produits qui composent l'engrais complet, on peut faire mieux que par le passé. Contentons-nous pour le moment de ces résultats. Nous aurons à examiner plus tard comment on peut perfectionner ces nouveaux procédés, et alors se présentera naturellement tout ce qui se rapporte aux effets pratiques de l'humus, aux conditions dans lesquelles il faut l'employer, comme aussi aux moyens de le produire artificiellement. » (Pages 370 et 371.)

Enfin, prenant au sérieux votre rôle d'historien, il eût fallu faire remarquer que les résultats qui précèdent ont été publiés dans les *Comptes-rendus de l'Académie des sciences*, partie en 1855 et partie en 1857, 1858 et 1859. A ces conditions seulement, vos citations eussent été exactes et conformes à la vérité des dates. Vous avez trouvé plus simple et plus commode de faire des citations à votre guise et à votre taille. C'est un procédé dont je tiens à vous laisser le privilége. Mais vous trouverez bon que je rende aux faits leurs dates et leurs significations.

Revenons donc à votre tableau ; je dis que c'est une œuvre de haute fantaisie ; afin de le prouver, serrons la question de plus près. Vous assignez pour date à mes travaux l'année 1865. C'est de votre part un parti pris, une affirmation formelle. Pour vous, par conséquent, la Conférence de la Sorbonne est une œuvre sans antécédent. Avant cette conférence, M. Ville n'avait rien dit, rien fait, rien publié, tel est votre argument. Voici ma réponse :

LE SEIZE JUIN 1857, j'ai ouvert mon premier cours au Muséum d'Histoire naturelle ; or, voici dès ce moment le cadre que j'ai donné à mon enseignement, ce cadre devant être surtout rempli par mes travaux personnels.

Les sources où les végétaux s'alimentent dans la nature ayant été énumérées, j'ai défini ainsi la fonction du sol :

« Dans la terre, il y a deux ordres différents de matériaux. Les uns, inertes, insolubles, tel que le sable, l'argile et le gravier, offrent un point d'appui aux racines et servent de *milieu* à la végétation. Nous appelons cette première catégorie d'éléments les éléments mécaniques du sol. — Il y a ensuite une deuxième catégorie d'éléments, les éléments nutritifs, qui concourent activement à la vie végétale, et que nous appelons pour ce motif les *éléments assimilables du sol*. A l'égard de ces derniers, il y a même une distinction à faire entre ceux qui sont immédiatement assimilables, et ceux qui ne le deviennent qu'après avoir subi une altération préalable.

« Chaque catégorie d'éléments a donc une destination spéciale et exerce une influence particulière sur la production des végétaux. Les éléments mécaniques déterminent les qualités extérieures des sols, et ce qu'on peut appeler leur nature agricole ; les éléments immédiatement assimilables déterminent leur degré de fécondité, et les éléments non encore assimilables, mais qui sont aptes à le devenir, constituent une sorte de réserve qui peut faire prévoir la durée de cette fécondité.

« Le tableau suivant est propre à faire ressortir ces différences de nature et de fonction.

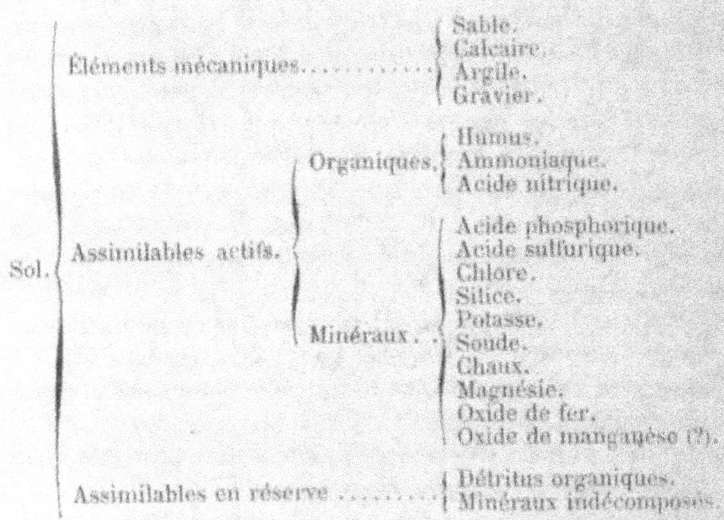

« Or, il s'agit en premier lieu de connaître l'action des éléments organiques et minéraux contenus dans le sol. Pour cela, à du sable calciné qui représente l'élément mécanique pur et isolé, on ajoute séparément toutes les matières organiques qu'on trouve dans la terre végétale. Parmi ces matières, les unes ne contiennent que du carbone, de l'hydrogène, de l'oxygène ; ce sont les congénères de l'humus ; les autres contiennent en plus de l'azote, et se rapprochent, par leur propriété, des déjections animales. Ainsi l'on expérimente successivement sur les matières sans azote et sur les matières azotées, et l'on constate l'action de chacune ; on passe ensuite à l'étude des éléments minéraux. Ici le sujet se complique, et l'expérience présente plus de difficulté

Les éléments minéraux contiennent de l'acide sulfurique, de la potasse, de la chaux, de la magnésie, etc. Dans l'impossibilité d'essayer séparément l'action des acides et des bases, qui, à raison de leurs propriétés corrosives ou caustiques, feraient périr les plantes, on est forcé de les combiner ensemble. Mais comme il peut se faire que les acides, les terres et les alcalis exercent une action différente suivant l'ordre de leur combinaison, on devra multiplier les essais de manière à réaliser tous les modes de combinaison possibles. En procédant ainsi, on est conduit à instituer les expériences suivantes :

I.

Phosphates ..]
Sulfates...... } terreux.
Chlorures....)
Silicates alcalins.
Oxide de fer.

II.

Phosphates ..]
Sulfates ..... } alcalins.
Chlorures....)
Carbonates terreux.
Oxyde de fer.
Silice gélatineuse.

III.

Phosphates ..]
Sulfates ..... } terreux.
Chlorures....)
Oxide de fer.
Silice gélatineuse.

IV.

Phosphates ...]
Sulfates...... } alcalins.
Chlorures....)
Oxide de fer.
Silice gélatineuse.

V.

Carbonates terreux.
Silicates alcalins.

VI.

Carbonates terreux.

VII.

Silicates alcalins.

VIII.

Sable pur.

« Le numéro I contient tous les éléments minéraux de la terre végétale; le numéro VIII n'en contient aucun : il est réduit à l'élément mécanique seul. Les termes intermédiaires correspondent à des terrains d'une composition incomplète.

« Dans la nature, les choses ne se passent pas aussi simplement que dans nos laboratoires : la partie nutritive de la terre végétale ne se borne jamais à une catégorie unique d'éléments ; les principes minéraux sont toujours associés à de la matière organique, et l'action de chacun d'eux doit se trouver modifiée par ce mélange. Pour s'en assurer, il faut donc avoir recours à d'autres expériences dans lesquelles, à une matière organique azotée qui reste comme terme fixe, on ajoute les minéraux déjà expérimentés ; ainsi, on constate à nouveau l'effet des matières minérales et organiques lorsqu'elles agissent ensemble, et l'on réalise par la pratique les conditions les plus variées dans lesquelles le développement d'un végétal puisse avoir lieu.

« Mais le problème de la production végétale n'est pas encore résolu. Dans les expériences qui précèdent, on a toujours opéré dans le sable pur. Or, le sable n'est pas le seul élément mécanique qui entre dans la composition de la terre végétale. L'argile et le calcaire s'y rencontrent fréquemment, et suivant que l'un de ces trois éléments prédomine, la nature et la propriété des sols changent dans une certaine mesure. Pour se rendre compte de cette cause de variation, il faut donc répéter toutes les expériences qui précèdent, en opérant séparément dans des sols argileux et calcaires, ce qui permet finalement de constater, en dehors de toute hypothèse, l'influence que la nature des éléments mécaniques et assimilables exerce sur le développement des végétaux.

« Mais, pour que ces expériences aient toute leur valeur, il ne suffit pas de connaître l'effet produit par l'addition de telle ou telle substance dans un sol formé de sable ou d'argile ; il faut savoir de plus combien les plantes ont absorbé de ces substances, et par conséquent combien il en reste dans le sol après chaque récolte. Pour acquérir cette connaissance, il faut donc faire l'analyse exacte de toutes les récoltes. A cette condition, mais à cette condition seulement, on peut fonder l'emploi des agents de fertilité sur des principes rationnels (1). »

_____

(1) Cette leçon a été publiée par le *Journal de l'instruction publique* ; elle a paru de plus en brochure, et le passage que je viens de citer se trouve dans les *Recherches expérimentales sur la végé-*

Voilà, Monsieur, le plan des expériences que M. Ville avait déjà exécutées avant 1857, et que, depuis cette époque, il n'a cessé de perfectionner, afin de donner à ces premiers résultats plus de certitude et de généralité; j'ajoute que, dès la première année de son enseignement, ce programme a été rempli. Or, si ce ne sont là que des lieux communs, veuillez m'indiquer où on les trouve. Dites-nous dans quel recueil M. Ville aurait pu puiser une réponse à toutes ces questions. Qui, avant lui, avait conçu et réalisé ces gammes de sols de fertilité progressive qui reproduisent artificiellement les conditions si variées de la végétation dans la nature? Mais si probante que soit cette citation, ce n'est, me direz-vous peut-être, qu'un programme; et un cours, l'auteur possédât-il le texte de ses leçons recueilli par un sténographe du *Moniteur* (ce qui est mon cas), n'est pas un mode de publicité suffisant pour faire date. Votre autorité réclamera peut-être de moi un texte imprimé. Qu'à cela ne tienne, Monsieur, je puis encore vous satisfaire.

Par une sorte de prévision de ce qui m'arrive aujourd'hui, j'ai eu la prudence de publier en 1857, non pas toutes les expériences rapportées dans mon cours, mais deux séries complètes, qui correspondent au programme que je viens de rappeler. Ici, il n'y a pas d'équivoque possible. Ces expériences sont de 1856, et j'ajoute que d'autres expériences moins complètes, quoique se rattachant à ces dernières, ont été publiées en 1855 dans les *Comptes-rendus de l'Académie des sciences*, tome XLI, page 938.

Mais revenons aux deux grandes séries publiées en 1857. Je dis qu'elles correspondent au programme de ma première leçon, et attestent par cela même que ce programme, fixé dès longtemps dans ma pensée, devait la fermeté de ses dispositions aux recherches antérieures dont il n'était en quelque sorte que l'expression anticipée.

Ici, tout est grave. — Ce n'est pas par une simple affirmation

---

lation, de M. Ville. Opuscule in-8°, publié chez Victor Masson et Mallet-Bachelier, 1857, pages 144 et suivantes. — G. V.

qu'il faut procéder, mais par des citations authentiques et complètes. Citons donc (1).

« Le premier point à résoudre, c'est de déterminer l'importance comparée des éléments organiques et minéraux (assimilables) du sol. Pour y parvenir, j'ai institué trois expériences : dans la première, on cultive du blé dans de la terre ordinaire de jardin ; dans la seconde, on répète la même culture sur cette terre, dont on a préalablement détruit tous les éléments organiques par une calcination de plusieurs heures au moufle ; dans la troisième, on se borne à cultiver du blé dans du sable calciné. Voici les résultats de ces trois expériences :

SEMENCE, 20 GRAINS DE BLÉ.

	BONNE TERRE.		TERRE CALCINÉE.		SABLE CALCINÉ.
Paille et racines..	27^{gr} 88		5^{gr} 08		5^{gr} 38
139 grains.........	10 84	32 grains.	1 38	46 grains.	1 37
	38 72		6 46		6 75

« Ces expériences attribuent, on le voit, une grande influence aux matières organiques. En comparant les résultats obtenus dans la terre calcinée à ceux obtenus dans le sable, on semblerait autorisé à nier l'utilité des matières salines ; avant de tirer cette conclusion, il faut savoir si les matières salines, pour exercer une action favorable, n'exigent pas la présence d'une matière organique, et *vice versâ*. Pour décider ce point, il eût fallu faire une quatrième expérience, dans laquelle on eût ajouté à du sable calciné la matière organique de la bonne terre.

« Dans l'impossibilité d'exécuter cette expérience, j'ai suivi une autre voie, et j'ai cherché ce qui arrive lorsqu'on cultive la même plante dans du sable additionné seulement de certains mélanges salins, et lorsqu'on ajoute à ces mélanges de la matière organique.

---

(1) *Recherches expérimentales sur la végétation*, in-8°, 1857, page 148. — G. V.

Première série.

CULTURE AVEC MINÉRAUX SANS MATIÈRE AZOTÉE.

I. — SELS TERREUX. — SILICATES ALCALINS.

Paille et racines.......	6ᵍʳ 50
43 grains..............	1 63
	8 13

II. — SELS ALCALINS, TERRE.

Paille et racines	5ᵍʳ 64
40 grains.............	1 44
	7 08

III. — SELS ALCALINS SANS TERRE.

Paille et racines	3ᵍʳ 42
41 grains.............	1 48
	6 90

IV. — SELS TERREUX SANS ALCALIS.

Paille et racines	5ᵍʳ 52
37 grains.............	1 38
	6 90

V. — TERRES ET ALCALIS SANS ACIDES.

Paille et racines	5ᵍʳ 10
23 grains.............	1 10
	6 20

VI. — TERRES SANS ALCALIS NI ACIDES.

Paille et racines	4ᵍʳ 72
31 grains.............	0 99
	5 71

VII. — ALCALIS, SANS TERRE NI ACIDES.

Paille et racines 5gr 32
34 grains..............   1   28
                          ———————
                           6   60

VIII. — SABLE SEUL.

Paille et racines 5gr 98
26 grains..............   1   37
                          ———————
                           7   35

« Ces résultats sont conformes aux premiers, et n'accusent, comme eux, qu'une très-faible influence de la part des matières salines, dont l'action semble même indépendante de leur nature.

Deuxième série.

CULTURE AVEC MINÉRAUX ET MATIÈRES AZOTÉES.

I. — SELS TERREUX, SILICATES ALCALINS.

Paille et racines 16gr 64
103 grains   4   44
                          ———————
                           21   08

II. — SELS ALCALINS, TERRES.

Paille et racines 15gr 42
92 grains..............   4   00
                          ———————
                           19   42

III. — SELS ALCALINS SANS TERRE.

Paille et racines 15gr 84
106 grains............   4   44
                          ———————
                           20   28

IV. — SELS TERREUX SANS ALCALIS.

Paille et racines ......   11^{gr}93
88 grains............   3 98
                        ————
                        15 91

V. — TERRES ET ALCALIS SANS ACIDES.

Paille et racines ......   12^{gr}01
78 grains............   3 12
                        ————
                        15 13

VI. — TERRES SANS ALCALIS NI ACIDES.

Paille et racines ......   9^{gr}18
54 grains............   1 98
                        ————
                        11 16

VII. — ALCALIS SANS TERRES NI ACIDES.

Paille et racines ......   13^{gr}54
80 grains............   3 05
                        ————
                        16 59

VIII. — MATIÈRES AZOTÉES SANS MATIÈRES SALINES.

Paille et racines ......   8^{gr}20
48 grains............   1 50
                        ————
                        9 70

« Ces nouveaux résultats changent la face de la question. Ils
nous apprennent que les matières azotées, de même que les matières salines employées seules, ne produisent presque pas d'effet,
mais que leur emploi simultané détermine un excédant considérable de récolte.

« En effet, résumons les résultats qui précèdent sous une forme
plus propre à faire ressortir leur vraie signification.

I. — MATIÈRES SALINES SANS MATIÈRES AZOTÉES.

Paille et racines ......   6^{gr} 50
48 grains.............   1 63
                          ———————
                             8 13

II. — MATIÈRES AZOTÉES SANS MATIÈRES SALINES.

Paille et racines ......   8^{gr} 20
48 grains.............   1 50
                          ———————
                             9 70

III. — MATIÈRES SALINES AVEC MATIÈRES AZOTÉES.

Paille et racines ......   16^{gr} 64
103 grains.............   4 44
                          ———————
                            21 08

Depuis cette époque j'ai beaucoup perfectionné mes expériences, d'abord en substituant aux pots de terre ordinaire des pots de biscuit de porcelaine, puis à ces derniers, des pots enduits de cire fondue. Dans ces nouvelles conditions, j'ai pu démontrer que la suppression des phosphates détermine la mort des plantes, et que l'absence de la potasse et de la magnésie se traduit par un abaissement de rendement supérieur à ceux que j'avais d'abord observés ; différences qui trouvent leur explication dans les exsudations minérales que laissent suinter les pots de terre ordinaire.

Mais ces perfectionnements, nés du progrès de la méthode d'expérimentation que j'avais d'abord suivie, ne changent rien d'essentiel au caractère de mes premiers résultats. Je remarque, au surplus, que ces modifications de détail ont été publiées dans les *Comptes-rendus de l'Académie*, au fur et à mesure que je les ai observées. (Voyez notamment mon mémoire du 13 septembre 1858, tome XLVII, page 438.)

Il n'est donc pas exact d'assigner arbitrairement à mes travaux la date de 1865. Votre erreur sur ce point est-elle un acte involontaire né de l'insuffisance de vos informations? Dois-je y voir le résultat d'un parti pris? C'est à vous de me l'apprendre.

La date de 1865 se trouvant mise à néant par les témoignages que je viens d'invoquer, je passe à votre parallèle entre les travaux de M. Boussingault et les miens.

Avant de descendre dans le détail des questions, il y a un fait général sur lequel on ne saurait trop insister : c'est l'abîme qui sépare M. Boussingault de M. Ville. M. Boussingault a toujours défendu l'opinion que le fumier de ferme est le type par excellence des engrais, et que, sans son secours, il n'y a pas de culture possible. M. Ville prétend, au contraire, que les engrais chimiques sont supérieurs au fumier de ferme; il affirme qu'on peut cultiver indéfiniment à leur aide, et il fonde son opinion à cet égard sur les résultats qu'il obtient depuis vingt ans dans des sols artificiels composés de matières inertes, résultats que la pratique du champ d'expériences de Vincennes a consacrés et étendus depuis six années.

Aux yeux de M. Ville, il paraît manifeste que du moment qu'une matière inerte, dont la fonction se borne au rôle passif d'un appui pour les racines des plantes, peut recevoir de l'addition de quelques produits chimiques un degré de fertilité qui l'élève au rang des meilleures terres, cet effet doit se continuer indéfiniment dans les sols naturels, parce que ces sols, enrichis par le détritus d'une partie des récoltes, seront toujours mieux partagés que du sable calciné dans un four à porcelaine.

M. Boussingault ne nie pas seulement la supériorité des engrais chimiques, il va jusqu'à nier que la production végétale soit un problème accessible à nos moyens d'analyse, et qu'il soit possible de remonter aux lois qui en règlent les manifestations. Essayez de tirer des publications de M. Boussingault une théorie agricole. Vos efforts s'y épuiseront en vain. Jamais cette absence de doctrine n'a éclaté en traits plus saisissants que dans son dernier cours au Conservatoire des arts et métiers, publié dans la *Revue des cours publics*. Or, du moment que M. Boussingault n'a pas de doctrine, comment aurait-il pu concevoir un système d'expérimentation capable d'en édifier une? Vous me direz peut-être que ce ne sont là que des appréciations personnelles, et par cela même fort contestables. J'admets pleinement la justesse de cette observation. Voici donc des dates et des faits.

Les trois propositions tirées par vous des mémoires de M. Boussingault se rapportent à trois dates, le 19 novembre 1855, le 11 mai 1857, le 23 novembre 1857. Ces trois dates correspondent aux trois mémoires que M. Boussingault a consacrés à la fonction des nitrates dans l'économie végétale.

19 novembre 1855. — Les nitrates sont assimilés par les végétaux et peuvent, comme source d'azote, remplacer avec avantage les sels ammoniacaux. (*Comptes-rendus de l'Académie des sciences*, tome XLI, page 845.)

11 mai 1857. — Le phosphate de chaux, les sels alcalins et terreux, n'exercent une action favorable sur la végétation qu'à la condition d'être associés à une matière azotée. (*Comptes-rendus de l'Académie des sciences*, tome XLIV, page 950.)

25 novembre 1857. — Les matières azotées ne fonctionnent comme engrais qu'avec le concours des phosphates. (*Comptes-rendus de l'Académie des sciences*, tome XLV, page 834.)

Ces citations sont nettes. — Que peut-on y répondre ? Le voici :

Le 13 août 1855 (remarquez que le premier mémoire de M. Boussingault est du 19 novembre 1855), M. Ville dépose à l'Académie une note sous pli cacheté, dans laquelle il formule ces trois propositions :

1º Les nitrates sont assimilés par les végétaux. L'azote de ces sels devient partie constitutive de leurs tissus.

2º A proportion d'azote égale, les nitrates produisent plus d'effet que les sels ammoniacaux.

3º Méthode nouvelle pour doser les nitrates en présence des matières organiques, dont un rapport de l'Académie, lu le 14 avril 1856, a consacré les avantages et la nouveauté. Cette note, ouverte à la demande de l'auteur, a été insérée dans les *Comptes-rendus de l'Académie*, le 26 novembre 1855, tome XLI, page 85.

14 juillet 1856 (un an avant le 11 mai 1857!). — Nouveau mémoire sur la fonction des nitrates, dans lequel il est dit expressément qu'un sol pourvu de tous les minéraux que la végétation réclame devient, par l'addition du nitrate de potasse, l'équivalent d'un sol parfait. (*Comptes-rendus de l'Académie des sciences*, tome XLIII, page 85.)

21 juillet 1856 (un an avant le 11 mai 1857!). — Lorsque les matières organiques se décomposent, elles perdent 30 p. 100 de leur azote de constitution à l'état d'azote gazeux, — fait qui, pour le dire en passant, est fondamental pour la théorie des engrais, et dont MM. Lawes et Gilbert ont vérifié depuis l'exactitude.

22 septembre 1856 (six mois avant le 11 mai 1857!). — Théorie générale et complète de l'assimilation des nitrates. A proportion égale d'azote, les nitrates produisent plus d'effet que les sels ammoniacaux et les matières animales. — Suivant la proportion de nitre que l'on ajoute au sol, les plantes puisent une partie de leur azote dans l'air ou ne lui en empruntent pas. (*Comptes-rendus de l'Académie des sciences*, tome XLIII, page 642.)

6 juin 1857. — Exposition d'un plan d'expériences devant conduire à l'explication raisonnée du problème de la production végétale. (*Leçon d'ouverture du cours de physique végétale déjà citée.*)

31 août 1857. — Justification de ce plan par la publication des expériences qui y correspondent, lesquelles datent de 1856. (*Opuscule in-8°, de 160 pages, avec planches photographiées,* chez Victor Masson, place de l'École-de-Médecine.)

Pour mieux fixer l'enseignement qui ressort de ces témoignages, mettons en regard les trois dates auxquelles se circonscrit le débat :

M. G. Ville.

13 AOUT 1855.

1° Les nitrates sont assimilés par les végétaux; l'azote de ces sels devient partie constitutive de leurs tissus.

2° A proportion égale d'azote, les nitrates produisent plus d'effet que les sels ammoniacaux.

3° Nouvelle méthode pour po-

M. Boussingault.

19 NOVEMBRE 1855.

1° Les nitrates sont assimilés par les végétaux et peuvent, comme source d'azote, remplacer avec avantage les sels ammoniacaux.

M. G. Ville (suite). | **M. Boussingault** (suite).

ser l'azote des nitrates en présence des matières organiques.

14 JUILLET 1836.

1° Le sable calciné pourvu de minéraux devient par l'addition du nitrate de potasse, l'équivalent d'un sol parfait.

11 MAI 1857.

1° Le phosphate de chaux, les sels alcalins et terreux, n'exercent une action favorable sur la végétation qu'à la condition d'être associés à une matière azotée.

31 AOUT 1857.

1° Théorie générale et complète de la production des végétaux, comprenant la fonction des phosphates, de la chaux, de la potasse et des matières azotées.

22 NOVEMBRE 1857.

1° Les matières azotées ne fonctionnent comme engrais qu'avec le concours des phosphates.

Citons maintenant ce que M. Rohart oppose à ces témoignages :

« C'est trop fort ! Comment M. Ville peut-il prétendre que j'intervertis la situation et les dates, quand lui-même reconnaît que ses recherches sont de 1857, et que celles de M. Boussingault sont de 1855 ? (Note 30.)

« Décidément, il s'agit d'une plaisanterie. Comment, quand ici même chacun a sous les yeux *les dates que vous connaissez*, vous osez dire au public qu'il m'a plu d'arranger cela à ma façon ! Je sais bien que ce tableau vous a un peu gêné, et que vous auriez mieux aimé autre chose ; mais enfin, les faits sont les faits, et ce n'est pas ma faute s'ils sont contre vous. » (Note 31.)

Buffon a dit que le style c'est l'homme. M. Rohart est là tout entier.

A ces citations j'ajouterai une dernière remarque. Lorsque M. Boussingault présenta à l'Académie, le 23 novembre 1857, son troisième mémoire sur l'assimilation des nitrates, M. Ville adressa à la même compagnie une réclamation de priorité fondée sur les faits rapportés dans un opuscule du 31 août.

A cela, que répondit M. Boussingault ? Il se garda bien d'élever la moindre prétention à l'égard d'une théorie générale de la production végétale. Il dit, au contraire : Le but de mes derniers travaux a été de démontrer *l'inefficacité du phosphate de chaux quand il est introduit dans le sol dépourvu de matières organiques et arrosé avec de l'eau exempte d'ammoniaque.* (*Comptes-rendus de l'Académie des sciences*, tome XLV, page 999.) C'est le point culminant de son travail.

Il y a loin de cette proposition modeste et isolée à votre parallèle triomphant de citations. Eh bien ! malgré sa modestie, cette proposition ne peut se soutenir, la presque passivité des minéraux en l'absence d'une manière azotée ayant été signalée par moi dans mon mémoire du 13 août 1855, reproduite dans celui du 22 septembre 1856, et affirmée de nouveau dans l'opuscule du 31 août 1857, dont j'ai rapporté un passage.

Il résulte donc de ces témoignages qu'en fixant à 1865 le résultat de mes travaux les plus importants, vous leur assignez une date inexacte, postérieure de dix ans au moins à leur date réelle, et qu'en les présentant comme des emprunts aux publications de M. Boussingault, vous intervertissez les situations. A la légèreté avec laquelle vous formulez cette accusation de plagiat, je juge que vous n'avez qu'une médiocre conscience de sa gravité ; pour moi, s'emparer indûment d'une idée est un fait aussi grave que les larcins flétris par la loi.

Quand on m'a dit que vous m'accusiez d'un emprunt illégal, j'ai cru que vous aviez été induit en erreur par quelque similitude entre mes travaux et ceux du prince Salm ou de MM. Lawes et Gilbert ; je croyais n'avoir à réfuter qu'une simple méprise. Mais vous circonscrivez le débat à M. Boussingault, et vous disposez votre accusation sous la forme d'un tableau à deux faces, qui semble d'un effet irrésistible à ceux qui lisent des yeux. Je viens de vous montrer à quoi il se réduit devant la vérité des faits et des dates.

Votre accusation ne peut trouver son explication que dans l'insuffisance de vos connaissances sur le fond du sujet, car si c'était un acte consciencieux et prémédité, il descendrait au rang d'une injure et d'une calomnie ; et si, contre mon attente, il devait revêtir ce caractère odieux, fort de sa fausseté, je me bornerais à vous répondre, en complétant la pensée que j'exprimais en commençant cet article, que les injures suivent la loi de la chute des corps, et que leur gravité est en raison de la hauteur d'où elles tombent.

Et maintenant que le terrain de la discussion se trouve déblayé des questions personnelles, la tâche qui me reste à remplir n'a rien de bien embarrassant.

Je viens de lire d'une seule traite vos sept articles ; qu'il me soit permis de les résumer en quelques propositions nettes et enchaînées, afin que le lecteur puisse embrasser d'un regard le domaine qu'il lui reste à explorer.

1° L'engrais type, c'est le fumier de ferme. Il n'est pas possible de le remplacer par des engrais chimiques. La putréfaction détermine au sein des matières fertilisantes des modes de combinaison mystérieux que la science n'a pu définir, et dont la pratique constate tous les jours les bons effets.

2° M. Ville n'a pas la plus légère notion des vérités économiques, à ce point qu'il propose de composer des engrais avec des matières de première qualité. Il préconise l'emploi de la potasse épurée à la place des salins de betteraves : il recommande comme matière azotée (erreur sans nom !) le sulfate d'ammoniaque, ce qui mène droit *à l'empoisonnement du sol par l'acide sulfurique !*

3° L'idée d'analyser le sol par la culture n'a rien de nouveau, c'est du vieux retapé. L'inventeur de cette méthode, c'est M. Bobierre. M. Ville maltraite la science et les savants. Il n'est pas exact de dire que la chimie, la physique et la géologie n'ont pas réussi à définir la fertilité des terres dans sa cause et ses lois, et en cela M. Ville se montre ingrat.

4° L'œuvre de M. Ville est pitoyable ; elle se résume en un

mot ; renfermer la fumure de 1 hectare dans une tabatière. Les inventeurs, les seuls créateurs de la science agricole, ce sont MM. Liebig et Boussingault.

5° Il peut y avoir avantage à spécialiser les engrais, suivant la nature des cultures. Il est possible que des engrais privés de matière azotée soient efficaces sur les légumineuses ; mais lorsqu'on avance de telles propositions, on les prouve, et M. Ville ne prouve rien.

6° Nous proposons à M. Ville d'entrer en lice avec lui sur le terrain de l'expérimentation directe, sous le contrôle de chacune de nos écoles d'agriculture. Si M. Ville accepte, nous sommes prêts.

Voilà bien, si je n'ai rien omis, à quoi se réduisent vos articles. C'est à ces formidables arguments que je dois répondre ; je vais m'y essayer dans ce qui va suivre.

DEUXIÈME PARTIE.

La question de priorité dont vous avez fait honneur à M. Boussingault se trouvant écartée malgré l'insistance de vos dénégations, résumons rapidement les résultats les plus essentiels que l'on doit à M. Ville, et montrons comment leur enchaînement conduit à un ensemble de règles qui suffisent à tous les besoins de la pratique.

1° Le premier résultat des travaux de M. G. Ville a été de mettre en lumière ce qu'il appelle le *principe des forces collectives*, ou, si vous l'aimez mieux, la vérité de ce fait, que deux engrais dont l'effet utile est exprimé par 6 ou par 8, lorsqu'on les emploie isolément, peuvent aller jusqu'à produire 30 et 40 lorsqu'on les fait agir ensemble, à la condition, toutefois, qu'on les réunisse dans un certain ordre et d'après certaines règles déterminées.

2° Avant M. Ville, on admettait l'existence d'engrais spéciaux; on croyait, par exemple, que le phosphate acide de chaux suffit aux besoins d'une production continue de turneps et de rutabagas, et que les matières azotées suffisent à la production indéfinie du froment. M. Ville a prouvé que c'était là une interprétation fausse des phénomènes ; que ni le phosphate acide de chaux, ni les matières azotées ne possèdent cette faculté, et que l'efficacité temporaire de ces agents tient à la présence dans le sol des autres produits que la végétation réclame.

M. Ville a, de plus, prouvé qu'un engrais composé de phosphate de chaux, de potasse, de chaux et de matière azotée, réalise les conditions par excellence de la fertilité, et que si on a pu croire un moment à l'efficacité des engrais spéciaux, c'est parce que chacun de ces quatre corps remplit par rapport aux trois autres une fonction subordonnée ou prédominante, suivant la nature des plantes.

3º En fixant aux quatre termes que je viens d'énoncer la composition de l'engrais complet, M. Ville n'a pas avancé un fait arbitraire et banal, mais une proposition rigoureuse et certaine, déduite d'une longue comparaison entre des cultures dans le sable calciné et dans des terres naturelles de toute provenance et de toute composition.

D'autres, avant M. Ville, avaient proposé l'emploi d'engrais se rapprochant par leur composition de son engrais complet ; mais entre leurs propositions et les siennes il y a toute la distance qui sépare une proposition démontrée par la science d'un fait empirique qui ne peut servir de base à aucune règle générale dans son application.

4º On doit ensuite à M. Ville une méthode nouvelle pour définir les agents utiles que le sol contient et ceux qui lui manquent. Nous reviendrons dans un moment sur le caractère et les avantages de cette méthode, et sur la réclamation de priorité que vous élevez en faveur de M. Bobierre.

En résumé : les conditions de la production végétale pénétrées et définies pour toutes les situations de la pratique agricole ; — la composition de l'engrais type fixée par l'expérience ; — la preuve que les quatre termes qui composent cet engrais remplissent une fonction subordonnée ou prédominante ; enfin, une méthode nouvelle à l'aide de laquelle l'agriculteur peut toujours savoir ce que sa terre contient et ce qui lui manque.

Voilà, Monsieur, pour ne parler que des applications agricoles, ce que l'on doit aux travaux de M. Ville et ce qu'il ne viendra à l'idée de personne de lui contester, lorsqu'on aura pris la peine de s'enquérir des questions de dates et de faits. Au moyen de ces quatre résultats, tout s'explique et devient simple dans le travail des champs, la théorie éclaire la pratique, et la pratique consacre, à son tour, les règles formulées par la théorie.

Mais, dites-vous, il n'y a rien de neuf dans tout cela : « Dans la doctrine de M. Ville on ne sent qu'un vide affreux, ou tout au plus quelques idées d'emprunt, mais rien qui révèle un novateur, un artiste. On retrouve comme un reflet des anciennes idées de M. Liebig... Mais avec quelle différence de vue et de portée!... Chez M. Liebig, le libéralisme déborde... Ce n'est pas seulement le savant qui décrit après avoir trouvé, c'est encore le penseur, l'artiste, le philosophe, le logicien, le dialecticien, l'homme qui crée enfin, et dont les œuvres rayonnent malgré le temps en faisceaux lumineux. »

Eh bien ! Monsieur, puisque M. Liebig est un de vos familiers, veuillez résumer sa théorie et sa doctrine. Veuillez surtout nous dire à quelle fumure il faut avoir recours, d'après M. Liebig, pour produire du froment, et fonder vos assertions sur une citation authentique que vous lui aurez empruntée. Mais avant de répondre à cette invitation, veuillez nous dire ce qui a motivé autrefois de votre part ces paroles si peu conformes à votre admiration de fraîche date :

« Nous tenons à ajouter nos protestations à celles de tous les agronomes et agriculteurs qui ont pu lire l'étrange livre de M. Liebig sur *l'agriculture moderne*. Nous avions commencé une analyse de cet ouvrage; il ne nous a pas été possible d'aller jusqu'au bout : jamais les hérésies et les contradictions n'ont été plus choquantes, sans parler des épithètes fort malsonnantes qui s'y rencontrent. » (ROBART, *Annuaire des engrais pour* 1862, p. 245.)

Vous m'accusez, Monsieur, d'ignorer les premiers éléments de la science économique. « L'emploi des engrais chimiques ne répond pas, dites-vous, à une pensée d'avenir; non, ce n'est pas une solution. Elle ne réussira pas, parce qu'elle est UN NON-SENS AGRONOMIQUE ET ÉCONOMIQUE. »

Ainsi, voilà qui est décidé, mon ignorance ne peut être comparée qu'à votre savoir doublé ici de l'autorité de M. Barral. Sans réclamer contre cette condamnation, qu'il me soit permis cependant d'invoquer ici d'autres témoignages.

« Mon cher collègue,

« J'ai eu beaucoup de regrets de ne pouvoir assister à votre Conférence à la Sorbonne; je me suis consolé en lisant le *Moniteur*. Ce que vous dites est convaincant. Vous prouvez, par le raisonnement et la science agronomique, ce qu'il y a de fondé dans l'opinion économique d'après laquelle le capital appliqué à l'agriculture détermine très-énergiquement le bon marché des produits agricoles.

« C'est ainsi que toutes les sciences se tiennent comme des sœurs, et que la chimie appliquée à l'agriculture donne une assistance décisive à l'économie politique.

« Je vous serai reconnaissant de me faire savoir si cette Conférence si intéressante sera publiée dans un format plus commode que le *Moniteur*; je tiens à la garder dans ma bibliothèque.

« Je corrige en ce moment les dernières épreuves d'un *Traité sur la Monnaie*; c'est, à quelques égards, un traité d'*économie politique*. J'allais donner le bon à tirer de la feuille 45; je la remanierai, pour y introduire une mention de votre Conférence.

« Je vous réitère l'assurance de mon affectueuse considération.

« MICHEL CHEVALIER. »

L'auteur de cette lettre vous serait-il inconnu?

A ce témoignage j'ajouterai celui des hommes pratiques qui ont eu recours aux engrais chimiques et dont l'opinion repose sur une appréciation exacte du résultat financier. Voici comment s'expriment MM. Cavallier, Leroy et Denoyon :

« Sur deux champs de 1 hectare soumis au régime de l'engrais complet, j'ai obtenu sur l'un 59,640 kilogrammes de racines décolletées, et 47,325 kilogrammes sur l'autre. Ces résultats sont étonnants, et cependant je les déclare inférieurs à ce qu'ils auraient pu devenir, si la levée s'était faite moins irrégulièrement, un quart de la graine ensemencée n'ayant germé et ne s'étant développé que fort tardivement.

« Je conclus de ces rendements avec la rude logique et le gros bon sens d'un cultivateur vaincu par la brutalité du fait, que votre méthode me paraît la plus profitable pour la prompte et rationnelle fertilisation du sol. Aussi vais-je, au mois d'avril prochain, réserver 5 à 6 hectares, sur lesquels j'appliquerai vos engrais chimiques, et si, comme j'en ai l'intime persuasion, le succès répond de nouveau aux espérances que j'ai conçues, je bouleverserai de fond en comble mon système de culture, et je le réglerai définitivement sur votre théorie.

« Quel avantage incalculable, et pour le fabricant de sucre et pour le cultivateur, le jour où votre méthode réalisera toutes ses promesses ! (Voir le *Journal des fabricants de sucre* du jeudi 28 février.)

« A. CAVALLIER, au Mesnil-Saint-Nicaise. »

« M. Leroy, cultivateur à Varennes, près Noyon, a fait, l'année dernière, des expériences sur diverses récoltes, et notamment sur la betterave. Ces essais, faits avec soin, ont parfaitement réussi. Les betteraves récoltées sur ce qu'on appelle l'engrais complet, composé d'azote, de phosphate de chaux, de potasse et de chaux, ont donné 62,370 kilogrammes à l'hectare. D'un autre côté, un fabricant de sucre de la Somme a fait aussi des expériences avec des engrais chimiques provenant de la maison Bacquet, de Saint-Quentin, et nous pouvons affirmer que ces engrais ont produit d'excellents résultats.

« Les engrais patronés par M. Georges Ville sont donc appelés à faire dans la culture du sol une révolution importante et favorable aux intérêts des cultivateurs intelligents, qui sauront en tirer parti, en les appropriant à la nature de leur terre. (*Journal des fabricants de sucre*, jeudi 7 février 1867.)

« DENOYON. »

Je citerai enfin l'opinion d'un fabricant d'engrais dont la production est, je crois, l'une des plus importantes de France :

« Monsieur,

« J'ai suivi avec la plus sérieuse attention vos expériences et vos leçons, et j'ai besoin de vous dire qu'il m'en est resté la conviction profonde que vous êtes un des hommes très-rares qui ont poussé le plus loin l'étude des phénomènes agricoles, et qui se sont le plus rapprochés de la solution si importante du problème de la fertilisation.

« A. JAILLE, d'Agen. »

Vous trouvez mauvais, Monsieur, que je recommande l'usage des produits chimiques d'un titre élevé. Préférer la potasse épurée ou le nitrate de potasse aux potasses brutes et aux sels d'Allemagne est, à vos yeux, une véritable hérésie. Je conviens que ces prescriptions sont difficilement compatibles avec l'emploi à peu près exclusif des déchets de toute nature sur lesquels repose votre fabrication. Mais que voulez-vous ? la science a d'autres mobiles et d'autres points de vue.

J'ai employé à Vincennes la potasse épurée de préférence aux potasses brutes, parce que ce champ a essentiellement pour destination de définir le rôle des agents de la production végétale, et que ce résultat ne peut être atteint qu'à la condition expresse de recourir à des substances pures et d'un titre défini.

Supposons, pour un moment, que mon choix se fût fixé sur la potasse brute ; cette potasse contenant 50 pour 100 de sels éventuels :

17 pour 100	de chlorure de potassium.	
16 —	de carbonate de soude.	
5 —	de sulfate de potasse.	
12 —	de carbonate et de sulfate de chaux.	
50		

N'aurait-on pas eu le droit de contester mes conclusions, le jour où j'aurais rapporté à la potasse seule les effets de ce mélange ? Avec la potasse épurée, j'ai pu éviter ce reproche et définir avec certitude la fonction de cet alcali.

Dans la pratique, je préfère la potasse épurée à la potasse brute, parce qu'avec la première les engrais ont une fixité de composition et des effets d'une régularité auxquels on ne peut prétendre avec la seconde.

J'ai conseillé le nitrate de potasse de préférence à la potasse épurée, lorsque son prix et les résultats de mes expériences me l'ont permis (1). Dans mes Conférences de Vincennes, le prix du nitrate de potasse est fixé à 120 fr., parce que ces conférences ont été prononcées en 1864, et que je n'ai pas cru devoir en modifier le texte.

Je n'emploie ni le chlorure de potassium, ni le sulfate de potasse, parce que je n'ai pas obtenu de bons effets de ces deux sels et que mes recherches sont, sur ce point, conformes à celles de M. Schlœsing.

Depuis le jour où j'ai commencé à me mettre en communication avec le monde agricole, j'ai pris avec moi-même l'engagement de ne jamais me départir des trois préceptes suivants :

« 1° Ne publier que les résultats de mes propres observations ;

« 2° Ne fonder des calculs que sur les analyses faites par moi ou dans mon laboratoire ;

« 3° Ne considérer un résultat comme démontré qu'après l'avoir vérifié trois ou quatre ans de suite, à moins que dès la première année il ne fût conforme à un résultat déjà démontré (2). »

N'ayant obtenu de bons effets qu'avec la potasse épurée et le nitrate de potasse, je continuerai à recommander l'emploi de ces deux produits, de préférence à la potasse brute et aux salins de betteraves, parce que, tout compte fait, je ne trouve pas qu'une

---

(1) Voyez, au *Moniteur* du 15 juin 1861, le résumé d'une Conférence faite au champ d'expériences, où j'ai proposé de remplacer la potasse épurée par le nitrate de potasse.

(2) *Sixième Conférence de Vincennes*, p. 347.

économie de huit à dix francs par hectare et par an soit une compensation qui rachète les incertitudes de toute nature qui naissent d'un produit pauvre et impur.

Mais, en supposant que la pratique en vînt à substituer la potasse brute à la potasse épurée et au nitrate de potasse, en quoi cela infirmerait-il les principes que j'ai posés? N'ai-je pas dit et imprimé « que mes formules d'engrais n'étaient point des recettes inflexibles, mais des formules symboliques dont les praticiens judicieux doivent s'efforcer de se rapprocher le plus possible à l'aide des ressources qui sont à leur portée? »

Ce qui prouve, au surplus, qu'il n'y a pas eu de méprise à cet égard, c'est le langage d'une presse placée trop loin pour que les considérations personnelles puissent agir sur elle.

« Ce qu'il y a de plus remarquable dans le système de M. Ville, dit *le Commercial* de la Guadeloupe, c'est une sûreté et une fixité de principes qui ne se sont pas démenties un seul instant. Dès les premières Conférences, M. Ville nous a dit : « Quatre éléments, l'azote, l'acide phosphorique, la potasse et « la chaux sont les éléments constitutifs de tous les végétaux « dont il est nécessaire d'additionner le sol. » Les plantes trouvent dans l'air, dans l'eau, dans toutes les terres, tous les autres éléments qui les constituent ; ce qu'il a dit dès le début, il l'a toujours dit et invariablement ; il l'a encore répété dans la dernière Conférence de Vincennes.

« Quant au mode d'application et aux proportions de ces agents, il n'a cessé de répéter, et s'il ne l'avait pas dit, la raison et le bon sens l'auraient dit pour lui, qu'ils devaient varier suivant les climats, la nature du sol et la plante cultivée, enfin, suivant la valeur vénale des agents dont la forme et la quantité devaient être subordonnées, dans une certaine mesure, aux exigences économiques de l'agriculture. »

Passons à une autre objection.

Vous blâmez, Monsieur, la préférence que je donne au sulfate d'ammoniaque sur toutes les autres matières azotées, lorsqu'il s'agit du froment et des autres graminées. La raison qui a décidé mon choix est bien simple : le sulfate d'ammoniaque m'a donné jusqu'ici les meilleurs résultats ; pour les betteraves, les nitrates sont préférables ; mais pour les graminées, l'avantage reste aux composés ammoniacaux. Vous, au contraire, Monsieur, vous préférez à ces sels d'un emploi si commode et d'un effet si sûr les matières animales de votre fabrication ; cela se conçoit, et il n'était pas nécessaire d'invoquer des arguments sans fin pour justifier une opinion qui naît de votre situation personnelle.

« Conçoit-on, dites-vous, une terre condamnée à être saturée, à un moment donné, d'acide sulfurique, ou au moins une terre dans laquelle le calcaire, toujours si utile, sera nécessairement détruit par l'acide sulfurique et transformé en plâtre qui ne sert à rien, ni pour les céréales, ni pour les betteraves, ni pour la vigne, ni pour le colza, ni pour la plupart des autres cultures industrielles ? Non seulement il ne sert à rien, mais il pourra devenir nuisible ; et après, comment s'en débarrasser ? La question est assez sérieuse et mérite d'être posée. La prévoyance de M. Ville aurait dû aller jusque-là, et il y a manqué. Quand on touche à des questions de cette nature, on doit en prévoir toutes les conséquences. »

Ceci, Monsieur, n'est ni de la science, ni de la critique, c'est de la haute fantaisie. Je m'efforcerai cependant de rester sérieux, me condamnant à réfuter cette objection comme si elle méritait de l'être.

Le sulfate de chaux est, à vos yeux, un produit inutile, sinon nuisible. Mon expérience m'a conduit à un résultat tout opposé. Sans parler des prairies artificielles, sur lesquelles il produit de si précieux effets, tout me porte à le considérer comme le composé calcaire le plus efficace. Ignorez-vous qu'il y a des sols qui contiennent jusqu'à 6 p. 100, et plus, de sulfate de chaux, sans que la végétation en souffre (1) ? Or, à la dose de 2 p. 100 de plâtre, la quantité d'acide sulfurique que le sol contient de ce chef s'élève à 37,040 kilogrammes par hectare. Que devient, en face de ce chiffre, l'objection tirée des 120 ou des 150 kilogrammes que le sulfate d'ammoniaque y amène annuellement ?

---

(1) M. Boussingault, *Économie rurale*, t. II, p. 229.

Ignorez-vous, d'ailleurs, que le sulfate de chaux éprouve dans le sol une décomposition lente, mais continue, et qu'une partie de la chaux repasse à l'état de carbonate ? Ignorez-vous que le sulfate de chaux est entraîné par les eaux pluviales de préférence à tous les autres sels, et que si certaines cultures, comme le froment ou la betterave, en exigent de faibles quantités, d'autres en exigent des quantités considérables ? Ignorez-vous que, dans une récolte de luzerne et de colza, la proportion de l'acide sulfurique atteint de 40 à 50 kilogrammes, et que dans une récolte de choux elle s'élève jusqu'à 200 kilogrammes (1) ?

Mais enfin, Monsieur, si les sulfates sont à vos yeux des sels redoutables pour la végétation, comment ne voyez-vous pas qu'en proposant de substituer la potasse brute à la potasse épurée, et les phosphates acides contre lesquels vous lanciez naguère de si véhéments anathèmes, de préférence aux phosphates neutres, vous en introduisez vous-même fort gratuitement des quantités considérables dans le sol ? Si le sulfate de chaux est si pernicieux, pourquoi M. Barral en a-t-il fait un des éléments principaux de son phosphonitre, dont tout le monde peut lire maintenant l'édifiante histoire dans l'*Enquête sur les engrais* (t. I, p. 109 ; t. II, p. 289)?

J'ai dit en commençant cet article que chaque constituant de l'engrais complet remplit une fonction prédominante ou subordonnée suivant la nature des plantes ; que la matière azotée est l'élément dominant à l'égard du froment, de la betterave et du colza, alors que la potasse remplit la même fonction à l'égard des légumineuses.

A ce propos, vous vous indignez presque, Monsieur, et me dites :

« Tout cela est peut-être vrai, mais encore conviendrait-il de

----

(1) Voici les chiffres exacts :

Dans 12,000 kilogr. de luzerne, il y a 44 kilogr. 60 d'acide sulfurique.

Dans 11,490 kilogr. de colza (paille et graines), il y a 50 kilogr. 13 d'acide sulfurique.

Dans 10,875 kilogr. de choux desséchés, il y a 198 kilogr. 70 d'acide sulfurique.

le prouver sérieusement. Les preuves manquent ici ; nous ne voyons là que des opinions, des inductions, et c'est trop peu pour un sujet aussi sérieux. Pourquoi n'avoir pas tenté de faire pousser de la luzerne, ou du trèfle, ou du sainfoin, sans le secours d'aucune matière azotée, et surtout de les cultiver normalement dans ces conditions ? »

Ce passage prouve deux choses : la première, que vous n'avez pas compris l'économie du champ d'expériences de Vincennes, lorsque vous y êtes venu ; la seconde, que vous n'avez pas lu mes Conférences, car si vous les aviez lues, vous sauriez que ce point y est traité avec un soin exceptionnel et avec un développement de preuves que l'on pourrait, à beaucoup d'égards, trouver exagéré. Reportez-vous à la page 102 de la seconde Conférence, et voici ce que vous y pourrez lire (1) :

Champ d'expériences de Vincennes.

RENDEMENT A L'HECTARE. — RÉCOLTE SÉCHÉE AU SOLEIL.

			FROMENT		POIS	
			ENGRAIS COMPLET.	ENGRAIS MINÉRAL.	ENGRAIS COMPLET.	ENGRAIS MINÉRAL.
1861		Paille..	4,250 kil.	3,120 kil.	5,380 kil.	5,340 kil.
BLÉ DE MARS.		Grains.	2,400	2,130	1,470	1,770
			6,650	5,250	6,850	7,110
1862		Paille .	3,950	3,230	3,930	3,680
BLÉ DE MARS.		Grains.	1,900	1,520	1,690	2,010
			5,850	4,750	5,620	5,690
1863		Paille .	6,941	3,003	2,180	2,665
BLÉ D'AUTOMNE.		Grains.	3,750	1,287	700	810
			10,691	4,290	2,880	3,470
1864		Paille..	4,500	2,300	3,000	3,020
BLÉ D'AUTOMNE.		Grains.	1,890	1,060	1,370	1,562
			6,390	3,360	4,370	4,582

(1) Je n'ai pas besoin de rappeler que, dans les tableaux qui suivent, l'engrais minéral diffère de l'engrais complet par la suppression de la matière azotée.

Ferme de Rothamsted.

FROMENT.

		ENGRAIS COMPLET.	ENGRAIS MINÉRAL.
1852	Paille	4,239 kil.	2,187 kil.
	Grains	1,812	1,169
		6,051	3,356
1853	Paille	4,156	2,268
	Grains	1,516	666
		5,672	2,934
1854	Paille	6,172	2,793
	Grains	3,278	1,720
		9,450	4,513
1855	Paille	4,487	2,012
	Grains	2,348	1,279
		6,835	3,291
1856	Paille	4,982	2,299
	Grains	2,534	1,342
		7,516	3,641
1857	Paille	4,210	1,864
	Grains	3,161	1,623
		7,371	3,487

FÉVEROLES.

		ENGRAIS COMPLET.	ENGRAIS MINÉRAL.
1847	Paille	2,019 kil.	2,179 kil.
	Grains	1,627	1,887
		3,646	4,066
1848	Paille	1,429	1,704
	Grains	1,670	2,036
		3,099	3,740

TRÈFLE.

	ENGRAIS COMPLET.	ENGRAIS MINÉRAL.
1849	9,550 kil.	9,625 kil.
1850	2,406	2,350
1851	3,611	5,370

Si je ne craignais d'abuser des citations, je rapporterais encore le *Tableau* de la sixième Conférence, comprenant les rendements obtenus avec le colza, la betterave, la pomme de terre et les haricots (p. 348 et 349), lesquels figurent également en partie dans la quatrième Conférence, page 239.

Je le répète, Monsieur, tout cela prouve que vous n'avez pas lu les Conférences de Vincennes, ce que vous avouez d'ailleurs avec un sans-façon qui exclut de votre part la conscience de la gravité du fait. Je me rappelle très-bien que lorsque vous êtes venu me voir, frappé de l'insuffisance et du décousu de vos connaissances sur ces matières, je vous avais donné le conseil de lire d'abord le résumé de mes Conférences par M. Joulie, à titre de préparation, avant de passer à l'étude des questions par le détail. Vous avez trouvé plus commode de vous en tenir au résumé. A la rigueur, ce procédé pourrait se comprendre s'il se fût agi d'une étude pour vous seul ; mais du moment que vous vouliez y associer le public et vous élever au rang d'arbitre et de juge, vous aviez d'autres devoirs à remplir. — Ah! laissez-moi croire, Monsieur, qu'en matière commerciale vous y mettez plus de scrupules !

Passons à l'analyse du sol; vous me faites encore sur ce point une querelle qui tient à la même cause, à ce que vous n'avez pas lu mes Conférences. Aussi laisserai-je de côté tout ce qu'il y a de personnel dans vos observations, pour aller droit à la critique que vous faites de la méthode et de sa nouveauté. Vous attribuez à M. Bobierre l'invention de la méthode. — Il faut que ces matières vous soient bien étrangères ou que le parti pris de nier tout ce qui émane de moi change, à votre insu, le caractère et la signification des faits les mieux avérés. A propos de cette méthode, vous dites expressément :

« C'est encore là du vieux neuf ; l'idée première appartient en propre à M. Bobierre, et pour en avoir la preuve, il suffit d'ouvrir à la page 31 le volume publié en 1856 par M. Bobierre, sous le titre de *Noir animal*. Depuis cette époque, M. Élie de Beaumont a reproduit dans la brochure intitulée *Utilité agricole des phosphates*, page 45, le moyen analytique indiqué précédemment par M. Bobierre. Déjà, en 1854, M. Bobierre avait abordé la même question au point de vue analytique dans les considérations théoriques et pratiques (p. 15). »

Voilà l'acte d'accusation. Voici ma réponse :

Les sols, même les plus fertiles, ne contiennent que des quantités très-faibles de phosphate de chaux, dont le dosage, à cause de l'argile, est une opération délicate qui exige une main exercée. Lorsque les terres sont de qualité inférieure, la dose de l'acide phosphorique descend si bas qu'il devient presque impossible de l'extraire, tant est considérable la masse de terre sur laquelle il faut opérer. Pour tourner cette difficulté, M. Bobierre a eu l'idée de semer quelques graines dans les sols de cette nature, et de rechercher ensuite dans la cendre des plantes, par les *procédés ordinaires de la chimie*, s'il y avait plus d'acide phosphorique que dans la cendre des graines. La plante fonctionne donc ici comme un moyen de condensation, mais, en réalité, elle n'indique rien par elle-même. Pour avoir une indication, il faut la brûler et l'analyser. Il faut disposer d'un laboratoire et savoir la chimie. Puis, le travail achevé, en quoi le résultat obtenu éclaire-t-il la partie intéressée sur la limite de rendement qu'on peut atteindre et sur la nature des engrais auxquels il convient de recourir ?

Le procédé de M. Ville conduit à des résultats bien différents. A son aide, on détermine à la fois ce qui concerne la limite du rendement et la nature de l'engrais que l'on doit employer. On fait plus, on détermine le degré d'utilité de tous les termes dont l'engrais se compose. Du moment, en effet, que la végétation n'est possible ou ne prospère qu'à la condition de trouver réunis dans le sol du phosphate de chaux, de la potasse, de la matière azotée et de la chaux, et que l'absence de l'un de ces quatre termes suffit pour atténuer l'action des trois autres, au point de les frapper presque d'inertie, cette circonstance nous fournit le moyen le plus simple et le plus sûr de reconnaître ceux de ces quatre agents que le sol contient et ceux qui lui manquent.

Supposez, par exemple, qu'on expérimente sur la même terre les cinq engrais suivants :

1° Engrais complet ;

2° Engrais sans chaux ;

3° Engrais sans potasse ;

4° Engrais sans phosphate ;

5° Engrais sans matière azotée.

Si l'engrais d'où la chaux, ou la potasse, ou le phosphate de chaux, ou la matière azotée ont été volontairement exclus, produit autant d'effet que l'engrais complet, n'est-il pas manifeste que le sol contient naturellement l'élément qui fait défaut à l'engrais ? Si, au contraire, les rendements se montrent inférieurs, n'est-il pas évident que l'élément qui manque à l'engrais manque également dans le sol ? Ici, qu'on veuille bien le remarquer, le témoignage est décisif ; l'indication obtenue ne repose pas sur une analyse de la terre dans le sens absolu de ce mot, mais sur des résultats qui se rattachent aux besoins de la culture et varient suivant la nature des plantes que l'on veut produire.

L'économie de cette méthode est une déduction du *principe des forces collectives*, dont j'ai défini le caractère en commençant. Si M. Rohart avait lu la quatrième Conférence de Vincennes, où cette méthode est exposée avec le plus grand détail, frappé du caractère des résultats qu'on lui doit, il se fût montré plus réservé dans ses appréciations.

Mais passons à la critique du fond de la méthode :

« A première vue, dit M. Rohart, l'idée des champs d'expériences paraît excellente, des plus judicieuses. Dans tous les cas, l'application est nouvelle, mais elle ne résiste pas à un examen sérieux. Pour conclure avec certitude et utilité, il faudrait multiplier les champs d'expériences dans une proportion effrayante. Ce n'est pas seulement un champ d'expériences pour chaque pièce de terre, mais deux, mais quatre, mais six, mais dix (pourquoi pas dix mille?) qui seraient nécessaires, c'est-à-dire quelque chose d'absolument impossible, pratiquement parlant. Non, l'agriculture ne fera pas cela, parce que ce n'est pas praticable, et qu'à moins de multiplier *indéfiniment* ces champs d'expériences, on n'obtiendra que des à peu près sans valeur, des indications tout à fait incomplètes.

« M. Ville a beaucoup trop vu les choses à travers son imagination, et il a trop souvent prouvé qu'il CONCLUAIT ET PRENAIT PARTI AVEC UNE GRANDE LÉGÈRETÉ.

« Comment! il faudra recourir à l'engrais complet aussitôt qu'un léger abaissement dans la récolte se manifestera? Mais il suffit d'une année de sécheresse pour produire ce résultat, pour infirmer les indications sur lesquelles M. Ville croit pouvoir conclure, pour déjouer toutes ses savantes combinaisons et réduire à néant tout son système. »

Les personnes qui sont un peu au courant du sujet conviendront qu'il faut un sentiment bien profond de la bonté de la cause que je défends pour m'imposer la tâche fastidieuse de répondre à de pareils enfantillages.

Je vais le faire cependant, non plus en invoquant mes propres expériences, mais celles de quelques personnes qui ont bien voulu me suivre dans cette voie.

Commençons par écarter de la discussion les grands mots de démonstration absolue, mathématique ; ces expressions ne sont bien souvent qu'un artifice de langage pour masquer la pénurie des idées. Il n'est pas donné à l'esprit humain de prétendre à la vérité absolue. Les méthodes particulières aux diverses sciences procèdent par voie d'approximation, et ces approximations sont d'autant plus circonscrites que les phénomènes auxquels elles se rapportent sont eux-mêmes plus simples. Lorsqu'on veut définir le mécanisme de la production végétale, les démonstrations ne peuvent revêtir le caractère de simplicité que comportent les phénomènes astronomiques ou physiques. Sachons donc nous restreindre aux résultats utiles et pratiques. Au fond, de quoi s'agit-il ? Il s'agit de savoir avec une approximation raisonnable dans quelle mesure les principales divisions d'un domaine sont

pourvues des quatre termes de l'engrais complet, et ceux de
ces quatre termes qu'on peut supprimer afin de réduire la dépense à la limite la plus basse, sans nuire aux récoltes. Pour
cela, que proposons-nous? Nous proposons d'établir sur les parties de l'exploitation qui diffèrent par leur degré de fertilité des
champs d'expériences bornés à quelques mètres de surface. Lorsqu'il s'agit d'exploitations morcelées, ces champs peuvent se réduire à deux semis de froment et de pois sans engrais. Si les
deux rendements sont élevés, on y verra la preuve que le sol est
pourvu à la fois de matières azotées et de minéraux. Le rendement du froment est-il précaire, la couleur de son feuillage d'un
jaune pâle, alors que les pois prospèrent et donnent un abondant produit, on peut tenir pour certain que ce sol, pourvu de
minéraux, manque de matières azotées, etc., etc. (Voyez la quatrième Conférence de Vincennes, page 227 et suivantes.)

Mais, ajoute-t-on, l'état du ciel, les conditions météorologiques
peuvent affecter les résultats? C'est vrai, mais n'est-il pas vrai
aussi que ces influences perturbatrices, si elles réduisent le
rendement du carré cultivé avec l'engrais complet, affecteront
dans le même sens le carré sans fumure et ceux à fumures incomplètes, et qu'en définitive cette cause de trouble sera sans
influence sur la comparaison des résultats?

Comme preuve du parti qu'un esprit judicieux peut tirer des
champs d'expériences, je rapporterai quelques exemples de leur
application auxquels je suis resté étranger. Je citerai en premier
lieu les faits que M. A. Cavallier vient de rendre publics dans le
Journal des fabricants de sucre. Sur une terre épuisée par
quatre récoltes successives obtenues sans fumier, M. Cavallier a
établi un petit champ d'expériences, en parcelles d'un are, qu'il
a affecté à la culture de la betterave. Voici les résultats qu'il a
obtenus :

	RACINES DÉCOLLETÉES A L'HECTARE.
Engrais complet (105 kil. d'azote)	51,000 kil.
— sans chaux............	47,415
— sans potasse	42,500
— sans phosphate........	37,881
— sans azote............	36,854
Terre sans aucun engrais............	25,500

Mais, dites-vous, on ne peut pas conclure du petit au grand d'un champ d'expériences à une exploitation régulière. Laissons répondre encore M. Cavallier. Deux champs, d'un hectare chacun, voisins du petit champ d'expériences, ont été mis au régime des engrais chimiques. Quels résultats y a-t-on obtenus ? Les voici :

	RACINES DÉCOLLETÉES A L'HECTARE.
1° Engrais complet, avec 130 kilogr. d'azote.	59,640 kil.
2° Engrais complet, avec 84 kilogr. d'azote.	47,325
Moyenne des deux champs (azote, 107 kilogr.)……………………	53,432 kil.
Parcelle n° 1 du champ d'expériences (azote, 103 kilogr.)…………	54,000

On me dira peut-être que cette expérience est une exception ; que le rendement obtenu par M. Cavallier tient à quelques causes mystérieuses, inaperçues; que dans tous les cas on ne peut pas fonder une méthode générale sur l'observation d'un fait isolé. Je pourrais répondre à cette objection par les résultats que j'obtiens à Vincennes depuis cinq ans ; mais j'ai promis de ne me servir que de documents étrangers à ma propre expérience. Je me bornerai donc au témoignage des faits rendus publics par M. Leroy, de Varennes :

		RACINES DÉCOLLETÉES A L'HECTARE.
1° Engrais complet……………………		62,370 kil.
2° —	sans phosphate……	48,330
3° —	sans potasse ………	42,390
4° —	sans matière azotée	28,350
5° Terre chaulée ………………………		9,450

Si l'on était tenté de croire que ces rendements sont une exception, pour dissiper les derniers doutes, il me suffirait, je crois, d'ajouter qu'à la ferme de Pupetière, M. le marquis de Virieu a obtenu, sur une terre qu'il qualifie d'exécrable. 50,000 kilogrammes de betteraves, et M. du Peyrat, à la ferme-école de Beyrie, 57,450 kilogrammes à l'hectare sur une terre dont le rendement sans engrais a été de 11,300 kilogrammes.

La question du rendement se trouvant mise hors de cause, passons à la valeur pratique des indications fournies par les champs d'expériences. Mais ici, au lieu de discuter moi-même ces résultats, je laisserai la parole à ceux-là mêmes qui les ont obtenus. On verra par ces citations le chemin qu'ont fait les opinions que je défends. Voici comment s'exprime M. A. Cavallier :

« Opposé à la première parcelle, le rendement de la deuxième m'a particulièrement frappé. Je connaissais la valeur de la chaux comme amendement des terres argileuses de ma région ; je savais qu'à la dose de 50 à 100 hectolitres par hectare, elle avait le privilège d'activer la solubilité des matières fertilisantes et de rendre le sol moins rebelle aux instruments aratoires ; mais je n'aurais jamais pu prévoir qu'une addition de 2 kilogrammes par are pût provoquer des modifications de cette importance, puisqu'ils ont déterminé une augmentation de poids égale à 35ᵏ 550 par are (3,555 kilogrammes par hectare).

« La diminution de poids déterminée par la suppression de l'azote (14,166 kilogrammes) ne m'a pas surpris ; je m'y attendais.

« Mais je supposais aussi que le terrain de ces expériences était dénué de potasse et qu'il ne devait pas manquer de phosphate de chaux, parce que j'avais acquis la certitude que le noir animal n'y produisait pas un effet appréciable. L'événement n'a pas justifié mon attente : la partie fumée sans carbonate de potasse, mais avec l'azote, le phosphate de chaux et la chaux, a produit 42,500 kilogrammes à l'hectare, alors que celle qui n'avait pas reçu de phosphate n'a produit que 37,881 kilogrammes.

« Comment expliquer ce phénomène étrange à première vue ? Il tient à deux causes principales : à la forme spéciale du phosphate de chaux, car il résulte des expériences de M. Ville que le phosphate acide de chaux produit plus d'effet sur les betteraves que le noir et les os ; en second lieu, il est probable aussi que la passivité du noir, reconnue sur ce champ par des observations antérieures, était due à l'emploi isolé que j'avais fait de ce produit, et tout me porte à penser que, si on l'avait associé à une matière azotée, le résultat eût été très-différent. »

Passant aux deux champs d'un hectare sur lesquels il a obtenu

59,640 kilogrammes et 47,325 kilogrammes, M. Cavallier fait remarquer que le surcroît du premier rendement est dû à une quantité plus forte de matière azotée. Si on rapproche, en effet, les récoltes qu'il a obtenues, tant sur le champ d'expériences que sur les deux champs d'un hectare, on trouve que :

<pre>
Sans azote, le produit a été de...........   36,834 kil.
Avec 400 kil. de sulfate d'ammoniaque.   47,325
Avec 500   —   —   54,000
Avec 650   —   —   59,640
</pre>

D'où il conclut que « si la potasse, le phosphate de chaux et la chaux jouent un grand rôle dans la végétation de la betterave, c'est à l'azote qu'appartient en réalité le rôle prédominant. »

M. Cavallier aperçoit très-bien et fait ressortir les conséquences économiques de la fonction prédominante de l'azote. Prenant comme point de départ le rendement de 36,834 kilogrammes obtenu avec l'engrais sans azote, il montre qu'avec 400 kilogrammes de sulfate d'ammoniaque, l'engrais amorti, le bénéfice dû à l'excédant est de 67 fr. 82, qu'avec 500 kilogrammes de sulfate d'ammoniaque il s'élève à 108 fr. 20, et qu'avec 650 kilogrammes il atteint 228 fr. 60.

Je passe à d'autres résultats obtenus sur le froment et dont nous sommes redevables à un membre très-distingué du corps impérial des ponts et chaussées, M. Delestrac, actuellement ingénieur en chef à Nice, qui s'est livré à quelques expériences, de concert avec M. Delestrac, son frère, membre du conseil général de Vaucluse.

Les champs d'expériences dont il s'agit ont été établis trop tard. Les semis n'ont eu lieu que le 7 décembre. Aussi les rendements sont-ils inférieurs d'un tiers au moins à ce que l'on obtient d'ordinaire, ce qui n'empêche pas qu'ils ne soient décisifs sous le rapport des indications relatives à la composition du sol.

I. — DOMAINE DE LA CORGIÈRE.

		RENDEMENT A L'HECTARE.
		hect.
1° Engrais complet....................		22.56
2° —	sans chaux............	24,00
3° —	sans potasse............	25,00
4° —	sans phosphate........	15,00
5° —	sans matière azotée...	16,00
6° Terre sans engrais.................		12,31
7° 45,000 kilogr. de fumier.............		15,20

II. — DOMAINE DE BLANQUI.

		hect.
1° Engrais complet....................		20,60
2° —	sans potasse............	20,60
3° —	sans phosphate........	9,20
4° —	sans matière azotée...	5,40

Je le répète, l'époque trop avancée à laquelle on a semé ces champs a nui au rendement ; mais ce qui nous intéresse ici, c'est moins le chiffre du rendement que les écarts qui se sont manifestés entre les diverses parcelles. Or, à cet égard, la conclusion est évidente : ces deux terres manquaient à la fois de phosphate de chaux et de matière azotée ; elles étaient pourvues au contraire de potasse et de chaux.

MM. Delestrac ont donc fait une application en grand, avec un engrais composé de phosphate acide de chaux et de sulfate d'ammoniaque, et voici ce qu'ils m'écrivent à la date du 7 février :

« Nos blés des grandes expériences sont très-beaux : ils contrastent avec les voisins par une couleur verte admirable. »

Je passe à une dernière application des champs d'expériences, qui en est à sa quatrième année, et au succès de laquelle je devrai de pouvoir montrer, dans quelques mois, aux visiteurs de l'Exposition un spécimen de 200 hectares de cultures diverses, toutes au régime des engrais chimiques.

M. H. Lavaux, maire de Charny, dirige depuis trente-cinq ans la ferme de Choisy-le-Temple, dont la superficie n'a pas moins de 300 hectares. En 1863, M. Lavaux m'ayant exprimé le désir de faire quelques essais des engrais chimiques, j'insistai auprès de lui pour qu'il commençât par établir un champ d'expériences. Voici quels en furent les résultats :

			RENDEMENT A L'HECTARE
Nº 1. Engrais complet		....	37 hect.
Nº 2.	—	sans phosphate.......	40
Nº 3.	—	sans potasse..........	40
Nº 4.	—	sans matière azotée...	25

Guidé par ces indications, on employa l'année suivante, sur une pièce de 20 hectares, un engrais composé de phosphate acide de chaux et de sulfate d'ammoniaque. Le rendement fut de 40 hectolitres à l'hectare. La deuxième récolte du champ d'expériences nous ayant indiqué que la terre était surabondamment pourvue de potasse, le même engrais fut employé de nouveau, et on obtint cette fois une récolte de colza de 31 hectolitres, quoique, par erreur, on eût réduit de moitié la dose de l'azote qui est la dominante de cette plante. Sur les betteraves, mêmes succès : bien que le semis du mois d'avril ait manqué et qu'on ait dû resemer en juin, sur une pièce de 10 hectares, le rendement a été de 51,000 kilogrammes à l'hectare.

Pour moi, plus j'approfondis les questions agricoles, plus je m'applique à démêler le jeu des intérêts qui s'y rapportent, et plus je demeure convaincu que c'est par les champs d'expériences que se fera la révolution qui commence. Je convie donc les hommes de progrès qui doutent à entrer dans cette voie. La dépense est minime et l'effet d'un champ d'expériences est irrésistible. En face des contrastes qu'il révèle, les hommes pratiques sentent instinctivement qu'il y a là une puissance nouvelle jusqu'ici méconnue ou mal appliquée; ils comprennent qu'au lieu de ces engrais immondes, dont la composition n'a aucune fixité, il y a toutes sortes d'avantages pour eux à recourir à des produits sur lesquels le commerce ne peut ni exercer de fraude, ni prélever de produits usuraires ; dont l'emploi se prête avec une sûreté sans rivale à toutes les exigences de la culture, et qui, des pratiques précaires de l'empirisme, la font entrer dans les voies plus sûres de la science.

Je passe à une autre critique ; vous dites :

« Dans le chapitre *Notes*, à propos d'une comparaison avec l'engrais Krafft, M. Ville se permet d'affirmer, sans aucune preuve à l'appui, que, dans l'engrais Krafft comme dans tous les autres, un tiers environ de l'azote se perd à l'état gazeux, c'est-à-dire au détriment de l'acheteur ; c'est grave. Tous les intérêts doivent être respectés. Où est la preuve matérielle de ce fait ? Qui l'a constaté ? M. Ville n'en dit pas mot. La raison en est claire : il s'agissait d'arranger les choses au besoin de la circonstance, et le tout a été MANIPULÉ avec un sans-gêne édifiant. »

Il y a là une double erreur. D'abord la note dont il s'agit n'est pas de moi, et en second lieu elle est parfaitement exacte.

Reportez-vous au tome XLIX des *Annales de physique et de chimie*, page 185, et vous trouverez dans un mémoire de M. Ville le fait que vous contestez, établi sur des preuves décisives; mais, sachant d'avance que ce qui émane de M. Ville n'a pas le don de vous convaincre, je vous renverrai au tome XLII, page 58, des *Comptes-rendus de l'Académie des sciences*, où vous trouverez le même fait reproduit par M. Reiset, dans les termes suivants :

« Les matières organiques en voie de décomposition lente ou de putréfaction déversent incessamment dans l'atmosphère un volume considérable d'azote. »

Trouverez-vous ces deux témoignages insuffisants ? Je puis y joindre celui de M. Boussingault. Au tome II, page 355 de ses Mémoires sur l'agronomie, vous pourrez lire :

« De nombreuses expériences ont été entreprises dans le but de déterminer s'il y a émission d'azote pendant la destruction des matières organiques azotées...

« Dans la plupart des cas, cette perte s'élève à 1/7 ou 1/8 de l'azote constituant de la matière ; dans un cas elle s'est élevée à 40 p. 100. »

Cette observation est due à MM. Lawes et Gilbert.

J'arrive, Monsieur, au point culminant de vos critiques, à l'un de vos arguments de prédilection : le fumier de ferme est, dites-vous, l'engrais type par excellence, l'engrais le plus efficace, le plus puissant, et le seul qui soit d'un effet sûr et durable.

« M. Ville oserait-il bien affirmer, dites-vous, qu'il est indifférent d'ajouter au sol une matière organique azotée, ou d'imposer à la végétation un sel d'ammoniaque et surtout un sulfate ?

« La culture normale, sans la participation des matières végétales, est une utopie, un songe creux, un rêve ; ce n'est pas un progrès : c'est la ruine de l'avenir.

« M. Ville a eu la prétention d'en faire un système ; mais il n'est guère parvenu qu'à un mélange de contradictions, qu'il est difficile d'expliquer.

« Le sulfate d'ammoniaque sera toujours un bon adjuvant des engrais, un excellent auxiliaire ; mais quant à servir de base à des fumures, quelles qu'elles soient, comme matière azotée exclusivement, JAMAIS ! »

Laissons là, s'il vous plaît, les grands mots. De quoi s'agit-il ? Il s'agit de savoir deux choses : la première, si les engrais chimiques sont inférieurs ou supérieurs, comme puissance de production, au fumier, et si le sulfate d'ammoniaque est lui-même supérieur aux matières organiques. Sur ces deux points, ma réponse est aussi nette qu'explicite. Je dis que les engrais chimiques sont supérieurs au fumier, et que le sulfate d'ammoniaque l'emporte sur les matières azotées d'origine organique. J'ajoute que l'emploi du sulfate d'ammoniaque peut être continué indéfiniment et toujours avec succès. Voici mes preuves :

1° Le sulfate d'ammoniaque est supérieur aux matières organiques.

Depuis plusieurs années, j'ai institué des cultures parallèles dans lesquelles on emploie, d'un côté, du tourteau de colza comme matière azotée, et de l'autre du sulfate d'ammoniaque. Dans les deux cas, on ajoute du phosphate de chaux, de la potasse et de la chaux aux mêmes doses, de façon que la différence ne porte que sur la nature de la matière azotée. Eh bien ! depuis trois ans, l'avantage est toujours resté aux engrais où le sulfate d'ammoniaque et le nitrate de soude représentaient l'élément azoté.

Ne voulant pas me servir, dans cette discussion, des résultats obtenus à Vincennes, j'emprunterai mes preuves à M. le marquis d'Havrincourt, chez qui a été faite l'année dernière une expérience de cette nature, dont voici les résultats :

RENDEMENT A L'HECTARE.

	SULFATE D'AMMONIAQUE.	TOURTEAU.
Nº 1. Betteraves........................	29,290 kil.	18,440 kil.

Cette parcelle ayant été attaquée par le ver blanc, le résultat ne peut être accepté comme définitif ; mais il n'en est pas de même des deux suivantes :

RENDEMENT A L'HECTARE.

	SULFATE D'AMMONIAQUE.	TOURTEAU.
Nº 2. Betteraves	37,281 kil.	29,672 kil.
Nº 3. Pommes de terre...........	13,300	7,000

Pour rester dans la sévère exactitude des faits, je dois ajouter qu'à Vincennes les différences sont un peu moins fortes.

2º Je dis qu'avec les engrais chimiques les rendements sont plus élevés qu'avec le fumier. Les résultats que je vais citer se rapportent à la fois aux betteraves et au froment. Je commence par les betteraves :

M. DU PEYRAT, à la ferme de Beyrie (Landes).

	BETTERAVES A L'HECTARE.
1º 4,700 kil. Engrais complet....................	53,900 kil.
2º 80,000 Fumier	49,200
3º Terre sans engrais.........................	8,150

M. le Marquis DE VIRIEU, à la Pupetière (Isère).

1º 1,450 kil. Engrais chimique..................	50,000
2º 50,000 Fumier consommé..................	46,800

M. Leroy, à Varennes (Oise).

RENDEMENT A L'HECTARE.

1° 1,400 kil. Engrais chimique...................... 62.372 kil.
2° 50,000 Fumier ......}
3° 300 Guano ......} 40,000

M. Cavallier, au Mesnil-Saint-Nicaise (Somme).

1° 1,700 kil. Engrais chimique (azote 80 kil.).... 47.325
2° 1,800 — (azote 104).... 51,000
3° 1,950 — (azote 136).... 59,640
4° 50,000 Fumier.............................. 35,000

M. le Marquis d'Havrincourt, à Havrincourt (Pas-de-Calais).

Cultures attaquées par le ver blanc.

1° 1,374 kil. Engrais chimique 36,490
2° 33,000 Fumier.............................. 28,215

Cultures non attaquées par le ver blanc.

3° 987 kil. Engrais chimique (azote 60 kil.)...... 42,701
4° 67,681 Compost avec écumes de défécation.. 34.111

Je passe aux expériences sur le froment :

MM. Masson et Izarn, à Évreux (Eure)

1° Engrais chimique. Blé.................... 35^{hect} 60
Avoine (1)............................ 5 00
                                          ____
                                          40 60

---

(1) La terre avait produit trois avoines consécutives, ce qui explique les quelques gerbes d'avoine qu'on y a récoltées.

RENDEMENT A L'HECTARE.

2° Engrais chimique. Blé........... 33hect 50
                     Avoine........   4   00
                                    ———————
                                     37   50

3° 30,000 kil. Fumier. Blé.......... 19hect 00

M. MOTTARD, à Saint-Fons (Rhône).

1° 1,200 kil. Engrais chimique..... 25hect 60 versé.
2°   600   —   23   00
3° 40,000   Fumier............. 25   50 pas versé.

4° 1,200   Engrais chimique.... 26   30 très-versé.
5°   600   —   27   60
6° 40,000   Fumier............. 31   60

M. GUILLERMOND, à Lyon. (Semé trop tard.)

1° 1,200 kil. Engrais complet...... 26hect 00
2°   600   —   16   00
3° 40,000   Fumier............. 16   00
4° Terre sans engrais..............   7   50

M. BRAVAY, à Donzère (Drôme).

(Coteau aride défriché pour cette expérience.)

1° 1,400 kil. Engrais chimique..... 36hect 00
2° 1,200   —   30   00
3° 20,000   Fumier............. 10   80
4° Terre sans engrais..............   2   80

Deuxième année, mêmes champs.

1° Sulfate d'ammoniaque............ 26hect 70
2° Parcelle n° 3 au fumier.......... 6   17
3° Terre sans engrais..............   2   20

M. PONSARD, à Omey (Marne).

1° 1,200 kil. Engrais chimique...... 33hect 00
2°   100 mètres cubes de fumier...., 13   00

M. Ponsard fait sur ce résultat les réflexions suivantes :

« La terre sur laquelle j'ai opéré est une lande qui n'avait jamais vu la charrue, et qui vaut à peine 170 fr. l'hectare. Le blé s'y est vigoureusement développé avant l'hiver de 1865, et dans tout le cours de la végétation il a toujours été supérieur au blé voisin venu sur fumier. Il a dû à cette vigueur une maturité plus hâtive, qui m'a permis de le récolter avant les pluies. J'aurais pu le vendre comme blé de semence un très-haut prix, car le grain était d'une qualité tout à fait supérieure. Au cours du marché, l'hectare aurait rendu :

25 quintaux à 32 fr......................	800 fr.
Dépense des engrais....................	320
EXCÉDANT EN PROFIT...........	480 fr.

« Le blé cultivé à côté, sur fumier, avait reçu :

100 mètres cubes de fumier à 7 fr. 50 ...	750 fr.
Il a donné 10 quintaux de blé, à 32 fr...	320
DIFFÉRENCE EN PERTE.....	430 fr. (1)

« La valeur du fumier restant récupérera-t-elle, dans l'avenir, la perte de la première année ? J'en doute. Si l'orge d'hiver que j'ai resemée immédiatement tient sa promesse actuelle, la parcelle sur engrais chimique rendra encore plus en 1867 que celle sur fumier. »

Quelle conclusion doit-on tirer de l'unanimité de ces témoignages, si ce n'est que les engrais chimiques ont une supériorité incontestable sur le fumier ? Ne pouvant nier les faits qui l'établissent, on se retranche sur la question de durée, et on dit, mais sans preuve, qu'à la longue la terre soumise à leur régime s'épuise et n'en éprouve plus les mêmes effets. Je répondrai dans un moment à cette objection, lorsque je traiterai des fonctions

---

(1) Il n'est pas besoin de faire remarquer qu'en résumant dans ces tableaux les résultats de ces deux cultures, M. Pousard n'a pas entendu faire un compte de détail, mais mettre simplement en relief le contraste des résultats.

de l'humus ; je veux auparavant montrer, par un exemple, qu'avec les engrais chimiques on peut régler les rendements d'une manière plus sûre et plus économique qu'avec le fumier.

En résumant, au début de cet article, les résultats des travaux de M. G. Ville, j'ai dit que chaque terme de l'engrais complet remplissait une fonction prédominante ou subordonnée, suivant la nature des plantes.

Ce fait a, dans la pratique, des conséquences considérables, car il permet de porter les rendements à leur limite la plus élevée, en atténuant cependant la dépense. Je m'explique. Supposons une terre soumise à une culture alternante de pommes de terre et de froment.

On peut procéder de deux manières : recourir à l'engrais complet, qui suffit pour deux ans et pour deux récoltes, ou scinder l'engrais en deux parties ; la première année n'employer que les minéraux, et réserver la matière azotée pour la seconde, parce que l'azote est l'agent dominant pour le froment, tandis que les minéraux le sont pour la pomme de terre.

Or, voici ce que sont les rendements dans ces deux cas :

Premier cas. — La terre est fumée avec l'engrais complet pour deux ans.

	RENDEMENT À L'HECTARE.		PRIX.
1re année. Pommes de terre....	25,450 kil.		636 fr.
2e — Froment. — Paille...	5,230		208
Grains..	2,310	— 31 hectol.	620
TOTAL DES PRODUITS.............			1,464 fr.

Deuxième cas. — La terre est fumée la première année avec l'engrais minéral, et la seconde avec 300 kilogrammes de sulfate d'ammoniaque.

	RENDEMENT À L'HECTARE.		PRIX.
1re année. Pommes de terre....	23,900 kil.		597 fr.
2e — Froment. — Paille...	8,550		342
Grains..	3,380	— 45 hectol.	900
TOTAL DES PRODUITS.............			1,839 fr.

RÉSUMÉ ET COMPARAISON DES DEUX SYSTÈMES.

	VALEUR DES PRODUITS.
Avec l'engrais complet divisé......................	1,839 fr.
Avec l'engrais complet employé en une seule fois.	1,464
DIFFÉRENCE en faveur de la division de l'engrais.	375 fr.

Ainsi, rien que pour avoir divisé l'engrais, on a obtenu un excédant de 14 hectolitres de blé et 3,330 kilogrammes de paille, contre une perte de 1,550 kilogrammes de pommes de terre, ce qui se traduit par une différence de 375 fr. en faveur du partage de l'engrais, effet qu'on ne peut obtenir avec le fumier de ferme qui forme un tout indivisible.

J'arrive à la fonction de l'humus et à l'examen de la question de savoir s'il est vrai qu'on ne puisse recourir aux engrais chimiques qu'à titre d'agents auxiliaires, et non à titre de fumures régulières continues et permanentes, comme je l'affirme.

Trois propositions résument ce que nous savons à l'égard des fonctions de l'humus.

Par lui-même, l'humus est sans action sur les végétaux. Il n'est pas absorbé en nature par les plantes. On peut donc se passer d'humus, et ce qui le prouve, c'est la possibilité de produire dans le sable calciné des plantes qui ne le cèdent en rien à celles venues dans la bonne terre.

Voulez-vous une démonstration irrécusable de ces deux propositions ?

La terre des Landes est formée de deux choses : de sable siliceux et de 3 ou 4 centièmes d'humus produits par la décomposition spontanée des feuilles de pin. Eh bien ! instituez deux cultures parallèles : l'une dans le sable calciné, et l'autre dans la terre des Landes. Le rendement sera le même dans les deux cas. Il est donc manifeste que l'humus n'ajoute pas à la fertilité du sol.

Il y a un cas cependant où l'humus peut manifester un effet utile, incontestable : c'est celui où, indépendamment de l'engrais, on chaule la terre. Dans ce cas, le rendement obtenu dans la terre des Landes l'emporte notablement sur celui obtenu dans le sable calciné. Précisons ces faits par quelques chiffres.

Dans le sable calciné, fumé avec l'engrais complet, 20 grains de blé produiront 22 grammes de récolte. Avec le même engrais, la récolte sera encore de 22 grammes dans le sable humifère des Landes. Ajoute-t-on du carbonate de chaux au sable calciné, la récolte reste à 22 grammes. La même addition faite à la terre des Landes élève le rendement à 30 grammes. Voilà donc un cas où l'humus s'est montré efficace.

Quel a été dans ce cas particulier le mode d'action de l'humus ? A-t-il été absorbé en nature ? Non. Il a agi en favorisant la dissolution du carbonate de chaux, et cela est si vrai que si, dans un sol formé uniquement de sable calciné, et par conséquent exempt d'humus, on remplace le carbonate de chaux par le sulfate de chaux, qui est plus soluble, et mieux encore par le nitrate de chaux (dont l'azote entre en ligne de compte à titre de matière azotée), le rendement égale celui qu'on avait obtenu précédemment dans la terre des Landes chaulée.

De là il faut donc conclure que l'humus n'est point une nécessité imposée à la culture, et que par lui-même il ne participe pas à la nutrition végétale.

Mais, ne manquera-t-on pas de me dire, ce sont là des expériences de cabinet, et en matière agricole, on ne peut conclure avec certitude que lorsque la pratique a prononcé. Consultons donc la pratique; mais, auparavant, définissons la nature et le caractère du témoignage que nous voulons lui demander.

Pour décider si l'humus est indispensable, il y a deux moyens : le premier consiste à soumettre une terre de qualité médiocre au régime exclusif des engrais chimiques ; le second moyen, qui est plus prompt, consiste à faire la même expérience sur une terre dépourvue d'humus. S'il y a concordance entre les résultats de ces deux ordres de preuves, si les rendements se maintiennent aussi élevés sur la terre absolument dépourvue d'humus et sur la terre qui l'a perdue peu à peu sans que sa fertilité en soit affectée, il est évident que l'humus n'est pas nécessaire au maintien et à la prospérité de la vie végétale, il est manifeste qu'on peut s'en passer.

Mais, en supposant l'expérience conforme à ces prévisions, en faut-il conclure qu'on doive bannir l'emploi de l'humus lorsqu'on peut s'en procurer économiquement ? Une telle conclusion est aussi loin de mon esprit que la pensée de proscrire l'usage du fumier, quand on peut le produire dans de bonnes conditions.

Ce que j'ai voulu établir, c'est que l'humus pas plus que le fumier n'est une nécessité imposée à la culture, et voici les preuves que je puis invoquer à l'appui de cette assertion.

Le champ d'expériences de Vincennes est au régime des engrais chimiques depuis dix ans. Or, les rendements avec l'engrais complet, au lieu de baisser, vont toujours s'élevant. La terre naturelle, au contraire, est arrivée à un état voisin de la stérilité. En 1863, elle a rendu 11 hectolitres de froment; en 1864, 7 hectolitres; en 1865, 7 hectolitres; mais en 1866 elle est descendue à 4 hectolitres.

Pour arriver à la contre-épreuve, dont je parlais il y a un moment, j'ai fait défricher, en 1864, au domaine de Belleau, dans la Drôme, 2 hectares d'un coteau aride. La terre y est si pauvre, que le froment, sans engrais, y reproduit à peine sa semence. Pour 2 hectolitres semés, on a récolté 2 hectolitres 8 la première année, et 2 hectolitres la seconde. Avec l'engrais complet, le rendement a atteint 30 et 36 hectolitres; avec 29,039 kilogrammes de fumier, c'est-à-dire avec un engrais pourvu d'humus, il est resté à 10 hectolitres 8.

Au même point de vue, l'expérience faite par M. Ponsard, à Omey, a une valeur inappréciable. Tout le monde sait bien que les terrains crétacés de la Champagne, à l'état de landes, ne contiennent pas d'humus. Eh bien ! sur une terre de cette nature, avec 100 mètres cubes de fumier, on a obtenu 13 hectolitres de grains, et 33 hectolitres avec 1,200 kilogrammes d'engrais chimiques.

Ainsi, soit qu'on opère dans le sable calciné, ou dans des sols naturels presque aussi pauvres, on obtient avec les engrais chimiques des rendements égaux, si ce n'est supérieurs à ceux que produisent les bonnes terres depuis longtemps au régime du fumier.

La question de l'humus étant, je crois, épuisée, il me faut répondre à une dernière objection.

On ne manquera pas de me faire remarquer que les engrais que j'emploie dans le sable calciné contiennent des produits qui ne se trouvent pas dans l'engrais complet, et qu'il est présumable qu'un jour viendra, pour les terres pauvres notamment, où il faudra ajouter à celui-ci une partie, si ce n'est la totalité des minéraux que j'en ai actuellement exclus.

Cette éventualité me paraît en effet probable ; mais en quoi condamne-t-elle le présent et compromet-elle l'avenir ? Par mes cultures dans le sable calciné, j'ai déterminé les conditions de la production végétale à leur plus haut degré de généralité. Je demande maintenant à la pratique agricole de m'indiquer à quel point il faut se rapprocher de ces conditions, bien résolu à exclure de l'engrais complet tout ce qui n'aurait pas manifesté une action certaine et bien constatée, et à n'y rien ajouter sur la foi d'inductions que l'expérience n'aurait pas justifiées.

Je le répète donc, je conclus du succès de mes cultures dans le sable calciné et des faits pratiques qui sont venus les confirmer qu'on peut sans hésitation avoir recours aux engrais chimiques dans toutes les conditions, et faire faire, à leur aide, à l'agriculture un progrès dont les méthodes du passé n'étaient pas susceptibles.

Mais, direz-vous peut-être encore, c'est là de la théorie, et de la théorie où il n'y a rien de nouveau ; tout cela a été dit et mieux dit. Alors expliquez-moi, Monsieur, pourquoi le monde agricole est si attentif à ces questions ; pourquoi des usines destinées à la fabrication de ces produits se montent sur la foi de ces nouveaux enseignements ; pourquoi enfin ces procédés, que vous déclarez si défectueux, se propagent-ils avec une intensité à laquelle je n'aurais pas osé croire, si je n'en voyais tous les jours de nouvelles preuves ? Quoi ! tout cela est faux ; il n'y aurait là qu'une œuvre de fausseté et de mensonge ? A qui persuadera-t-on qu'à une époque de publicité comme la nôtre, l'opinion puisse devenir à la fois complice et victime d'une pareille mystification ?

J'arrive à une dernière considération, que j'aurais voulu écarter de ce débat, mais que vos attaques, vos allusions à nos relations passées, et ma situation personnelle ne me permettent pas de passer sous silence.

Lorsque les noms de M. Dumas et de M. Boussingault se présentent sous votre plume, votre enthousiasme s'élève jusqu'à l'apothéose, et votre lyrisme ne recule pas devant la nécessité de travestir des faits authentiques pour en changer le caractère et la valeur devant l'opinion.

Vous êtes de bonne foi, je n'en doute pas, et cependant quand je compare ces éloges aux travestissements que vous faites subir à mes Conférences, sans les avoir lues, il est vrai, je ne puis oublier certaines coïncidences dont il me semble qu'il est bon que le public soit instruit. Ainsi vous ne pouvez nier que l'initiative de M. Dumas, indirectement appuyée par M. Boussingault, vous ait valu un concours financier d'une grande importance en faveur de l'industrie que vous avez cherché à fonder en Norwége, pour utiliser les résidus provenant des pêcheries.

Je ne veux mettre en cause ni votre loyauté, ni votre indépendance, ni vos convictions ; je me borne à constater, entre vos éloges et un service rendu, une coïncidence qui, malheureusement, n'est pas la seule que j'aie à signaler.

Vous avez parlé de nos relations : elles remontent, si je n'en souviens bien, à 1860 ou 1861. Elles sont nées de votre initiative. Je vous ai reçu avec politesse, avec bienveillance même. Vous désiriez connaître mes travaux : je vous ai conduit à Vincennes, je vous ai ouvert mon laboratoire. Comment eussé-je manqué de courtoisie envers un homme qui m'écrivait le 11 février 1862, par exemple, à propos d'une attaque dirigée contre moi par le *Journal d'Agriculture pratique :*

« Ce n'est pas vous, Monsieur, que je défends, c'est la vérité, et je continuerai à la défendre toutes les fois que l'occasion s'en présentera. C'est là, là seulement, qu'est la véritable indépendance et la noblesse de cœur, et jamais un mensonge ou une flatterie ne viendra salir ma plume.

« Je sais ce que vaut la tourbe des journalistes (notez qu'il s'agissait du *Journal d'Agriculture pratique,* dirigé alors par M. Barral), et je le dis assez haut en toute circonstance. S'ils ne s'étaient adressés qu'à moi, je leur pardonnerais de grand cœur ;

mais je fais remonter jusqu'à eux la plupart des turpitudes dont les hommes ont à se plaindre, et sur lesquelles peuvent gémir tous ceux qui aiment sincèrement leur pays, à quelques opinions qu'ils appartiennent, » etc.

J'ai reçu de vous huit ou dix lettres de ce style. Je n'en citerai plus qu'une, qui porte la date du 10 décembre 1863 :

« J'ai à vous demander la relation de vos travaux, afin de pouvoir aider de toutes mes forces à faire ressortir l'importance de vos recherches.

« *L'avenir est à vous, Monsieur, et venir en aide à vos efforts si louables, c'est faire une bonne action et servir utilement les intérêts de l'agriculture.* »

Vous ne vous bornez pas à ces éloges épistolaires, et en quelque sorte confidentiels. En juin 1865, vous exprimez dans l'*Annuaire des engrais* (page 102), à propos d'une nouvelle attaque dirigée contre moi par M. Barral :

« Est-ce là de la discussion ? Est-il vraiment digne d'un journal d'agriculture français, dirigé par un savant français, d'accueillir, et, par conséquent, d'encourager de pareilles platitudes dirigées contre un savant français, par des gens que nous ne connaissons même pas, et pour en arriver finalement à ne rien prouver du tout ? »

Nous en étions là, lorsque le 27 juin de cette même année 1865, c'est-à-dire quinze jours après ces fougueux éloges, je reçus, non plus de vous, mais de M. votre fils, une nouvelle lettre, où je lis : « Je partage entièrement vos vues au sujet de la situation de notre agriculture, » etc. Puis un paragraphe ainsi conçu : « Je serais bien aise de m'entretenir avec vous à ce sujet, Monsieur, et comme je connais votre bienveillance et votre initiative pour tout ce qui touche aux intérêts de l'agriculture, je serais heureux de vous soumettre quelques projets qui, je l'espère, feront plus que vous intéresser. »

L'entretien avait pour but de solliciter de moi, ou de mes amis, un concours de 60,000 à 70,000 fr. pour donner à votre usine d'Aubervilliers une base nouvelle et plus étendue. Par M. Dumas et M. Boussingault, vous veniez d'obtenir un concours pour votre affaire de Norwége. On s'adressait à moi en faveur de l'établissement que vous possédiez en France. Ma réponse, très-bienveillante dans la forme, se réduisit néanmoins à un refus aussi explicite que péremptoire.

M. votre fils ne se le tint pas pour dit, cependant. Le 6 juillet 1865, une nouvelle lettre me fut adressée : sept pages in-8°, dans lesquelles on m'exposait très en détail les conditions de remboursement et autres avantages présumés.

On me disait, par exemple : « Qu'avec 87,750 fr. de fonds de roulement, équivalant à 1,500,000 kilogrammes de matière fabriquée, et 55,000 fr. de valeur immobilisée, on pouvait gagner 47,250 fr. de *bénéfice net* ; soit, en chiffres ronds, 34 p. 100. »

J'avais toujours soupçonné que vos engrais et leurs analogues étaient grevés d'un énorme profit. Mais, dans ces appréciations, je dois le confesser, j'étais resté beaucoup au-dessous de la vérité.

Dans cette même lettre on me disait encore :

« Permettez-moi, Monsieur, de compter sur votre appui, lorsque j'en aurai besoin, car je sais que le cercle de vos connaissances est très-étendu, et que vous pouvez faire beaucoup, si vous le voulez, et si j'ai été assez heureux pour vous convaincre. »

Le 12 du même mois, nouvelle demande. Je fis répondre, cette fois, par un refus des plus nets, et après lequel de nouvelles sollicitations devenaient impossibles.

Depuis cette époque, je n'ai plus entendu parler de vous, si ce n'est par la série d'articles auxquels je viens de répondre.

Ainsi, entre vos éloges et un service à vous rendu par MM. Dumas et Boussingault, première coïncidence ; nouvelle coïncidence entre un refus de concours financier de ma part et vos critiques succédant à des éloges faits pour embarrasser même ce que vous appelez mon orgueil.

Voilà les faits, Monsieur ; je laisse à l'opinion le soin de les apprécier. Je mets de côté votre indépendance et votre loyauté. J'admets qu'il soit possible, sans manquer absolument de ces deux qualités, d'accorder dans les jugements humains une part aux sentiments personnels, à la reconnaissance surtout ; mais il faut que le public soit instruit. Quant à moi, je me borne à poser une question : Un écrivain dont l'éloge et le blâme, par un concours de circonstances que je ne veux pas apprécier, coïncident si parfaitement avec le succés ou les mécomptes de ses intérêts privés, remplit-il auprès du public les conditions d'une critique indépendante, sûre, aux jugements de laquelle l'opinion puisse se confier ? Cette question, je la pose à nos lecteurs d'abord, puis au conseil de surveillance du *Journal de l'agriculture*. Sa réponse dira ce qu'il faut penser de la profession de foi placée en tête de ce recueil, et dont le conseil s'est porté garant envers le public.

MA DEUXIÈME RÉPONSE

AU

JOURNAL DE L'AGRICULTURE

A MONSIEUR ROHART FILS

DEMEURANT A PARIS, RUE NOLLET, 70

I

Les acrobates ont coutume de terminer leurs exercices par un tour habilement ménagé, pour laisser le public sous l'impression d'un effet de surprise. Vous me semblez, Monsieur, vouloir suivre cette tactique ; mais elle ne vous réussira pas, quelque collaborateur ostensible ou caché que vous appeliez à votre aide. Il n'est au pouvoir de personne de prouver qu'il fait nuit en plein midi ; l'esprit de Voltaire, doublé de la science de Newton, n'y suffirait pas.

Vous avez commencé par tout nier dans les travaux de M. Ville, et Dieu sait dans quel langage et avec quelle richesse d'affirmations ! A vous entendre, derrière ces travaux, qui ne lui ont pas coûté moins de quinze années, il n'y a rien. C'est une façade de carton à la manière des décors de théâtre. Les rende-

19.

ments obtenus au champ d'expériences de Vincennes ne prouvent rien, car le sol y est d'une richesse exceptionnelle, sans compter qu'à Vincennes l'air possède une composition à part. Le monde agricole a bien tort, selon vous, de s'émouvoir pour si peu. La première application du système de M. Ville faite en dehors de ce cadre doit le réduire à néant.

La pratique commence à faire entendre sa grande voix, et voilà que votre assurance faiblit. En face des rendements qu'elle accuse, vos dénégations se tempèrent et vos objections changent de caractère. Vous ne niez plus les rendements ; vous voulez les expliquer, et votre explication se résume dans un mot : M. Ville épuise le sol. Les rendements sont réels ou du moins possibles; seulement ils ne peuvent durer, et plus ils dureront, plus seront irrémédiables l'épuisement et la ruine de la terre qui les aura fournis. Ceci, Monsieur, est, de votre part, un expédient et une tactique. Vous savez que des centaines d'expériences se poursuivent tant en France qu'à l'étranger. Après ce qui a été publié, vous prévoyez que l'opposition va devenir impossible. Ne pouvant arrêter les faits au passage, vous voulez du moins en atténuer la portée et la signification. Ne pouvant plus nier le présent, vous voudriez discréditer l'avenir ; mais, je vous le répète, vous ne réussirez pas. Vous allez en avoir aujourd'hui même une première preuve.

Voici votre premier argument :

« Dans les conditions de fumure indiquées par M. Ville, les rendements ne sont plus un revenu proprement dit, puisque la valeur foncière est entamée ; c'est une transformation pure et simple du capital représenté par la richesse du sol, car la fumure n'entre dans la confection des produits obtenus que pour 564 fr. 50, alors que la richesse de la terre contribue pour 912 fr. 87 dans la somme des récoltes produites par la rotation. Ce n'est pas un moyen nouveau de production plus économique, ni un accroissement de richesse, ni une création de valeurs nouvelles, mais un simple déplacement de la valeur foncière, un trompe-l'œil, un mirage plein de séduction et un danger très-réel. »

Qu'on en juge plutôt par ces chiffres :

ENGRAIS.

	KILOGR.	PRIX.
Azote................	136	227 fr. 50 c
Phosphate de chaux....	300	80 »
Potasse (KO)	184	255 »
Chaux	170	2 »
		564 fr 50

RÉCOLTES. — TURNEPS, BLÉ, TRÈFLE, BLÉ.

	KILOGR.	PRIX.		PERTE.	
Azote................	429	726 fr. 02 c.		498 fr. 50 c.	
Phosphate de chaux....	343	80	»	»	»
Potasse	482	660	35	414	35
Chaux................	244	2	»	»	»
		1,477 fr. 37 c.		912 fr. 85 c.	

PERTE SUBIE PAR LE SOL.........   912 fr. 85 c.

Toute votre argumentation repose donc sur deux points : l'épuisement du sol en azote et en potasse.

Avant de vous répondre, je vous demanderai comment la plume qui a formulé cette attaque peut être la même qui, il y a quelques mois, écrivait cette apologie :

« Nulle part peut-être il n'existe rien d'aussi complet que le laboratoire de M. Ville, sous le rapport de l'agencement général, de la bonne tenue, de l'ordre parfait, de l'entente qui a présidé à cette magnifique organisation matérielle et administrative. Tout ce qui se rapporte à chaque analyse, à chaque recherche, à chaque expérience ou aux mille incidents qui se produisent toujours dans des travaux de cette nature, est consigné avec le plus grand soin sur un registre *ad hoc* ; tout est libellé, étiqueté, visé, contrôlé, immatriculé dans un ordre admirable. C'est aussi limpide que la comptabilité de la Banque de France. C'EST LA COUR DES COMPTES DANS UN LABORATOIRE. On fera aussi bien, mais à à coup sûr on ne fera pas mieux. » (Robart, *Journal de l'agriculture*, t. I, p. 48.)

S'il est vrai que tout soit soumis chez moi à un tel contrôle, et si le fait que vous signalez est réel, comment m'aurait-il échappé? Ou le fait en question n'est pas, et votre argument tombe de lui-même ; ou le fait est certain, mais il m'est connu, et je dois en avoir prévu les conséquences.

Voilà, Monsieur, ce qu'un esprit impartial et judicieux aurait commencé par se dire. Vous procédez autrement. Vous m'accusez tout de suite, et sans hésitation, de méconnaître la loi d'équilibre qui prescrit de rendre au sol plus qu'on ne lui prend.

Il y a, dans cette accusation, deux choses que je tiens à ne pas vous laisser confondre : la loi et le fait.

Pour prouver que je n'ai pas méconnu la loi, il me suffira de citer ce passage de la sixième Conférence de Vincennes, p. 324 ;

« Pour maintenir la terre dans un état constant et progressif de fertilité, il faut lui rendre par les engrais plus de phosphate de chaux, de potasse et de chaux que les récoltes ne lui en font perdre.

« A l'égard de l'azote, une restitution partielle suffit, parce que l'azote de l'air compense la différence. »

Est ce assez net?

La question de doctrine se trouvant ainsi mise hors de cause, passons à la question de fait, et, pour mettre de l'ordre dans la discussion, bornons-nous d'abord à l'azote.

Vous imputez au sol l'azote des turneps et du trèfle. Y avez-vous sérieusement pensé? Pour le turneps, on pourrait à la rigueur le soutenir dans une certaine mesure ; mais pour le trèfle? Ignorez-vous que le trèfle puise son azote dans l'air, à ce point que les matières azotées ajoutées au sol n'ont pas d'action sur lui? J'ai déjà cité dans ma dernière réponse les expériences de MM. Lawes et Gilbert, conformes à mes propres expériences sur les pois et les haricots. Reproduisons-les, puisque vous les avez si complètement oubliées.

EXPÉRIENCES DE MM. LAWES ET GILBERT SUR LE TRÈFLE.

	ANNÉES.	ENGRAIS MINÉRAL AVEC AZOTE.	ENGRAIS MINÉRAL SANS AZOTE.
Rendement à l'hectare.	1849 Récolte.	9,550 kil.	9,625 kil.
— —	1850 —	. 2,406	2,350
— —	1851 —	. 3,611	5,372

Fort de ces témoignages, je dis que le trèfle puise son azote dans l'air.

Vous dites au contraire que toutes ces plantes le puisent dans le sol. Ce dissentiment nous mène droit à la question de l'origine de l'azote des végétaux ; or cette question, on peut la résoudre de deux manières différentes : par la science et par la pratique. Je choisirai la pratique.

Je dis que le trèfle puise son azote dans l'air et que, tout compte fait, la troisième coupe qu'on enfouit en vert laisse dans la terre un surcroît d'azote. Pour le prouver, il suffit de rappeler que le froment qui succède au trèfle rend plus que celui qui l'a précédé.

Faut-il généraliser cette démonstration et l'étendre à toutes les légumineuses indistinctement ? Rien n'est plus facile.

Tout le monde sait que les cultures sans engrais deviennent bientôt précaires et d'un rendement presque insignifiant. Toutes les plantes obéissent à cette loi. Le rendement n'est cependant jamais absolument nul, et si l'on évalue la quantité d'azote qui y correspond, on la trouve encore assez importante.

D'après MM. Lawes et Gilbert, elle s'élèverait en effet :

A 28 kilogr. par hectare et par an pour le froment ;
A 27   —   —   pour l'orge ;
A 44   —   —   pour la prairie ;
A 53   —   —   pour les féveroles.

On voit par ce tableau que la prairie et les féveroles fixent plus d'azote que l'orge et le froment. Dira-t-on que l'azote des féveroles et de la prairie vient du sol, on soulève alors une difficulté bien autrement embarrassante. Semez du blé après des féveroles, le rendement est meilleur et la quantité d'azote fixée plus forte. D'un autre côté cependant, nous venons de dire que les féveroles contiennent plus d'azote que le froment ; n'est-il pas évident que si elles l'avaient pris à la terre, le rendement du blé s'en serait ressenti ?

Mais il y a plus. Si on ne cultive le froment qu'une année sur deux et qu'on laisse la terre une année en jachère, le rendement s'élève très-notablement. *A priori*, cela se comprend ; mais ce qui est moins facile à expliquer, c'est que, dans ces nouvelles conditions, le rendement ne dépasse pas ce qu'il était lorsque le froment alternait avec les féveroles qui, je ne saurais trop le répéter, contiennent plus d'azote que le froment.

Comment ce résultat peut-il s'expliquer, si ce n'est par l'azote de l'air ?

Mais si l'azote du trèfle et une grande partie de celui des turneps provient de l'atmosphère, il est impossible de le mettre au compte du sol à titre de perte onéreuse. Alors toute votre argumentation, pour l'azote du moins, se trouve réfutée.

Les hommes pratiques me sauront gré d'insister encore sur ce point fondamental de la science agricole.

M. Boussingault rapporte qu'à Bechelbronn on obtient, au moyen de 44,000 kilogrammes de fumier, six récoltes consécutives de luzerne et de froment. Dans l'engrais, l'azote figure pour 224 kilogrammes ; dans les six récoltes, il s'élève à 1,078 kilogrammes. Or, si on compte comme vous l'avez fait pour les engrais chimiques, il faudra élever le prix du fumier, que vous avez fixé à 12 francs les 1,000 kilogrammes, de 1,454 fr. 80 c., représentant la valeur de 854 kilogrammes d'azote, qui se trouvent en excédant dans la récolte : ce qui porte finalement le prix de la fumure totale à 1,979 fr. 80 c., la fumure annuelle à 329 francs, et le prix du fumier lui-même à 44 fr. 95 c. les 1,000 kilogrammes, au lieu de 12 francs que vous aviez admis.

Remarquez qu'ici je ne fais qu'appliquer au fumier le mode de comptabilité adopté par M. Rohart pour les engrais chimiques. Il dit :

Prix de la fumure conseillée par M. Ville...........		564 fr. 50
Auquel nous devons nécessairement ajouter la valeur de 293 kilogr. d'azote qui manquent et qui sont à porter au débit de la récolte, PUISQU'ELLE LES AURA PRIS AU SOL, soit, à raison de 1 fr. 70 le kilogr., valeur minimum.....................		455 52

PRIX RÉEL DE L'ENGRAIS..........		1,020 fr. 02

A quoi je réponds par l'organe de M. Boussingault :

		AZOTE CONTENU.
Six récoltes consécutives.......	49,576 kil.	1,078 kilogr.
Fumier employé (humide)......	44,000	224
Azote excédant dans les six récoltes..........		854

CONSÉQUENCES.

44,000 kil. de fumier à 12 fr. les 1,000 kilogr...........	528 fr. »	
854 d'azote en excès dans les récoltes, à 1 fr. 70 le kilogr.....................................	1,451	80
Prix des 44,000 kil. de fumier, d'après M. Rohart.....	1,979 fr. 80	

Soit 44 fr. 95 les 1,000 kil.

Pour réfuter de pareilles extravagances, il suffit, je crois, de les énoncer. Insistons cependant encore.

L'honorable M. Schattenmann, qui a obtenu l'année dernière la prime d'honneur pour le département du Bas-Rhin, a compris avec la sûreté d'un sens pratique supérieur que, dans ces régions, il y avait un avantage incalculable à remplacer les prairies hautes, dont les produits sont médiocres et incertains, par des luzernières bien entretenues. Depuis plusieurs années, il a donc abandonné la production du foin pour celle de la luzerne. Il emploie pour fumer ces luzernières un engrais artificiel ne contenant pas d'azote, et composé de phosphate acide de chaux et d'un résidu alcalin, sorte de charrée artificielle que son usine de Bouxwiller produit en grande quantité. Cette culture, qui n'occupe pas moins de 27 hectares, dont 18h 5 de luzerne, et 8h 5 de prairies destinées à disparaître, a reçu comme fumure azotée, en 1866, 39,455 kilogrammes de fumier, reste de la fumure active de 1865, et 98 tonneaux de purin, répandus l'un et l'autre sur les 8 hectares de prairies *seulement*, la luzerne n'ayant reçu, je l'ai déjà dit, que des engrais artificiels sans azote.

D'après M. Schattenmann, le compte de cette culture s'est balancé en 1866 par un bénéfice net de 7,281 fr. 30 c. Or, si on lui appliquait votre système d'interprétation, le résultat devrait se traduire par une perte de 5,910 fr. 70 c., attendu que la récolte représentée par 29,920 kilogrammes de foin et regain et par 187,031 kilogrammes de luzerne, contient 7,760 kilogrammes d'azote de plus que l'engrais de ferme et le purin employés.

Il est vraiment bien fâcheux que le jury pour la prime d'honneur ne vous ait pas compté parmi ses membres, car vous lui auriez certainement démontré clair comme le jour que la culture la plus rémunératrice de ce domaine n'est en réalité qu'une fiction, un trompe-l'œil, un mirage, un danger, etc., etc. (1).

Tout ce que je viens de dire pour le trèfle et la luzerne s'applique au turneps, qui tire de l'air les quatre cinquièmes au moins de son azote. Comment prouver qu'il en est ainsi? Comme pour le trèfle? Instituez sur la même terre deux cultures, l'une avec du phosphate acide de chaux, et l'autre avec un mélange de phosphate acide de chaux et de sel ammoniac. Les rendements

---

(1) Voici le compte de cette culture, que je dois à l'obligeance de M. Shattenmann :

DOMAINE DE THIER-GARTEN.

CULTURE DE FOURRAGES. — 1866. — 27 HECTARES 10 ARES.

DOIT.

Fermage......................................	2,709 fr.	40
Graine de semence, 50 kilogr.....................	56	20
Fumier, 39,455 kil. de fumier d'étable, 1/3 de la fumure de 1865...........................	281	55
Purin, 18 tonneaux, soit 1/3 de 1865................ 38 80	210	85
Purin, 80 tonneaux, soit 2/3 de 1866................ 172 65		
Engrais artificiels divers......................	1,780	60
Frais de récolte et transport....................	1,710	80
Frais divers, nettoyage des prés, etc.............	53	05
Frais généraux..............................	2,918	70
BÉNÉFICE..................................	7,281	30
	16,257 fr.	45

AVOIR.

Par le produit de la récolte :

24,575 kil. de foin, à 6 fr. 20..................	1,522 fr.	40
5,345 de regain, à 4 fr. 55..............	243	25
187,031 de luzerne, à 7 fr. 74..............	14,491	80
	16,257 fr.	45

obtenus dans les quatre cas sont sensiblement égaux, car c'est à peine si la différence atteint un huitième de la récolte totale. Mais si les matières azotées employées à haute dose produisent un effet à peu près nul sur une terre faiblement pourvue de matière azotée, peut-on raisonnablement imputer au sol l'azote des turneps venus avec le phosphate acide de chaux tout seul? La conclusion est forcée. Il faut rayer de vos calculs l'azote des turneps. Si vous étiez tenté d'élever un doute là-dessus, il me suffirait de rappeler les expériences de MM. Lawes et Gilbert.

RENDEMENT A L'HECTARE.

	TERRE SANS AUCUN ENGRAIS.	PHOSPHATE ACIDE DE CHAUX.	PHOSPHATE ACIDE DE CHAUX ET SULFATE D'AMMONIAQUE.
Moyenne de six années de culture............	5,305 kil.	19,601 kil.	22,508 kil.

Il me semble que sur ce point ma réponse est suffisante; je me borne donc à répéter ma première conclusion : A L'ÉGARD DE

BALANCE D'APRÈS M. ROHART.

Dépenses ci-dessus.....	8,070 fr. 15	Recettes ci-dessus......	16,257	45
7,700 kil. d'azote supposé perdu par le sol....	13,103 »	Perte.................	5,950 fr. 70	
	22,168 fr. 15		22,108	15

Justifiée dans son opinion par les données suivantes :

RÉCOLTES.

	AZOTE.	PRIX.	TOTAL.
20,020 kilogr. de foin et regain, à 2 pour 100 d'azote.................	598 kil.	1,016 fr. 60	13,734 fr. 30
187,031 kilogr. de luzerne, à 4 pour 100 d'azote.................	7,481	12,717 70	

ENGRAIS.

	AZOTE.	PRIX.	TOTAL.
39,135 kilogr. de fumier à 0,53 pour 100 d'azote.................	500 kil.	355 fr. 30	542 fr. 30
98 tonneaux de purin, à 1,13 pour 1,000 d'azote.................	110	187 »	
VALEUR DE L'AZOTE SUPPOSÉ PERDU PAR LE SOL......			13,192 fr. »

L'AZOTE, VOTRE ARGUMENTATION EST SANS VALEUR, CAR VOUS IMPU-TEZ AU SOL CE QUI EN RÉALITÉ VIENT DE L'ATMOSPHÈRE.

II

Est-elle mieux fondée à l'égard des minéraux ? Pas davantage.

Mais, avant de traiter la question par le détail, j'ai besoin de rappeler comment on doit comprendre et fixer les pertes que le sol éprouve par la culture. Voici ce que j'ai dit dans la sixième Conférence de Vincennes, p. 368 :

« LORSQU'IL S'AGIT D'APPRÉCIER CE QUE LE SOL A PERDU, IL NE FAUT AVOIR ÉGARD QU'AUX PRODUITS QUI SONT EXPORTÉS, LE COMPLÉ-MENT DE LA RÉCOLTE REPRÉSENTÉ PAR LA PAILLE OU AUTRES DÉCHETS DEVANT LUI ÊTRE RENDU.

« L'importance et la nécessité de cette distinction vous apparaîtront mieux si je décompose en quelque sorte, sous vos yeux, une récolte de colza que je prendrai pour exemple.

RENDEMENT A L'HECTARE.

Paille	6,050 kil.	
Siliques	2,700	
Graines..........	2,740	= 41 hectol.

	GRAINES.	SILIQUES.	PAILLE.	TOTAL.
Acide phosphorique....	35.15	5.62	9.35	50.12
Potasse	19.55	86.26	19.44	125.25
Chaux	8.88	84.12	57.79	150.79
Azote	123.59	29.80	62.89	216.28

« Vous voyez que la perte est énorme si l'on prend la récolte tout entière, tandis qu'elle est assez modérée si on n'a égard qu'à la graine, qui est le seul produit d'exportation.

« J'en dirai autant des pailles qui restent sur le domaine et doivent, par conséquent, entrer en déduction de ce que le sol a perdu.

« Mais, je le répète, je n'ai pas l'intention de traiter cette année de la balance des cultures. J'ai voulu simplement établir, dans ces premières Conférences, que le phénomène de la production végétale est défini aujourd'hui dans sa cause et ses lois ; vous montrer par des faits authentiques, qui se sont produits en quelque sorte sous vos yeux et dans un sol de qualité inférieure, ce qu'il est permis d'attendre de l'emploi des engrais chimiques, et vous fournir un guide pour vous diriger dans cette voie nouvelle.

« Quant au développement que ces premières indications réclament, nous en ferons l'objet d'une nouvelle série de Conférences, dans lesquelles nous discuterons avec le plus grand soin tout ce qui se rapporte à la balance des cultures, et au moyen de maintenir l'équilibre avec le plus d'économie, SOIT QU'ON FASSE CONSOMMER PAR LES ANIMAUX LES PAILLES ET AUTRES DÉCHETS DE RÉCOLTE, OU QU'ON S'EN SERVE POUR PRODUIRE DE TOUTES PIÈCES ET PAR DES MOYENS ARTIFICIELS DES FUMIERS, DONT ON COMBINERA L'EMPLOI AVEC CELUI DES ENGRAIS CHIMIQUES. » (Sixième Conférence de Vincennes, p. 268.)

Examinons à la lumière de ces principes la valeur de vos critiques, concernant les pertes de potasse que le sol éprouve, dites-vous.

Je vous demanderai d'abord pourquoi vous portez à 70,000 kilog. par hectare le rendement des turneps venus sur phosphate acide de chaux, alors que je l'ai fixé à 25,000 ou 30,000 kilogr. dans la sixième Conférence de Vincennes, p. 350. Avec un pareil système, il est facile de faire naître des déficits.

J'admettrai cependant, à titre de concession volontaire, qu'avec une fumure de phosphate de chaux, le rendement puisse atteindre 70,000 kilog. Cette concession faite, en serez-vous plus avancé ? Non, car pour réfuter votre argument, il me suffira de vous poser une simple question, et de vous demander ce qu'on fait dans une ferme des turneps qu'on y récolte. Les porte-t-on au marché ? Non. Où figurent-ils à titre de produit destiné à l'exportation ? Nulle part. Partout, en Angleterre, où le turneps occupe une si grande place dans les assolements, on les fait consommer sur la terre même par le bétail. Dans ce système, le sol éprouve certainement une perte ; mais elle se réduit à la portion de la récolte que les animaux immobilisent ou détruisent par l'acte même de la digestion, ce qui, pour l'azote, est à peu près le tiers de la récolte et le dixième seulement pour le phosphate de chaux.

Avec le phosphate de chaux, on est sûr d'obtenir un bon rendement de ces racines.

L'azote, je le répète, vient presque en totalité de l'air ; la potasse est puisée de préférence dans les couches profondes du sol ; d'où il résulte que si la récolte est consommée sur place, malgré ce qui est distrait par les animaux, la terre se trouve en fin de compte avoir gagné de l'azote, et n'a perdu que des quantités insignifiantes de potasse.

Ceci explique à la fois pourquoi les Anglais, dont le climat est favorable à la culture du turneps, en tirent de si grands avantages, et pourquoi le froment et l'orge qui viennent immédiatement après le turneps donnent de si beaux produits.

Ainsi, vous le voyez, la seconde partie de votre argumentation n'est pas mieux fondée que la première. Tout à l'heure, vous imputiez au sol ce qui vient de l'air, et maintenant vous considérez comme perdu ce qui, en réalité, n'a fait que changer d'état. Ces deux rectifications faites, la balance de l'assolement perd la signification que vous lui aviez donnée ; elle conclut contre vous, car, même en rangeant le trèfle et la paille parmi les récoltes vouées à l'exportation, voici ce qu'elle devient :

ENGRAIS.

Azote.	136 kil.
Phosphate de chaux. .	350
Potasse.	181
Chaux	170

RÉCOLTES.

	TURNEPS.	FROMENT.	TRÈFLE.	FROMENT.	TOTAL.
Azote	Mémoire	76 kil.	Mémoire	76 kil.	152 kil.
Acide phosphorique. .	—	86	42 kil.	86	214
Potasse	—	35	84	35	154
Chaux.	—	30	76	30	136

J'arrive à la partie cardinale de vos critiques, à l'argument que vous avez tenu en réserve pour m'accabler. Il s'agit cette fois de la betterave. Ici, j'appelle l'attention particulière du lecteur. Vous dites :

« 17 kilogrammes d'engrais chimique ont permis d'obtenir une récolte de 539^k 500 de betteraves et 35 kilogrammes de feuilles. Pour plus de simplicité, laissons de côté les 35 kilogrammes de feuilles, et comptons : — 100 kilogrammes de betteraves normales égalent 6,24 p. 100 de matières minérales ; par conséquent les 539^k 500 de la récolte de M. Du Peyrat égalent 33^k 664 ; M. Ville en fournit 17 en tout.

« 100 kilogrammes de cendres de betterave égalent 6 p. 100 d'acide phosphorique, correspondant à 13 kilogrammes de phosphate des os et 39 kilogrammes de potasse. D'où il suit que les 33^k 664 de cendres de la récolte de M. Du Peyrat ont emporté 2^k 0192 acide phosphorique, ou 4^k 375 de phosphaste des os et 13^k 127 de potasse, tandis qu'on n'a employé que 2 kilogrammes de potasse raffinée, contenant 1^k 226 de potasse réelle et 6 kilogrammes de phosphate acide, représentant 9^k 336 de phosphate des os. Résumons :

Potasse employée . .   1 kil. 226 ⎱ Potasse en moins .   11 kil. 902
Au lieu de. 13   128 ⎰

Phosphate employé. .   9   336 ⎱ Phosphate en plus.   4   961
Au lieu de. 4   375 ⎰

« IL N'Y A PAS A NIER ICI : SAUF LES FRACTIONS DES CHIFFRES, TOUT CELA EST MATHEMATIQUEMENT VRAI ; LE SYSTÈME DE M. VILLE EST DONC UNE VRAIE FANTASMAGORIE AGRICOLE. »

Ce passage, Monsieur, a une valeur inappréciable, car il prouve, sans réplique possible, que vous êtes aussi étranger aux questions agricoles que l'enfant qui vient de naître. Tout est faux dans votre raisonnement ; mais, avant de vous indiquer l'erreur, laissez-moi vous en montrer les conséquences. Vous dites :

Que le rendement a été de. . . . .   539 kil. 5 pour 1 are.
Que 100 de betteraves contiennent.   6   de cendres.
Que 100 de cendres contiennent . .   39   de potasse.
Et l'équivalent de.   43   de phosphate des os.

Il résulte de ces données que le rendement de 1 hectare doit être fixé à :

53,950 kil. de racines contenant
3,356   minéraux dont
1,312   potasse et
437   phosphate de chaux.

Y pensez-vous, Monsieur ? 1,312 kilogrammes de potasse ! Mais c'est sensiblement 6 fois la quantité réelle. Vous essayeriez en vain d'invoquer le bénéfice d'une erreur de chiffre excusable, parce qu'elle serait isolée. Ici, tout se tient, les chiffres et le raisonnement, et l'erreur, par son exagération inqualifiable, atteste à quel point ces matières vous sont étrangères.

Vous dites que 100 de betteraves fraîches contiennent 6 de produits minéraux. Là est l'erreur. La dose des minéraux n'est que de 0,95 ; la fausseté du point de départ a fait la fausseté de la conclusion. VOUS ATTRIBUEZ A LA BETTERAVE FRAÎCHE LA COMPOSITION DE LA BETTERAVE DESSÉCHÉE A 110 !

100 de betterave fraîche contiennent :

D'APRÈS M. G. VILLE.

Eau.	81.24	
Sucre cristallisable	7.80	
Sucre incristallisable	0.20	Matière sèche. 15.76
Cellulose et matières albuminoïdes.	6.81	
Matières minérales	0.95	

D'APRÈS M. BOUSSINGAULT.

Eau.	87.80	
Matière organique.	11.44	Matière sèche. 12.20
Matières minérales	0.76	

Or, si 12,20 de betterave sèche contiennent, d'après M. Boussingault, 0,76 de matières minérales, 100 de betterave sèche doivent en contenir 6,23. L'analyse de M. Ville aurait conduit à 6,05.

Je vous le répète, s'il ne s'agissait là que d'une erreur de chiffre, je ne l'aurais certainement pas relevée ; mais comment la passer sous silence, lorsque vous en avez fait la base d'un de vos chefs d'accusation les plus étudiés, et que, vu ses proportions sans excuse, on ne peut l'expliquer que par l'aveuglement de la passion, l'insuffisance de votre savoir, l'esprit et les traditions du recueil qui a consenti à vous donner asile ?

De tout cela il résulte qu'une récolte de betteraves de 53,950 kilogrammes ne fait pas perdre au sol 1,312 kilogrammes de potasse, mais 160 kilogrammes seulement.

Ici, vous allez me répondre que, même après cette réduction à 160 kilogrammes, la récolte met le sol en perte de 36 kilogrammes ; mais, à mon tour, je vous renverrai à la sixième Conférence de Vincennes, p. 368, où vous pourrez lire :

« *Vous avez remarqué, Messieurs, que la betterave ne figure pas dans les assolements qui précèdent. Toutes les fois que la récolte devra être consommée sur le domaine, on pourra la substituer à la pomme de terre ; mais si la betterave devait être exportée en nature,* LA DOSE DE POTASSE CONTENUE DANS L'ENGRAIS DEVIENDRAIT INSUFFISANTE. »

Le dernier mot de la discussion se résume dans cette question : M. Cavallier et M. Du Peyrat, que vous avez pris pour exemple, exportent-ils leurs betteraves ?

Je me résume et je conclus. Vos critiques sont mal fondées et se réfutent par des considérations de trois ordres :

1° Vous méconnaissez l'azote que les plantes tirent de l'air, et vous avez le tort de l'imputer à la terre à titre de perte onéreuse ;

2° Vous exagérez arbitrairement le rendement du turneps et la teneur en minéraux de la betterave ;

3° Vous méconnaissez enfin la forme sous laquelle les produits sont exportés (turneps), et la réduction qui en résulte sous le rapport des éléments perdus par le sol.

Par ces trois motifs je dis, et toute personne impartiale dira avec moi, que sous le tapage de vos chiffres il n'y a rien ; je me trompe, il y a l'intention de donner le change à l'opinion.

Le nierez-vous? Alors voici mes preuves.

Vous avez pris pour base de votre discussion la conférence de la Sorbonne, où la formule et les doses d'engrais que je donne se rapportent à une culture exclusive de froment et dans laquelle je ne parle de l'assolement, turneps, froment, trèfle, froment, qu'à titre d'indication générale, pour opposer la méthode des fumures partielles et alternantes à celle des fumures complètes employées en une seule fois.

Pourquoi n'avez-vous pas discuté, à mon exemple, sur la culture exclusive du froment, où tout est défini, la dose des engrais et les rendements? Pourquoi? Mais c'est bien simple : les quatre récoltes du froment contiennent moins de minéraux que l'engrais, et mes propositions étaient inattaquables. Pour les attaquer, il a fallu les fausser et les travestir.

Qu'on en juge plutôt.

	ENGRAIS.	QUATRE RÉCOLTES DE FROMENT.
Phosphate de chaux	300 kil.	344 kil.
Potasse (KO)	184	110
Chaux	170	123

Est-ce là un procédé sans reproche?

Mais enfin, si l'emploi des engrais chimiques est une cause inévitable de ruine, comment expliquerez-vous les résultats obtenus par M. Ponsard ?

Il ne s'agit pas ici d'une terre fertilisée par une longue culture, mais d'une lande inculte située en pleine Champagne, au centre de la région dont une cruelle qualification a consacré la stérilité.

Là, 80,000 kilogrammes de fumier, et non 20,000 comme il vous plaît de le dire, ont produit 12 hectolitres de grains, et l'engrais chimique 33. Si on impute le prix du fumier à cette première culture, la récolte au fumier se trouve en perte de 430 francs, alors qu'avec l'engrais chimique elle est en bénéfice de 480 francs. La terre dont il s'agit vaut 170 francs l'hectare.

Ce fait est-il une exception, un exemple unique? Qu'on en juge.

Dans le département de la Drôme, sur un coteau rocailleux, où la terre sans engrais a produit 2ʰ 80 de froment, avec les engrais chimiques, le rendement s'est élevé à 30 hectolitres ; avec 20,000 kilogrammes de fumier, il n'a été que de 16ʰ 80.

Ces rendements sont-ils exclusifs à la première année? Non, ils se sont reproduits l'année suivante.

Mais, dira-t-on peut-être, ces résultats sont maintenant loin de nous, et la distance fait mirage. Il nous faut des résultats de date plus récente.

Je puis encore vous satisfaire. A la date du 14 août, M. Léon Payen publiait dans le *Journal de l'Aisne* la lettre suivante :

« Monsieur le rédacteur,

« Je vous ai promis de vous faire connaître les rendements de mes blés sur engrais chimiques ; le battage terminé, je m'empresse de vous les communiquer.

« Un hectare de SABLE traité sur engrais complet m'a produit :

1° 28 hectol. grains, à 27 fr., prix actuel . .	756 fr.	»
2° Paille, 6,079 kil., à 0 fr. 04	243	16
3° Menue paille	4	»
TOTAL	1,003	16

« Je vous prierai de remarquer que le même terrain traité sur bon fumier de ferme, à raison de 40,000 kilogrammes par hectare, a produit :

1° 8 hectol. de grains	216 fr.	»
2° Paille, 1,696 kil., à 0 fr. 04	67	84
3° Menue paille	1	50
TOTAL	285 fr. 34	

« . . . . . Quant au produit du même sol sans engrais, il n'a fourni que 2ʰ 56, etc. »

Faut-il fortifier le témoignage de M. Payen? L'honorable M. de

Matharel, inspecteur général des finances, m'en donne les moyens. A la date du 26 juillet, il m'écrivait que, sur une terre n'ayant jamais produit que du seigle, il avait obtenu cette année 26 hectolitres de froment.

Rapprochons ces quatre résultats :

CULTURE DE FROMENT. — RENDEMENT A L'HECTARE.

	M. PONSARD. (Champagne.)	M. BRAVAY. (Drôme.)	M. PAYEN. (Aisne.)	M. DE MATHAREL. (Puy-de-Dôme.)
	hectol.	hectol.	hectol.	hectol.
Engrais chimique...	33	30	28	26
Fumier............	13	10,80	8	»
Sans aucun engrais..	»	2,80	2,56	»

Ainsi, voilà quatre résultats obtenus sur quatre points différents de la France, toujours sur des terres détestables dont les rendements se confondent presque, tant leur expression est rapprochée.

Cela, dites-vous, ne prouve rien, absolument rien. Mais alors expliquez-nous pourquoi ces terres, réduites à leurs seules ressources, ne produisent rien, et pourquoi, avec des doses formidables de fumier, elles produisent si peu.

III

Si ma tâche devait se borner à une simple réfutation de vos critiques, je crois qu'aux yeux de toute personne impartiale elle serait complète ; mais j'ai plus et mieux à faire.

Puisque la question de l'épuisement du sol a été soulevée devant les lecteurs du *Journal de l'agriculture*, je dois l'envisager sous tous les aspects et la résoudre pour tous les cas possibles, après lui avoir rendu son véritable caractère. Je pose en principe qu'il est quelquefois d'une sage économie d'employer des engrais incomplets, et de prendre au sol, pendant un certain laps de temps, des éléments qu'on ne lui rend qu'incomplètement ou même qu'on ne lui rend pas du tout. Supposons, ce qui dans la pratique se présente fréquemment, une terre très-riche en potasse, mais dépourvue de phosphate de chaux et de matière azotée, comme il arrive pour les terres d'origine volcanique ou feldspathique. N'est-il pas évident que, dans un terrain de cette nature, on peut puiser de la potasse pendant un certain nombre d'années, sans être arrêté par la crainte de l'appauvrir?

Supposons un deuxième terrain moins favorisé que le premier, mais pourvu cependant d'assez de potasse pour quinze à vingt récoltes. Quel inconvénient verriez-vous à ne pas faire entrer dès l'origine la potasse dans la composition de l'engrais? Le bon sens, d'accord avec une économie bien comprise, prescrit, dans un cas pareil, d'exagérer la dose des agents qui manquent à la terre, et de réduire au plus bas ou même de supprimer temporairement ceux qu'elle contient en excès. Mais ici, me dira-t-on, comment savoir avec certitude jusqu'où on peut aller, et la limite exacte où il faut s'arrêter? A quel indice, à quel guide se confier pour utiliser le surcroît de la richesse disponible présente, sans compromettre l'avenir? Après ce que j'ai dit des champs d'expériences, les lecteurs du *Journal de l'agriculture* ont déjà répondu à cette question. Ils savent que le moyen est aussi facile que sûr, et qu'il suffit de quelques essais de culture, institués d'après les règles que j'ai indiquées.

Je le répète donc : l'observation intelligente de la loi de restitution consiste quelquefois à l'exagérer et à l'enfreindre : à l'exagérer, en forçant les doses des agents qui manquent à la terre ; à l'enfreindre, en s'abstenant temporairement de lui rendre ce dont elle est surabondamment pourvue. Qu'importe qu'on n'arrive à l'équilibre réel et parfait qu'après deux, trois ou dix ans, si les éléments perdus pour le sol ne représentent qu'une fraction relativement minime de sa richesse initiale, et si le jour où la balance se solde par un excédant à l'égard de tous les minéraux indistinctement, la terre se trouve avoir acquis un stock très-considérable des éléments qui lui faisaient primitivement défaut? Bien loin d'être blâmable, cette manière de procéder est logique et conforme aux principes les plus élémentaires d'une économie bien comprise. Le blâme ne serait mérité que s'il y avait abus, mais l'abus n'est pas possible. Les champs d'analyse sont là comme des vedettes pour nous avertir. Je ne pourrais suivre toutes les conséquences de ce nouveau point de vue, sans sortir du cadre de la question controversée. Je ne l'ai soulevée que pour montrer, par un exemple précis, le parti que la pratique est appelée à tirer des champs d'expériences, et le sens vrai qu'il faut attacher à la loi de la restitution.

Ici, toutefois, il y a une remarque importante à faire. Lorsqu'on met la terre en perte, il faut procéder avec les plus grands ménagements, réduire au plus bas possible l'exportation des agents tirés de la réserve naturelle du sol. Sous ce rapport, les résidus de récoltes deviennent une ressource d'une valeur inappréciable. En laissant sur la terre les feuilles de betteraves, on réduit très-notablement la perte née de cette récolte. On concentre dans les couches superficielles du sol de la matière azotée d'une décomposition facile, et des minéraux, de la potasse surtout, venus des couches profondes. Ce que la décomposition spontanée produit dans ce cas, il faut le demander d'autres fois à la combustion. Tout le monde sait que le colza est une plante très épuisante. Pour atténuer cet inconvénient, il suffit de brûler sur place la paille et les siliques, car la plus grande partie de la potasse est concentrée dans ces dernières.

Avec l'engrais suivant :

Phosphate de chaux	400 kilogr.	à l'hectare.
Nitrate de potasse	200	—
Sulfate d'ammoniaque	300	—
Sulfate de chaux	300	—

on peut facilement obtenir, pour peu que l'année soit favorable, un rendement de colza de 35 à 40 hectolitres à l'hectare. Fixons-le à 35 hectolitres. Si on faisait la balance par votre procédé, la terre se trouverait en perte de 12 kilogrammes de potasse et de 88 kilogrammes d'azote, alors que, d'après moi, sa réserve d'azote n'a pas été entamée, et qu'elle a gagné 77 kilogrammes de potasse. Comment, en partant des mêmes données, peut-on être conduit à des conclusions si opposées ? L'explication est très-simple. Dans vos calculs, vous ne tenez pas compte de l'azote que la plante a tiré de l'air, et vous confondez dans un même total la potasse de la paille, des siliques, et celle de la graine, alors que moi je n'ai égard qu'à cette dernière, attendu que je prescris de brûler sur place la paille et les siliques.

A ce point de vue, je puis invoquer une expérience qui se poursuit depuis plusieurs années à la ferme de Choisy-le-Temple, sur une pièce de 20 hectares, et dont le succès ne s'est pas démenti depuis l'origine. Un petit champ d'expériences, antérieur d'une année à la grande application dont il s'agit, nous ayant appris que la terre était surabondamment pourvue de potasse, nous l'avons soumise à une culture alternante de colza et de froment, avec un engrais composé de phosphate acide de chaux, de sulfate d'ammoniaque et de sulfate de chaux. Sous l'empire de ce régime, on a obtenu des rendements très-élevés. Pour réduire autant que possible la perte de potasse que le sol éprouve, on a brûlé sur place les pailles et les siliques de colza.

Si on fixe le rendement à 35 hectolitres de grains, tant pour le blé que pour le colza, et les rendements de la paille à 5,000 kilogrammes pour le froment et à 7,000 kilogrammes pour le colza, ce qui est correspondant en effet à la moyenne des deux récoltes, voici comment la culture se balance :

ENGRAIS MOYEN.

400 de phosphate de chaux, soit phosphate réel.	360 kil.
Potasse.	Néant.
Chaux	166
Azote	73

RÉCOLTE MOYENNE (1/2 COLZA, 1/2 BLÉ).

		GAIN.	PERTE.
	kil.	kil.	kil.
Phosphate de chaux. . . .	74.77	285.23	» »
Potasse.	25.92	» »	25.95
Chaux	19.26	146.74	» »
Azote.	Mémoire.	» »	» »

La composition de l'engrais moyen est déduite des deux formules suivantes employées depuis trois ans :

ENGRAIS A L'HECTARE.

	POUR LE COLZA.		POUR LE FROMENT.	
400 kil. de phosphate de chaux, soit phosphate réel.	360 kil.	64 fr.	360 kil.	64 fr.
Sulfate d'ammoniaque.	400	140	300	105
Sulfate de chaux	400	8	400	8
		212 fr.		177 fr.

Dépense moyenne. . . . . . 194 fr. 50.

Ainsi, le sol perd chaque année 26 kilogrammes de potasse contre un double gain de 285 kilogrammes de phosphate de chaux et de 146 kilogrammes de chaux.

Jusqu'à présent, le rendement du petit champ d'expériences ne faisant pas présager que la potasse soit à la veille de faire défaut, nous continuerons avec le même engrais, donnant un excès de phosphate de chaux contre une perte de potasse. Dès que le besoin de la potasse se fera sentir, on remplacera dans l'engrais $39^k 50$ de sulfate d'ammoniaque par $63^k 85$ de nitrate de potasse : le sol étant pourvu alors d'un stock considérable de phosphate de chaux, on réduira la dose de ce produit de 400 kilogrammes par hectare à 200 kilogrammes.

Dans ces nouvelles conditions, les engrais employés auront pour composition :

POUR LE COLZA.

200 kil. de phosphate de chaux, soit phosphate réel	180 kil.	32 fr.	»
Nitrate de potasse	60	37	20
Sulfate d'ammoniaque.	300	126	»
Sulfate de chaux.	400	8	»
PRIX.		203 fr. 20	

POUR LE FROMENT.

200 kil. de phosphate de chaux, soit phosphate réel	180 kil.	32 fr.	»
Nitrate de potasse.	60	37	20
Sulfate d'ammoniaque.	300	84	»
Sulfate de chaux.	300	6	»
PRIX.		159 fr. 20	

Dépense moyenne. . . . . . 181 fr. 20.

Et la culture se balancera par un excédant général en faveur du sol.

ENGRAIS MOYEN.

200 kil. de phosphate de chaux,
  soit phosphate réel . . . . .   180 kil.
Potasse   30
Chaux.   166
Azote   73

RÉCOLTE MOYENNE (1/2 COLZA, 1/2 BLÉ).

	kil.	GAIN. kil.
Phosphate de chaux. . . .	74.77	105.23
Potasse.	25.92	4.08
Chaux.	19.26	146.74
Azote.	Mémoire.	» »

Dans le premier cas, la dépense s'élevait à 194 fr. 50, et dans le second, elle est descendue à 181 fr. 20.

L'engrais de la seconde période est moins cher que celui de la première, et pourtant avec lui la balance est complète, et se solde en profit pour le sol à l'égard de tous les minéraux indistinctement. De ces deux manières de procéder, laquelle est la meilleure, la plus judicieuse, la plus sensée, de celle qui méconnaît la richesse native du sol, ou de celle qui fonde sur elle la conduite et l'économie de ses décisions ? Poser une telle question, n'est-ce pas la résoudre ?

De ce qui précède, il résulte donc que vos arguments, qui reposent sur des faits inexacts ou mal interprétés, ont encore le tort de méconnaître un des préceptes que l'agriculture est tenue au contraire d'observer, si elle veut opérer avec intelligence et économie.

IV

Mais revenons aux engrais chimiques, et, pour couronner cette étude, montrons à quel point vos actes démentent vos paroles.

Vous dites que les engrais chimiques ne sont pas les plus efficaces ; mais alors pourquoi commencez-vous à les substituer aux anciens produits de votre fabrication ?

Tout le monde peut lire, à la quatrième page des journaux agricoles, cette annonce aussi modeste que véridique :

ENGRAIS TYPE

Résumant tout ce qu'on peut faire de mieux et de plus complet

SANS CRAINTE D'AUCUNE COMPARAISON

AVEC LE GUANO DU PÉROU ET AUTRES.

Si je voulais y mettre de la malice, je pourrais faire remarquer que de la part d'un homme qui nie les engrais complets en dehors du fumier de ferme, cette annonce est au moins étrange. Mais à quoi bon ?

Prenons donc vos déclarations au sérieux, et voyons de quoi est composé ce produit miraculeux qui défie si fièrement toute comparaison. Le voici d'après votre déclaration à l'Exposition universelle.

100 D'ENGRAIS TYPE CONTIENNENT :

Azote. . .	à l'état de matières animales et de sels ammoniacaux. . . .	8 kil. 36	10 kil. 70
	à l'état de nitrate.	2	40	
Phosphate	à l'état de phosphate acide . . .	4 kil. 72	18 kil. 19
de chaux.	à l'état de phosphate tribasique.	13	47	
Potasse. .	à l'état de nitrate		6 kil. »

Cette déclaration me suggère trois remarques. Elle est fausse ou tout au moins fautive. Dans le nitrate de potasse, il y a 14 d'azote contre 47 de potasse. Si donc l'engrais contient 6 p. 100 de potasse, il ne peut pas contenir de ce chef 2,40 p. 100 d'azote, mais 1,78.

Je remarque en second lieu que cet engrais n'est ni plus ni moins qu'un engrais chimique déguisé.

Jusqu'à présent vous avez nié la supériorité du phosphate acide de chaux sur le phosphate naturel des nodules, et vous avez présenté le sulfate de potasse et le chlorure de potassium comme les sels de potasse par excellence, et maintenant voilà que vous vous ravisez. A l'engrais que vous avez fabriqué jusqu'ici, vous ajoutez du phosphate acide de chaux et du nitrate de potasse. Pourquoi cette addition? Pour élever la richesse et la qualité de vos produits apparemment? Et ce n'est pas là un aveu de la supériorité des engrais chimiques? Mais alors pourquoi vous arrêter en chemin? Pourquoi les associer à des produits inférieurs? Cette association malencontreuse et discordante n'est excusable que si, à dépense égale, le mélange est plus riche en agents réels de fertilité que les engrais chimiques purs. Mais en est-il réellement ainsi?

On peut en juger par ce parallèle:

DANS UNE TONNE D'ENGRAIS ROHART, COUTANT 360 FR., IL Y A :

Phosphate acide de chaux	47 kil. 20	}	181 kil. 90
Phosphate tribasique	134 70		
Nitrate de potasse			65 kil. »
Azote. { à l'état de nitrate	24 kil. »	}	107 kil. 60
{ à l'état de sulfate d'ammoniaque et de matières animales.	83 60		
Chaux			Mémoire.

AVEC 360 FR. ON PEUT SE PROCURER :

Phosphate acide de chaux			500 kil. »
Nitrate de potasse			250 »
Azote. { à l'état de nitrate	32 kil. 50	}	107 kil. 50
{ à l'état de sulfate d'ammoniaque	75 »		
Sulfate de chaux			Mémoire.

Voici en effet le décompte de l'engrais chimique :

```
500 kil. de phosphate acide de chaux, à 16 fr. les 100 kil.        80 fr.
250      de nitrate de potasse, à 62 fr. les 100 kil. . . . . .    155
357      de sulfate d'ammoniaque, à 35 fr. les 100 kil. . .        125
Sulfate de chaux . . . . . . . . . . . . . . . . . . . . . . . . . . . Mémoire.
                          TOTAL ÉGAL. . . . . . . . . . . . .       360 fr.
```

Pour compléter l'enseignement qui ressort de ce parallèle et en mieux démontrer la moralité, demandons-nous quelle est la valeur réelle de l'engrais type, en fixant le prix de chacun de ses constituants aux taux des engrais chimiques de première marque.

Dans une tonne d'engrais type, payée 360 francs, IL Y A :

```
47 kil. 20 de phosphate acide de chaux, à 16 fr. les
           100 kil. . . . . . . . . . . . . . . . . . . . .    7 fr.55
134      » de phosphate tribasique (nodules riches), à
           6 fr. les 100 kil. . . . . . . . . . . . . . . .    8    04
60       » de nitrate de potasse, à 62 fr. les 100 kil. . .   37    20
83       » d'azote à l'état de matières animales ou de
           sulfate d'ammoniaque, à 170 fr. les 100 kil.      141    »
                          PRIX RÉEL. . . . . . . . . . . . .  193 fr.79

     EXCÉDANT DU PRIX DE VENTE SUR CE PRIX RÉEL. .           167 fr. »
```

C'est-à-dire que l'agriculture paye 360 fr. ce qu'il lui est loisible de se procurer pour 192 fr. 79 à l'état d'engrais chimique, et encore veuillez remarquer que, dans le compte qui précède, j'assimile comme valeur l'azote des matières animales à celui du sulfate d'ammoniaque, ce qui est contraire à l'expérience de tous les agriculteurs.

Voilà donc un produit grevé d'un profit usuraire de 46,39 p. 100, sans compensation d'aucun genre. Pardon, il s'appelle l'ENGRAIS TYPE, et l'agriculture doit payer les frais du baptême.

Ainsi, pas d'équivoque : vos actes démentent vos paroles, votre engrais type est un engrais chimique déguisé d'une qualité inférieure et d'un prix exorbitant.

C'est ainsi que vous entendez le mandat de la science et l'action bienfaisante du progrès ! Avec les engrais chimiques du moins, les monopoles, la fraude et les prix arbitraires sont impossibles, car les produits chimiques alimentent un marché que personne ne peut dominer. Chaque jour leur prix est coté à la Bourse comme celui de la rente, sans compter qu'ils sont vendus sous la double garantie d'un essai contradictoire. Je dis qu'aucun agent de fertilité ne peut être placé au-dessus des engrais chimiques, parce qu'ils sont immédiatement assimilables, et qu'à leur aide chacun peut régler la composition de ses fumures suivant les exigences de son sol et suivant la nature des plantes qu'il veut produire, ce qu'on ne peut pas faire avec un engrais composé d'avance, qui doit rester un remède à tous les maux. Quels engrais ont offert jusqu'ici à la fois cet avantage et cet ensemble de garanties?

Tenez, Monsieur, croyez-moi, retournez à votre commerce, efforcez-vous de suivre les progrès de la science; mais renoncez à cette prétention de savant qui est de votre part une usurpation. Tout le monde y gagnera, vous d'abord et ensuite la qualité de vos produits. En effet, le jour où vous n'aurez que l'ambition judicieuse et sensée d'améliorer votre fabrication, la force des choses vous amènera à faire aux produits chimiques une part de plus en plus large. Vous finirez même, je crois, par devenir un véritable marchand d'engrais chimiques; mais vous y trouverez du moins honneur et profit, car avec eux cesseront les scandales de l'engrais type. Que pouvez-vous ambitionner de plus (1)?

---

(1) Je ne m'attendais pas à voir cette prédiction si vite vérifiée. Elle est aujourd'hui un fait consommé. M. Rohart est devenu marchand d'engrais chimiques; il ne l'avoue pas, mais il le fait. Souhaitons à cette nouvelle incarnation une plus heureuse fortune qu'à ses aînées.

M. Rohart a déjà inventé et tué sous lui :

Les TOURTEAUX DE VIANDE.

Les TOURTEAUX DE SUIF.

L'ENGRAIS D'AUBERVILLIERS.

Le PHOSPHATE FOSSILE ACIDIFIÉ PAR L'ACIDE HYDROCHLORIQUE!!

Le GUANO DE NORWÉGE.

L'ENGRAIS TYPE. — LE VRAI TYPE.

A cette liste d'honorables défunts, il faudra ajouter désormais un nouveau venu, LE SIMILAIRE DU PHOSPHO-GUANO, — précurseur vraisemblable du similaire des engrais chimiques. — Voici la forme ré-

P. S. — Depuis que cette réponse a été adressée au *Journal de l'agriculture,* j'ai obtenu les honneurs d'une adhésion à laquelle j'étais loin de m'attendre. L'enceinte où elle s'est produite et la position élevée qu'occupe la personne de qui elle émane lui donnent trop d'importance à mes yeux pour la laisser passer inaperçue.

Les lecteurs du *Journal de l'agriculture* savent qu'une des données principales du système de M. Ville, c'est qu'un mélange de phosphate de chaux, de potasse, de chaux et d'une matière azotée, réalise les conditions par excellence de la fertilité; ils savent, de plus, que M. Ville a donné à ce mélange le nom d'*engrais complet.*

Comme conséquence de cette proposition, M. Ville fait ressortir depuis longtemps la nécessité de distinguer, au sein des végétaux, les parties qui ne sont formées que de carbone, d'hydrogène et d'oxygène, des parties plus complexes où l'on trouve, en outre, les quatre constituants de l'engrais complet, c'est-à-dire l'azote, le phosphate de chaux, la chaux et la potasse. Cette distinction est fondamentale, attendu que la culture qui n'exporte que les produits de la première catégorie n'appauvrit pas le sol, et que l'épuisement ne commence qu'avec l'exportation des produits de la seconde. A la lumière de cette distinction, on comprend comment l'annexion d'une sucrerie ou d'une distillerie est une condition d'amélioration pour la culture. Le sucre et l'alcool ne contiennent que du carbone, de l'hydrogène et de l'oxygène. Dans le même ordre d'idées, le colza et, d'une manière plus générale,

---

servée et modeste que cette nouvelle exhibition a revêtue. Qu'on la lise et qu'on se tienne pour averti.

SIMILAIRE DU PHOSPHO-GUANO,

Produit français de composition identique au produit anglais.

MÊME COMPOSITION ET RICHESSE INVARIABLE EN AZOTE, EN PHOSPHATES IMMÉDIATEMENT SOLUBLES, EN ALCALIS ET SELS DIVERS.

25 fr. les 100 kilogr. au lieu de 29 fr. 50.

toutes les plantes oléagineuses peuvent devenir des cultures plus améliorantes que la betterave elle-même. Pour cela, il suffit d'exporter l'huile, au lieu de la graine, et de conserver le tourteau.

Avec la betterave, la terre ne reçoit qu'une partie de l'azote de la récolte, celle que les déjections des animaux retiennent ; l'azote que les animaux s'assimilent, celui que leur respiration déverse dans l'atmosphère, sont perdus pour le sol..... Dans le cas des plantes oléagineuses, aucune de ces pertes ne se produit. La facilité avec laquelle les tourteaux délayés dans l'eau se décomposent rend cet organe intermédiaire, toujours si onéreux, absolument inutile.

« Si on restitue à la terre la paille, les siliques et le tourteau des graines désagrégées par une décomposition préalable, la culture des plantes oléagineuses est appelée à devenir l'une des plus améliorantes que la théorie puisse concevoir, attendu que la terre ne perd rien et gagne chaque année un excédant d'azote tiré de l'air et des minéraux primitivement inactifs et devenus efficaces à la suite de la désagrégation des roches constitutives du sol. »

Ici tout est net et précis, la doctrine comme la date. La date est maintenant loin de nous : elle remonte au 10 novembre 1860. Le texte que je viens de citer est, en effet, tiré d'un brevet d'invention pris par M. Ville pour fonder, sur un titre irrécusable, ses droits d'invention à l'égard de ce qu'il a appelé depuis : *les cultures se suffisant à elles-mêmes*. (Voy. la sixième Conférence de Vincennes, p. 334, et le Résumé des mêmes, par M. Joulie, p. 118.)

Ces données fondamentales, sur lesquelles repose toute la théorie de la production végétale, et dont la formule de l'engrais complet n'est elle-même qu'une déduction, viennent d'obtenir un suffrage inestimable, celui de M. Dumas, portant la parole au Sénat, comme rapporteur de la loi contre les fraudes sur les engrais.

Voici en effet en quels termes l'honorable sénateur s'est exprimé :

« Les récoltes végétales se classent en deux grandes catégories. Les unes empruntent leurs éléments à l'air et à l'eau purs seuls, sans rien demander à la terre. Le sucre, les huiles, l'alcool, les fécules sont dans ce cas. L'agriculteur qui les produit et qui les exporte conserve à sa terre toute sa richesse, s'il a le soin de rejeter sur le sol tous les résidus de leur fabrication. L'exportation des récoltes hydro-aériennes de ce genre n'appauvrit donc pas la ferme qui les produit.

« Les autres, telles que le blé, les céréales, les graines oléagineuses, le vin, renferment à la fois des matériaux analogues aux précédents et des substances fournies par le sol. Ces récoltes, à la fois hydro-aériennes et terrestres, ne peuvent pas être exportées sans dommage pour la ferme. La terre s'épuise pour les fournir ; il faut en renouveler la surface par des labours de plus en plus profonds, ou, mieux encore, lui rendre ce qu'elle a perdu. Un pays peut exporter indéfiniment du sucre, des huiles, de l'alcool, des fécules, du coton, sans ruiner son agriculture. Un pays qui exporterait incessamment du blé, des céréales, des graines oléagineuses ou leurs tourteaux, des vins, du bétail, sans restituer au sol les emprunts qu'il aurait subis, se préparerait un avenir plein de déceptions et de misère. Un dépérissement lent, mais fatal, des cultures, du bétail, de la population humaine, serait la conséquence nécessaire, inévitable de son imprévoyance. Il agirait comme un banquier qui croirait pouvoir puiser toujours dans sa caisse et n'avoir jamais besoin de la remplir. Un pays pareil et son agriculture aveugle auraient organisé la banqueroute de la terre pour une postérité plus ou moins prochaine.

« Les matériaux des plantes qu'elles ne trouvent ni dans l'air ni dans l'eau sont essentiellement l'azote assimilable, le phosphate de chaux, la potasse, la chaux. »

Mais là ne devait pas se borner mon heureuse surprise.

Les lecteurs du *Journal de l'agriculture* savent que, pour moi, l'humus, utile sous certaines conditions, n'est pas indispensable au succès des cultures.

Je soutiens et je prouve depuis quinze ans qu'on peut obtenir dans le sable calciné, en l'absence de l'humus, par conséquent sans autre agent que des engrais chimiques, des rendements supérieurs à ceux produits par le fumier. Eh bien ! sur ce second point, je pourrai invoquer désormais l'opinion de l'honorable

M. Dumas. S'il est moins explicite que sur le premier point, il incline néanmoins d'une manière manifeste en faveur de la thèse soutenue par M. Ville.

Qu'on en juge plutôt.

« Sans faire à l'humus une part exclusive, QUI NE SERAIT PLUS MOTIVÉE, les agriculteurs prudents pensent que celui qui en nierait l'efficacité tomberait PROBABLEMENT dans une erreur dangereuse.

« L'humus rapporte à la terre certains principes fournis par le sol aux plantes qui ont servi de litière et par les fourrages aux animaux, dont les urines et les déjections complètent les éléments du fumier.

« Il lui fournit des détritus végétaux, INUTILES peut-être en ce qui concerne la nourriture immédiate des plantes, mais nécessaire, ON LE CROIT POURTANT, en ce qui concerne les modifications singulières qu'il imprime au sol.

« Mettre à la disposition de l'agriculture du guano, du phosphate de chaux, du nitrate de potasse, du nitrate de soude, du sulfate d'ammoniaque, etc., c'est donc lui fournir des engrais concentrés éminemment propres à améliorer l'engrais de ferme, SINON A LE REMPLACER D'UNE MANIÈRE PERMANENTE (1). »

Je le répète, l'éminent orateur y met plus de tempérament ; on conviendra cependant que, tout compte fait, ses prédilections inclinent plus en faveur de M. Ville que de ses adversaires.

Les lecteurs du *Journal de l'agriculture* savent enfin que M. Ville a posé encore deux principes : le premier, que chaque terme de l'engrais complet remplit une fonction subordonnée ou prédominante, suivant la nature des plantes ; le second, qu'à l'aide de quelques essais de culture, les hommes pratiques peuvent acquérir des données positives sur les éléments que la terre contient et sur ceux qui lui manquent.

Sur ces deux points, M. Dumas a gardé le silence. Pour nous, nous savons trop ce qu'il faut attendre de la clairvoyance et du

---

(1) *Rapport de M. Dumas au nom de la commission des engrais,* p. 26.

libéralisme intellectuel de cet éminent esprit pour nous en inquiéter. Ce qui n'a pas été dit hier le sera certainement demain; le passé garantit à nos yeux l'avenir. Quoique incomplet, le suffrage de l'illustre sénateur acquiert les proportions d'un événement trop significatif pour ne pas l'opposer aux attaques dont il complète et consacre la réfutation.

TABLE DES MATIÈRES

PREMIER ENTRETIEN

DEUXIÈME ENTRETIEN

TROISIÈME ENTRETIEN

QUATRIÈME ENTRETIEN

CINQUIÈME ENTRETIEN

SIXIÈME ENTRETIEN

CONSERVATION ET PRÉPARATION DES ENGRAIS CHIMIQUES

DE LA BALANCE DES CULTURES

DES CHAMPS D'EXPÉRIENCES

LEXIQUE DES ENGRAIS CHIMIQUES

LA TRILOGIE AGRICOLE

MA RÉPONSE AU JOURNAL DE L'AGRICULTURE

MA DEUXIÈME RÉPONSE AU JOURNAL DE L'AGRICULTURE

ERRATA.

———

Page 74, *lisez :* 57,600 kil. de cannes, *au lieu de :* 57,000 kil.

Page 194. Lorsqu'on emploie pour la première fois les engrais chimiques, on peut sans inconvénient substituer à l'engrais complet n° 1 l'engrais incomplet n° 1 :

Phosphate acide de chaux	400 kil.
Sulfate d'ammoniaque..	350
Sulfate de chaux.	250
	1,000 kil.

à la dose de 1,000 kil pour le froment et le colza, et à celle de 500 kil. pour l'orge, l'avoine, le seigle, les prairies naturelles.

Cet engrais ne contient pas de potasse ; c'est un engrais excellent, d'un effet très-sûr, mais dont il ne faut pas abuser. Lorsqu'on l'a employé une fois ou deux, il faut absolument revenir à l'engrais complet.